【第二版】

信息技术基础

（WPS Office+数字素养）

主　编：唐　青

副主编：应家联　柯红香

参　编：姚剑芳　王　琨

　　　　王伟雄　陈宇斌

厦门大学出版社
XIAMEN UNIVERSITY PRESS

国家一级出版社
全国百佳图书出版单位

图书在版编目（CIP）数据

信息技术基础：WPS Office ＋数字素养 / 唐青主编
. -- 2 版. -- 厦门：厦门大学出版社，2024.8
ISBN 978-7-5615-9388-2

Ⅰ．①信… Ⅱ．①唐… Ⅲ．①计算机应用-医学-高
等职业教育-教材 Ⅳ．①R319

中国国家版本馆CIP数据核字(2024)第100162号

责任编辑　郑　丹
封面设计　蔡炜荣
美术编辑　蒋卓群
技术编辑　许克华

出版发行　厦门大学出版社
社　　　址　厦门市软件园二期望海路 39 号
邮政编码　361008
总　　　机　0592-2181111　0592-2181406(传真)
营销中心　0592-2184458　0592-2181365
网　　　址　http://www.xmupress.com
邮　　　箱　xmup@xmupress.com
印　　　刷　厦门集大印刷有限公司

开本　787 mm×1 092 mm　1/16
印张　20.5
字数　500 千字
版次　2021 年 8 月第 1 版　2024 年 8 月第 2 版
印次　2024 年 8 月第 1 次印刷
定价　48.00 元

本书如有印装质量问题请直接寄承印厂调换

厦门大学出版社
微信二维码

厦门大学出版社
微博二维码

内容提要

　　本书旨在培养高职高专学生信息技术基础知识的应用能力及信息素养,内容选取符合高职生特点,同时突出实用性,以"项目化"为理念,将理论与实践有机融合。全书分为7个单元,主要内容包括单元1"计算机基础知识"、单元2"WPS Office文字处理"、单元3"WPS Office电子表格处理"、单元4"WPS Office演示文稿处理"、单元5"互联网及其应用"、单元6"数字媒体技术及应用"、单元7"计算机新技术介绍"。为了更好地满足教师教学及学生课后自学的需要,本书提供了丰富的教学资源,在智慧树网站提供配套的课程学习平台,该平台提供了教材配套的课程资源:微课、视频、教学课件、电子教案、题库等。访问课程平台的步骤如下:①登录网站www.zhihuishu.com或下载"知到"APP,②查找"医学信息技术基础"课程,③以"公共学习者"的身份加入即可进行学习。读者使用手机扫描本书中的微课视频二维码,可进行随时随地的学习。

　　本书可作为高等职业院校非理工科专业的信息技术基础课程的教材,也可作为全国计算机等级考试一级(WPS Office/MS Office)的参考书。

前　言

计算机技术不断高速发展,云计算、大数据、物联网以及人工智能等计算机新技术在各行各业中得到了广泛的应用,因此也改变了人们的思维方式、生活方式和工作方式。对于现代的高校大学生来说,熟练掌握计算机基础的应用操作,了解计算机技术方面的知识,培养信息素养,是大学学习生活中不可缺少的一部分。

党的二十大报告指出,培养什么人、怎样培养人、为谁培养人是教育的根本问题。育人的根本在于立德。全面贯彻党的教育方针,落实立德树人的根本任务,培养德智体美劳全面发展的社会主义建设者和接班人。本书基于《高等职业教育专科信息技术课程标准(2021 版)》,同时结合高校学生在入学前掌握计算机的知识程度及其所需的信息素养为依据进行编写。

本书内容特色如下:

1.有较强的实践性

教材内容体现较强的实践性。以"项目化案例"为主线,将知识点融入每个项目的实际操作中,使理论与实践实现有机融合。提升学生对计算机基础知识的理解程度,明确应用的方向。

2.体现新计算机技术

教材内容体现新颖性,主要介绍国产办公软件 WPS Office 的使用,同时,系统介绍了计算机新技术的知识:云计算、大数据、物联网、人工智能、区块链及元宇宙及这些新技术在各行各业中的相关应用。

3.体现信息社会责任

在第 5 章"互联网及其应用"中介绍了互联网信息安全的基础知识、信息安全现状与对策、信息安全的防范措施及信息安全与社会责任。通过这章节的学习,培养学生的社会责任感,使他们认识到保护信息安全的重要性,在日常学习和生活中增强识别和应对网络犯罪的能力。

4.针对性强的课后习题

提升案例及课后习题的质量。教材中的案例选取贴近学生生活和工作,案例中涉及的计算机基础知识更加全面。课后习题针对知识点进行设置，可以及时巩固课堂中所学知识，达到有效复习。

5.丰富的教学资源

本书在智慧树网站提供配套的课程学习平台，该平台上提供了微课视频、电子教案，教学课件、题库等丰富的教学资源。登录课程平台的步骤如下：①登录网站 www.zhi-huishu.com 或下载"知到"APP，②查找"医学信息技术基础"课程，③以"公共学习者"的身份加入即可进行学习。本书提供了课程内容的微课视频二维码，扫描相应的二维码即可在手机上在线观看实操演示。如在使用本书及相关配套教学资源的过程中有任何意见或建议，可发邮件至作者邮箱 65729914@qq.com。

本书由福建省部分高职院校长期在一线教授"信息技术基础"课程的老师们合作编写，由唐青负责全书的总体策划、统稿、定稿工作。各章节主要分工如下：单元 1 由应家联指导，王伟雄编写；单元 2～单元 4 由唐青编写；单元 5 由姚剑芳编写；单元 6 由柯红香编写；单元 7.1、7.4～7.7 由唐青编写，7.2 由王琨编写，7.3 由陈宇斌编写。

在此特别感谢参编的各位老师在编写过程中默契地配合，感谢厦门大学出版社搭建的编写平台，同时也感谢厦大出版社的编辑郑丹老师对本书提出的宝贵建议。

由于时间仓促、水平有限，书中难免存在不足，恳请广大读者提出宝贵建议。

编者
2024 年 6 月

目　录

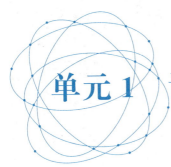

单元 1　计算机基础知识

本单元介绍个人计算机系统的基础知识,包括计算机的发展历史、分类、特点;计算机系统的组成;操作系统 Windows 10 的基本使用技能。学生通过学习能够理解计算机的基本知识和操作方法,掌握基本的计算机应用能力,为今后更好地使用计算机打下良好基础。

学习目标

1.了解计算机的发展历史、分类及特点。

2.了解计算机病毒及防治方法。

3.了解操作系统的基本概念,理解操作系统在计算机系统运行中的作用。

4.了解 Windows 10 图形界面的对象,熟练使用鼠标完成对窗口、菜单、工具栏、任务栏、对话框等的操作。

5.掌握计算机的硬件组成,能区分系统软件和应用软件。

6.掌握文件与文件夹的基本操作。

1.1　计算机概述

1.1.1 计算机的发展史

1.计算机的诞生

计算机(computer),俗称为"电脑",它是人类 20 世纪最伟大的发明之一。世界上第一台电子数字积分计算机 ENIAC(读作"埃尼阿克")于 1946 年 2 月,在美国宾夕法尼亚大学诞生,如图 1-1-1 所示。ENIAC 的问世标志着电子计算机时代的到来,它的出现具有划时代意义。

图 1-1-1 世界上第一台电子数字积分计算机（ENIAC）

2.计算机的发展历史

电子计算机在 70 多年的发展历程中,经历了电子管、晶体管、集成电路（IC）、超大规模集成电路（VLSI）四个时代的发展,计算机的体积越来越小,功能越来越强大,应用越来越广泛,目前正朝智能化（第五代）计算机方向发展,见表 1-1-1 所示。

表 1-1-1 计算机的发展阶段

发展时代	类型	软件	应用领域
第一代 （1946—1958 年）	电子管	机器语言、汇编语言	军事与科研
第二代 （1959—1965 年）	晶体管	高级语言、操作系统	数据处理和事务处理
第三代 （1966—1972 年）	中、小规模 集成电路	多种高级语言、 完善的操作系统	科学计算、数据 处理及过程控制
第四代 （1973 年至今）	大规模和超大 规模集成电路	数据库管理系统、 网络操作系统等	人工智能、数据通信 及社会的各领域
第五代	人工智能和大数据 云服务的结合		

第五代计算机是人类追求的一种更接近人的人工智能计算机。它能理解人的语言以及文字和图形。它不仅能进行一般信息处理,而且能面向知识处理。

1.1.2 微型计算机的发展史

微型计算机（micro computer）简称微机,也称为个人计算机（PC）或个人电脑,是指以大规模、超大规模集成电路为主要部件,集成了计算机主要部件控制器和运算器的微处理器 CPU(central processing unit,中央处理器)为核心所构造出的计算机系统。微型计算机是第四代电子计算机的典型代表。根据微处理器的字长和功能,可将微型计算机的发展划分为如下几个阶段,见表 1-1-2。

表 1-1-2　微型计算机的发展阶段

发展阶段	典型产品、字长、特点及应用
第一阶段 (1971—1973 年)	代表产品:Intel 4004、Intel 8008 字长:4 位或 8 位(低档微处理器时代) 特点:指令系统比较简单,运算功能较差,价格低廉 应用:面向家电、计算器和二次仪表
第二阶段 (1974—1977 年)	代表产品:Intel 8080/8085、Motorola 6502/6800、Z80 字长:8 位(中高档微处理器时代) 特点:指令系统比较完善,运算速度提高一个数量级 应用:面向家电、智能仪表、工业控制
第三阶段 (1978—1984 年)	代表产品:Intel 8086/80286,Motorola M68000、Z8000 字长:16 位(16 位微处理器时代) 特点:段式存储结构,配有功能强大的系统软件 应用:工业控制
第四阶段 (1985—1992 年)	代表产品:Intel 80386/80486 字长:32 位(32 位微处理器时代) 特点:发展了 32 位的总线结构,各种品牌涌现市场 应用:办公自动化、网络环境
第五阶段 (1993—2005 年)	代表产品:Intel Pentium 系列、AMD K6 系列 字长:准 64 位[奔腾(Pentium)系列微处理器时代] 特点:采用新式处理器结构 应用:办公自动化、网络服务器
第六阶段 (2006 年至今)	代表产品:Intel Core i5/i7/i9、AMD R5/R7/R9 字长:64 位[酷睿(Core)系列微处理器时代] 特点:采用长指令字和其他一些先进技术的全新结构微处理器 应用:办公自动化、网络服务器等高端应用场合

1.1.3 计算机的分类

计算机种类繁多,分类的方法也很多,根据不同的分类标准可以分为不同的类别。

1.按性能和规模分类

计算机按性能高低和规模大小,可以分为巨型计算机、大型计算机、小型计算机、微型计算机和图形工作站。

(1)巨型计算机:是功能最强、运算速度最快、存储容量最大、价格比较昂贵的计算机,大多使用在军事、科研、航空航天等领域。

神威·太湖之光超级计算机(图 1-1-2)是我国自主研发的高性能计算设备,具有世界领先的计算能力。

（2）大型计算机：响应速度快，可以几年甚至几十年不间断地运行，因而可以替代数以百计的普通服务器，并且在信息系统中起着核心作用，大多用于企业和政府工作中。

天河系列超级计算机（图 1-1-3）是我国自主研发的高性能计算系统，展现了我国在超级计算机领域的突出成就。

图 1-1-2　神威·太湖之光超级计算机　　　图 1-1-3　天河高性能计算机

（3）小型计算机：是相对于大型计算机而言的，其软件、硬件系统规模比较小，但价格低、可靠性高、便于维护和使用。一般用于工业自动控制、医疗设备中的数据采集等方面。

（4）微型计算机：发展最快、应用最广泛的一种计算机。目前常用的微型计算机有台式计算机、便携式计算机、平板电脑、家庭影院 HTPC 等，如图 1-1-4 所示。

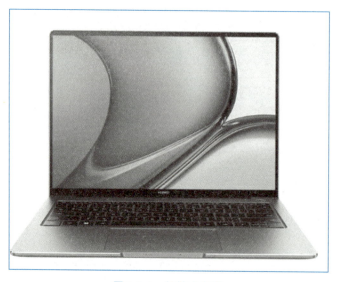

图 1-1-4　便携式电脑

（5）图形工作站：以个人计算环境和分布式网络环境为前提的高性能计算机，通常配有高分辨率的大尺寸显示器及容量很大的内部存储器和外部存储器，并且具有较强的信息处理功能和高性能的图形、图像处理能力。主要应用在专业的图形处理和影视创作等领域。

2.按处理的对象分类

计算机按处理的对象可分为模拟计算机、数字计算机和混合计算机。

(1)模拟计算机：专用于处理连续的电压、温度、速度等模拟数据的计算机。其特点是参与运算的数值由不间断的连续量表示，运算过程是连续的。由于受元器件质量影响，其计算精度较低、应用范围较窄。模拟计算机目前已很少生产。

(2)数字计算机：用于处理数字数据的计算机。其特点是数据处理的输入和输出都是数字量，参与运算的数值用非连续的数字量表示，具有逻辑判断等功能。数字计算机是以近似人类大脑的"思维"方式进行工作的，所以又被称为"电脑"。

(3)混合计算机：指模拟技术与数字计算灵活结合的电子计算机，输入和输出既可以是数字数据，也可以是模拟数据。

3.按功能和用途分类

计算机按功能和用途可分为通用计算机和专用计算机。

(1)通用计算机：适用于解决一般问题，其适应性强，应用面广，如个人计算机(PC)。

(2)专用计算机：用于解决某一特定方面的问题，配备有为解决特定问题而专门开发的软件和硬件，应用于如自动化控制、工业仪表、军事等领域。

1.1.4 计算机的特点

计算机能够按照事先编制的程序，接收、处理、存储数据并产生输出，它的整个过程具有以下几个特点。

(1)运算速度快：计算机的运算速度通常用平均每秒执行指令的条数来衡量。目前最快的巨型机每秒能进行数千亿次运算。

(2)计算精度高：计算机内部采用二进制运算，数值计算非常精确。

(3)存储容量大：在计算机中有容量很大的存储装置，它不仅可以长久性地存储大量的文字、图形、图像、声音等信息资料，还可以存储指挥计算机工作的程序。

(4)具有逻辑判断功能：计算机的运算器除了能够完成基本的算术运算外，还具有进行比较、判断等逻辑运算的功能。

(5)具有自动执行功能：计算机由内部控制和操作，只要将事先编制好的应用程序输入计算机，计算机就能自动按照程序规定的步骤完成预定的处理任务。

1.2 计算机系统

计算机系统由硬件系统和软件系统两部分组成，如图 1-2-1 所示。没有软件的计算机称为裸机，不能做任何有意义的工作(平时所说的"计算机"是指含有硬件和软件的计算机系统)。

微课
计算机工
作原理

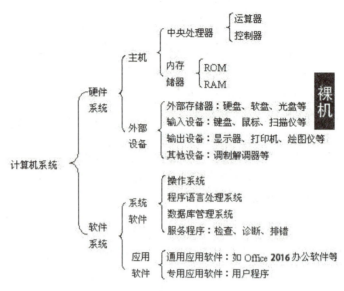

图 1-2-1　计算机系统的组成

1.2.1 计算机硬件系统

硬件是计算机的物质基础。尽管各种计算机在性能、用途和规模上有所不同，但其结构都遵循冯·诺依曼体系结构，由输入、存储、运算、控制和输出五个部分组成。

1.中央处理器（CPU）

CPU（central processing，中央处理器）是一个方形配件，正面是金属盖，背面是一些密密麻麻的引脚或触点，主要由运算器和控制器两部分组成，它是计算机的核心元件。国内 CPU 生产厂商比较著名的是鲲鹏、飞腾、海光、龙芯等，国际上的知名厂商是 Intel 公司和 AMD 公司。CPU 外观如图 1-2-3 所示。

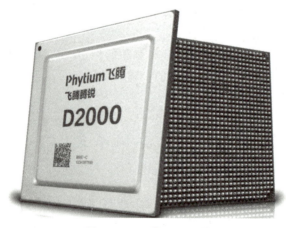

图 1-2-2　飞腾 CPU 芯片

图 1-2-3　CPU

CPU 有很多重要的参数,用于表示 CPU 的性能,主要的参数有:

(1)主频

CPU 主频即 CPU 内核工作的时钟频率。主频越高,CPU 的运算速度越快,其单位是 GHZ,如 3.8 GHZ。主频是 CPU 最重要的性能指标,但由于内部结构的不同,并非所有主频相同的 CPU 性能都一样。

(2)CPU 的位和字长

字长是指 CPU 在单位时间内能一次处理的二进制数的位数,由 0 和 1 组成,每个 0 或 1 就是 1 位(bit),位是表示信息的最小单位。例如,64 位的 CPU,就是指 CPU 在一个单位时间内可以同时处理 64 位二进制数信息。一般来说,字长越长,CPU 运行的速度越快,运算精度越高,浮点运算能力越强。

(3)缓存(cache)

CPU 缓存是位于 CPU 与内存之间的临时存储器,它的容量比内存小很多,但交换速度比内存要快得多。配置缓存是为了解决 CPU 与内存速度不匹配的问题。内存中被 CPU 访问最频繁的数据和指令被复制到 CPU 中的缓存,这样 CPU 就可以不用经常访问速度要比 CPU 慢很多的内存,可以提高 CPU 工作效率。缓存是各种存储器中读写速度最快的一种。

(4)多核心

多核心是指单芯片多处理器。飞腾腾锐 D2000 芯片集成 8 个飞腾自主研发的新一代高性能处理器内核。鲲鹏 920 芯片具备 64 个内核,并且是基于 7 nm 工艺制造的。Intel 2 代酷睿 i9-12900K 是一款引人注目的高性能处理器,该处理器采用了 8 个性能核心加上 8 个能效核心的设计,全核睿频[①]为 3.7 GHz。

2.存储器

存储器是用于存储数据和程序的"记忆"装置,相当于存放资料的仓库。计算机中的全

————————————

① 　睿频是处理器自动调整频率的技术,以适应不同的工作负载需求。

部信息,包括信息、程序、指令以及运算的中间数据和最后的结果都要存放在存储器中。根据微机的工作原理和存储器的功能,可将存储器分为主存储器(内存)和辅助存储器(外存)。

（1）内存储器

内存储器是安装在主板上的,可直接与 CPU 交换信息,一般采用半导体存储单元。内存储器按其功能可分为只读存储器(ROM)和随机存储器(RAM)。

①只读存储器(ROM)

ROM(read only memory)中的信息只能读出,一般不能写入,即使机器断电,存储在里面的数据也不会丢失。ROM 中的信息在制造时就被存入并永久保存。ROM 一般用于存放计算机的基本程序和数据。

②随机存储器(RAM)

RAM(random access memory)是指计算机能够根据需要任意在其内部存放和取出指令。RAM 是构成内存的主要部分,通常所讲的内存就是指 RAM,如图 1-2-4 所示。RAM 直接与 CPU 进行数据传递和交换。RAM 中的指令和数据不是永久记忆的,会随着计算机电源的关闭而全部丢失。目前市场上主流的内存条 DDR4 容量大小为8 GB～32 GB。

图 1-2-4　内存条

A.位(bit):计算机中表示信息的基本单位是位,即一个二进制位,称为 bit(比特)。

B.字节(byte):计算机中表示信息量大小的基本单位是字节。8 个相邻的二进制位为一个字节,表示为 byte,简写为 B;字节是计算机中最小的存储单元。其他容量单位还有千字节(KB)、兆字节(MB)、吉字节(GB)、太字节(TB)、拍字节(PB)、艾字节(EB)、泽字节(ZB)、尧字节(YB)、千亿亿亿字节(BB)。存储容量单位关系如下:

1 BB＝1024 YB＝1024^2 EB＝1024^3 PB＝1024^4 TB＝1024^5 GB＝1024^6 MB＝1024^7 KB＝1024^8 B。

例如:一台微型计算机,内存为 8 GB,硬盘容量为 2 TB,则它实际的存储字节数分别为:

内存容量＝8×1024×1024×1024 B＝8589934592 B

硬盘容量＝2×1024×1024×1024×1024 B＝2199023255552 B

C.字:CPU 通过数据总线一次存取、加工和传送的数据,一个字由若干个字节组成。

D.字长:一个字中包括二进制数的位数。例如,一个汉字由两个字组成,则该字字长为 16 位。

（2）外存储器

外存储器用来存放需要长期或永久保存的程序和数据,需要时再调入内存使用,存储容量比较大,常见的外存储器有光盘、硬盘、闪存等。

①光盘

光盘是一种常见的大容量辅助存储器,需要光盘驱动器来读写,它具有容量大、速度快、兼容性强、盘片成本低等特点,如图 1-2-5 所示。

图 1-2-5　光盘驱动器和光盘

②硬盘

硬盘是微型计算机最重要的外部存储器。硬盘按存储技术可分为机械硬盘(HDD)、固态硬盘(SSD)和混合硬盘(HHD)。目前微型计算机中机械硬盘一般为 3.5 in(1 in=25.4 mm)盘径,容量一般可达 500 GB～2 TB,采用磁性碟片来存储,如图 1-2-6 所示;固态硬盘采用闪存颗粒来存储,其最大的优点是存储数据比普通的机械硬盘快,如图 1-2-7 所示;混合硬盘是把磁性硬盘和闪存集成到一起的一种硬盘。

图 1-2-6　机械硬盘　　　　　　　　　　图 1-2-7　固态硬盘

③闪存

闪存(flash memory)作为移动存储设备,多被应用在各种各样的便携设备上。在这类移动存储设备中非常有代表性的是存储卡、U 盘等,如图 1-2-8 所示。

图 1-2-8　闪存

3.输入设备

输入设备就是将数据、程序及其他信息转换成计算机能识别的信息形式,输入计算机内部。常见的输入设备是键盘和鼠标,其他常用的输入设备有扫描仪、触摸屏、数位板、条码读入器、光笔等。

（1）键盘

键盘是 PC 的主要输入设备,如图 1-2-9 所示。用户的各种指令、程序和数据都可以通过键盘输入计算机。目前普遍使用的是电容式 101 键键盘。键盘的连接方式有 PS/2、USB 和无线三种,键盘的 PS/2 接口为紫色。选购键盘时要注意操作手感、舒适度、接口类型等。

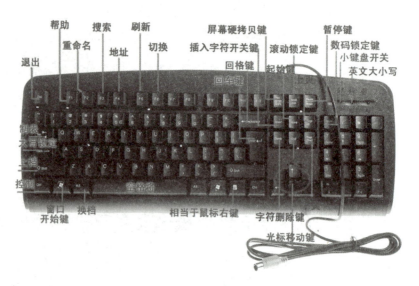

图 1-2-9　键盘

（2）鼠标

鼠标是一种指点设备,如图 1-2-10 所示。鼠标的主要技术指标是分辨率,单位是dpi,它是指每移动一英寸能检测出的点数;分辨率越高,质量也就越高。与键盘相同,鼠标的连接方式也有 PS/2、USB 和无线三种,鼠标的 PS/2 接口为浅绿色。鼠标通常有 3个按键（目前已经有 4 个或 5 个按键的鼠标）。

图 1-2-10　鼠标

（3）扫描仪

扫描仪是一种图像输入设备，如图 1-2-11 所示。它可以迅速地将图像输入到计算机中，实现对图像形式的信息处理，是常用的图像采集设备。按照扫描原理划分，扫描仪可分为平板式、手持式、滚筒式三种。平板式扫描仪速度快、精度高，是办公和家庭的常用工具；手持式扫描仪有 OCR 文字识别功能，扫描的内容能快速转为可编辑的文档；滚筒式扫描仪应用在大幅面扫描领域。

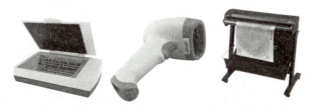

图 1-2-11 平板式、手持式、滚筒式扫描仪

（4）数字化仪

数字化仪是一种图形输入设备。由于数字化仪可以把各种图形信息转换成相应的计算机可识别数字信号，送入计算机进行处理，并具有精度高、使用方便、工作幅度大等优点，因此成为各种计算机辅助设计的重要工具之一。目前常用的数字化仪有数码相机、数码摄像机等，如图 1-2-12 所示。

图 1-2-12 数码相机和数码摄像机

（5）触摸屏

触摸屏是一种多媒体输入定位设备，如图 1-2-13 所示。用户可以直接用手在屏幕上触及菜单、按钮、图标等，向计算机输入信息。

图 1-2-13 触摸屏

4.输出设备

输出设备是把计算机的中间结果或最终结果用人所能识别的形式（如字符、图形、图像、语音等）表示出来，它包括显示设备、打印设备、语音输出设备、图像输出设备等。

（1）显示器

显示器又称监视器，其作用是将电信号转换成可直接观察到的字符、图形或图像。技术上比较成熟的显示器有两大类：阴极射线管显示器（CRT）、液晶显示器（LCD），如图1-2-14所示。显示器的主要性能指标有：分辨率、屏幕尺寸、点间距、刷新频率等。

图1-2-14　显示器

（2）打印机

从打印机原理上来说，常见的打印机大致分为喷墨打印机、针式打印机和激光打印机，如图1-2-15所示。喷墨打印机分辨率高，噪声低，价格低廉并且使用方便；针式打印机经久耐用，价格低廉，打印成本低，还可以打印复写纸、宽行打印纸等，但由于较低的打印质量、较大的噪声使得它无法适应高质量、高速度的商用打印需要，所以主要用于银行、超市、学校等票单和报表的打印；激光打印机速度快、打印品质好、噪声小，适合打印高质量的文件，但使用成本相对高昂。

图1-2-15　打印机

（3）绘图仪

绘图仪是一种图形输出设备，它可在软件的支持下，绘出各种复杂、精确的图形，因此成为各种辅助设计（CAD）必不可少的设备。绘图仪有平台式和滚筒式两大类，目前使用广泛的是平台式绘图仪，如图1-2-16所示。

图 1-2-16　绘图仪

1.2.2 计算机软件系统

软件系统是运行、管理和维护计算机的各种程序、数据和文档的总称,是用户与硬件之间的接口。

1.软件系统及其组成

计算机软件分为系统软件和应用软件。

（1）系统软件

系统软件主要指用于系统内部的管理、控制和维护计算机的各种资源的软件。系统软件主要包括操作系统、语言处理系统、数据库管理系统和系统辅助处理程序等,其中最主要的是操作系统。

①操作系统

操作系统是系统软件中最重要且最基本的,它是最底层的软件,是计算机与应用程序及用户之间的桥梁。常用的有 DOS 操作系统、Windows 操作系统、UNIX 操作系统、Linux 操作系统、Mac OS 操作系统等。

②语言处理系统

计算机只能直接识别和执行机器语言,因此要在计算机上运行高级语言程序就必须配备程序语言翻译程序。语言处理程序包括汇编程序、编译程序、解释程序。

③数据库管理系统

数据库管理系统是一种操纵和管理数据库的大型软件,用于建立、使用和维护数据库。常用的数据库系统有微软的 Access、IBM 的 DB2、甲骨文（Oracle）旗下的 My SQL 等。

④系统辅助处理程序

系统辅助处理程序也称"支持软件""软件工具",是指一些为计算机系统提供服务的工具软件和支撑软件。主要有编辑程序、调试程序、装备连接程序。

（2）应用软件

应用软件是指向计算机提供相应指令并实现某种用途的软件,它们是为解决各种实际问题而专门设计的程序。

①办公软件

办公软件指可以进行文字处理、表格制作、幻灯片制作、简单数据库处理等方面工作的软件，包括微软 Office 系列、金山 WPS 系列、致力协同 OA 系列等。

②多媒体软件

多媒体技术已经成为计算机技术的一个重要的方面，因此多媒体软件是应用软件领域中的一个重要分支。多媒体软件主要包括图形图像软件、动画制作软件、音频视频软件、桌面排版软件等。

③Internet 工具软件

随着计算机网络技术的发展和 Internet 的普及，涌现了许多基于 Internet 环境的应用软件，如 Web 服务器的软件、Web 浏览器、文件传送工具 FTP、远程访问工具 Telnet、下载工具 Flash Get 等。

2.程序和程序设计语言

程序设计语言是用于编写（或制作软件）的开发工具，人们把自己的意图用某种程序设计语言编写程序，输入计算机，告诉计算机完成什么任务以及如何完成，达到人对计算机进行控制的目的。程序设计语言分为机器语言、汇编语言和高级语言。

机器语言是唯一能直接被计算机软件系统理解和执行的语言。汇编语言是一种把机器语言"符号化"的语言。它与机器语言实际相同，都直接指挥硬件操作，但汇编语言使用助记符描述程序。高级语言是最接近人类自然语言和数学公式的程序设计语言，程序开发人员多用高级程序设计语言进行编程，如 Python、Visual C＋＋、Java 等。

1.3　Windows 10 操作系统

操作系统（operating system，简称 OS）是管理和控制计算机硬件和软件资源、合理地组织计算机工作流程以及方便用户使用计算机的一个大型程序，是用户与计算机之间的接口。

微软于 2015 年 7 月 29 日发布了正式版的 Windows 10 操作系统并开启下载，Windows 10 操作系统启动更快，比以往具有更多内置安全功能，具有熟悉而扩展的"开始"菜单，能在多部设备上以全新的方式出色地完成工作。此外，它还具有各种创新功能，如为在线操作而打造的全新浏览器 Edge，以及全天候为用户提供帮助的个人智能助理 Cortana。目前 Windows 10 共有家庭版、专业版、企业版、教育版、移动版、移动企业版和 Windows 10 物联网核心版 7 个版本。

1.3.1 Windows 10 操作系统界面的介绍

按下计算机主机电源开关，系统开始自检，然后启动 Windows 10 系统。根据操作系统用户账户设置的不同，可能会启动用户登录界面，需要选择用户和输入密码，也可以直接进入 Windows 10 桌面，如图 1-3-1 所示。

微课
Windows 10
操作系统
界面介绍

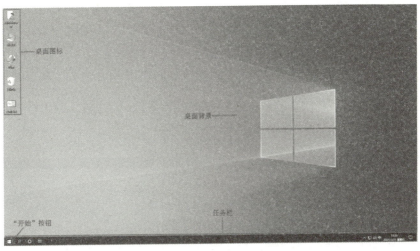

图 1-3-1　Windows 10 桌面

1.桌面图标

Windows 10 操作系统中,所有的文件、文件夹和应用程序等都由相应的图标表示。桌面图标一般由文字和图片组成,文字说明图标的名称或功能,图片是它的标识符。用户可以根据自己的使用习惯,添加用户文件和控制面板等图标,还可以自己创建快捷方式图标。双击桌面上的图标,可以快速地打开相应的文件、文件夹或者应用程序。

2.桌面背景

桌面背景是指应用于桌面的图像或颜色。在桌面空白处右击,在出现的快捷菜单中选择"个性化"命令,在弹出的"个性化"窗口中选取"背景",如图 1-3-2 所示。Windows 10 背景图片可以是个人收集的数字图片、Windows 提供的图片、纯色或带有颜色框架的图片,也可以显示幻灯片图片。

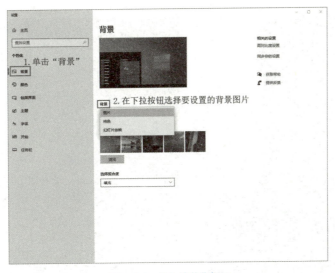

图 1-3-2　"个性化"窗口

3.任务栏

任务栏是位于系统桌面最下方的小长条,由"开始"按钮、搜索框、Cortana(小娜)、任务视图、任务区、通知区域和"显示桌面"按钮七个部分组成,如图 1-3-3 所示。和以前的操作系统相比,Windows 10 中的任务栏设计得更加人性化、使用更加方便、功能和灵活性更强大。

图 1-3-3 "任务栏"组成

微课
Windows 10
开始菜单

（1）"开始"按钮

鼠标右键点击"开始"按钮,可显示"开始"菜单,在开始菜单中可以打开"应用和功能(F)""电源选项(O)"等 17 项程序,如图 1-3-4 所示。电脑"关机"命令也可在这里执行。

鼠标左键单击"开始"按钮,打开"开始"菜单,如图 1-3-5 所示。Windows 10 开始菜单整体可以分成两个部分,其中,左侧为常用项目和最近添加使用过的项目的显示区域,还能显示所有应用列表等;右侧则是用来固定图标的区域,也称为"开始"屏幕。

（2）搜索框

可以搜索 Web 和 Windows,在搜索栏输入要搜索的程序,系统就可以查到该应用程序。

（3）Cortana(小娜)和任务视图

微课
Cortana

"Cortana(小娜)"及"任务视图"是 Windows 10 的新增功能。Windows 10 Cortana 中文名称为"小娜",这个名称来源于游戏"光环"中的人工智能。Cortana 能够了解用户的喜好和习惯并帮助用户进行日程安排、回答问题和显示关注的信息等;Cortana 会记录用

图 1-3-4 Windows 10"开始"菜单 1

图 1-3-5 Windows 10"开始"菜单 2

户的行为和使用习惯,然后利用微软的云计算、必应搜索和非结构化的数据来分析程序,读取和学习包括计算机中的电子邮件、图片、视频等数据来理解用户的语义和语境,从而实现人机智能交互。

单击"Cortana"按钮,在该界面中可以通过打字或语音输入方式帮助用户快速打开某一个应用程序,也可以实现聊天、看新闻、设置提醒等操作,如图 1-3-6 所示。

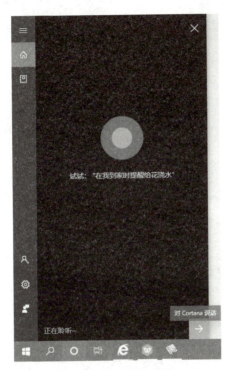

图 1-3-6 Cortana 搜索

单击"任务视图"按钮,可以让一台计算机同时拥有多个桌面,其中,"桌面 2"将显示当前该桌面运行的应用窗口,如果想要使用一个干净的桌面,可直接单击"桌面 1"图标,如图 1-3-7 所示。

(4)任务区

打开的应用程序都显示在应用程序区,操作时点击就可以打开程序,非常方便。

(5)语言栏

系统安装的输入法都显示在语言选项中,可以通过点击系统桌面右下角的语言图标来进行输入法的切换。

(6)"显示桌面"按钮

"显示桌面"按钮在任务栏的最右端。用鼠标左键点击"显示桌面"按钮,就可以显示系统桌面。

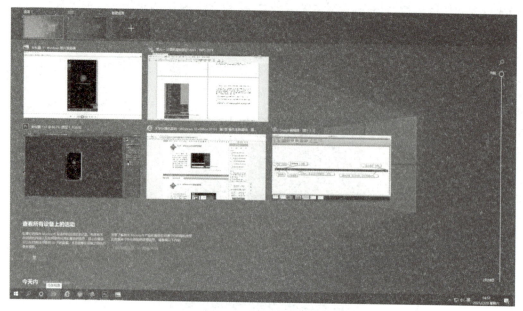

图 1-3-7　任务视图界面

1.3.2 管理文件与文件夹

1.文件

　　文件是指存储在存储介质上的一组相关信息的集合，也称文档，这些信息可以是程序、图像、文字、数据、声音等。文件是计算机处理信息的基本单位。Windows 中的任何文件都是用图标和文件名来标识的，文件的组成如图 1-3-8 所示。

图标

主文件名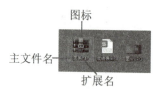

扩展名

图 1-3-8　文件的组成

　　文件名由主文件名和扩展名两部分组成，中间由“.”分隔。主文件名最多可以由 255 个英文字符或 127 个汉字组成，或者混合使用字符、汉字、数字甚至空格。但是，文件名不能含 /、\、:、*、?、""、<、>、|。扩展名通常由 1～4 个英文字符组成，扩展名决定了文件的类型，常说的文件格式指的就是文件的扩展名，见表 1-3-1。

表 1-3-1　常见文件扩展名、图标及类型

扩展名	图标	类型	扩展名	图标	类型
.docx		Word 文档文件	.pptx		PowerPoint 文档文件
.xlsx		Excel 文档文件	.zip .rar		压缩文件
.bmp .jpg		常用图像文件	.txt		文本文件
.html		网页文档文件	.ini		配置文件
.wav		Wav 音频文件	.mp3		一种常用声音文件
.bat		批处理文件	.hlp		帮助文件
.dll		动态链接库文件	.reg		注册表文件
.sys		系统文件	.exe .com		可执行文件

文件除了有文件名外，还有文件的大小、占用空间等信息，这些信息都称为文件属性，主要有只读(R)、隐藏(H)和存档(I)三种。鼠标右击文件，从弹出的快捷菜单中单击"属性"选项，在弹出的"属性"对话框中可以查看并设置相应的属性。

2.文件夹

文件夹用于保存和管理计算机中的文件，其本身没有任何内容，却可放置多个文件和子文件夹，让用户能够快速地找到需要的文件。文件夹一般由文件夹图标和文件夹名称两部分组成。Windows 用文件夹来分类管理计算机中的文件，文件夹的组成如图 1-3-9 所示。

图 1-3-9　文件夹的组成

文件夹的命名规则和文件的命名规则一样，文件夹一般不用扩展名。与文件一样，同一个文件夹下不能有同名的子文件夹。

3.文件资源管理器

Windows 把所有软、硬件资源都当作文件或文件夹，可在"文件资源管理器"窗口中查看和操作，如图 1-3-10 所示。

启动文件资源管理器的方法有多种，常用的有以下三种：

①单击"开始"按钮，单击"文件资源管理器"。

②右键单击"开始"按钮，在快捷菜单中单击"文件资源管理器(E)"。

③按键盘上的 Windows＋E 组合键。

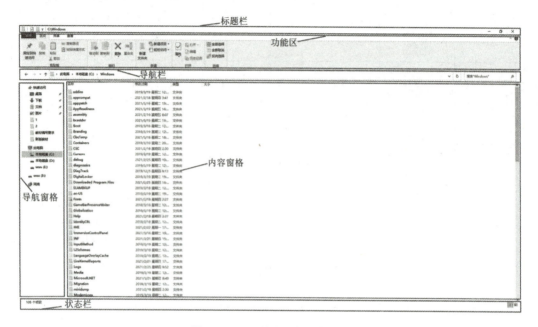

图 1-3-10　文件资源管理器窗口

4.文件和文件夹的基本操作

要想在 Windows 10 操作系统中管理好计算机资源，就必须掌握文件和文件夹的基本操作，这些基本操作包括创建、选择、重命名、复制、粘贴、移动、删除文件和文件夹等。

(1)新建文件(文件夹)

浏览到目标驱动器或文件夹(如系统桌面)，然后按照以下两种方法完成新建操作。

①在系统桌面空白处位置右击鼠标，在弹出的快捷菜单中选择"新建"命令。

②在"主页"选项卡的"新建"组中，单击"新建文件夹"→"新建项目"命令。

(2)选定文件(文件夹)

①选择单个文件夹

使用鼠标直接单击文件或文件夹图标即可将其选择，被选择的文件或文件夹的周围将呈蓝色透明状显示。

②选择多个相邻的文件或文件夹

在窗口空白处按住鼠标左键不放，并拖动鼠标框选需要选择的多个对象，再释放鼠标即可。

③选择多个连续的文件或文件夹

用鼠标选择第一个选择对象，按住"Shift"键不放，再单击最后一个选择对象，可选择两个对象中间的所有对象。

④选择多个不连续的文件或文件夹

按住"Ctrl"键不放,再依次单击所要选择的文件或文件夹。

⑤选择所有文件或文件夹

直接按"Ctrl＋A"组合键或在"主页"选项卡的"选择"组中,单击"全部选择"命令。

⑥反向选择

先选择需要保留的文件,在"主页"选项卡的"选择"组中,单击"反向选择"命令。

(3)重命名文件(文件夹)

用户可以根据需要更改已经命名的文件或文件夹的名称,更改文件或文件夹名称的常用方法有以下三种(当文件处于打开状态时,不能对文件进行重命名操作,必须关闭文件后才能进行重命名,否则将弹出错误窗口提示;一般不能随意更改文件的扩展名,因为扩展名关联到对应的应用程序,更改了扩展名,可能会导致文件不可使用。如果一定要改变扩展名,会弹出重命名提示窗口,按窗口提示进行操作即可)。

①选中文件或文件夹,单击文件或文件夹的名称即可进行更改。

②选中文件或文件夹,单击鼠标右键选择"重命名"命令。

③选中文件或文件夹,然后按键盘快捷键 F2 更改名称。

(4)复制和移动文件(文件夹)

①使用功能区复制

选定要复制的文件和文件夹(单选或多选),在"主页"选项卡的"剪贴板"组中,单击"复制",这时"粘贴"图标按钮将被点亮变为可用→浏览到目标驱动器或文件夹,在"剪贴板"组中单击"粘贴",则副本出现在文件夹中(如果没有改变文件夹,而是在原来的文件夹中执行"粘贴",那么出现的副本名称中会加上尾缀"副本")。

②使用快捷菜单复制

选定要复制的文件和文件夹(单选或多选)→右键单击选定的文件或文件夹,单击快捷菜单中的"复制"→浏览到目标驱动器或文件夹→右键单击空白区域,在快捷菜单中单击"粘贴"。

③使用快捷键复制或混合操作

选定要复制的文件和文件夹(单选或多选),按 Ctrl＋C 键执行复制→浏览到目标驱动器或文件夹,按 Ctrl＋V 键执行粘贴。

移动文件或文件夹的操作跟复制文件或文件夹的操作基本一致,区别在于移动操作完成后原文件夹里面就没有原来的文件或文件夹了,而复制则仍然存在。

(5)文件和文件夹的隐藏或显示

①选中要设置属性的文件或文件夹→单击"主页"选项卡的"打开"→"属性"下拉按钮中单击"属性"。

②右击选中的文件或文件夹,在快捷菜单中单击"属性"命令,在弹出的"属性"对话框的"常规"选项卡中,选中"隐藏",单击"确定"按钮。

"只读"属性表示该文件只能读取,不能修改和删除,对文件起到保护作用。"隐藏"属性表示在默认情况下,具有"隐藏"属性的文件和文件夹不会显示出来。被设置"隐藏"属性的文件和文件夹若想让它们也能显示,可以通过勾选"查看"选项卡的"显示/隐藏"组中的"隐藏的项目"命令来进行显示,同时文件后缀名的隐藏或显示也可在此进行设置。

（6）搜索文件或文件夹

在使用计算机时，经常会忘记文件存放在哪个文件夹中，或者文件夹位于哪个盘，此时可以使用 Windows 10 提供的查找工具来进行搜索。搜索文件和文件夹可使用通配符（用来代表其他字符的符号），通配符有两个："?"" * "。其中通配符"?"用来表示任意一个字符，另外一个通配符" * "表示任意多个字符。

①单击桌面"任务栏"→"搜索"命令。

②唤醒 Crotana，通过语音输入，发出搜索命令。

③打开"此电脑"窗口→"导航栏"右侧的"搜索"。

1.3.3 常用设置

1.控制面板

"控制面板"是用来进行系统设置和设备管理的工具集合，利用它可以对计算机的软件、硬件以及 Windows 10 自身进行设置，如图 1-3-11 所示。打开"控制面板"窗口的方法如下。

图 1-3-11　控制面板窗口

（1）选中桌面"此电脑"→右键单击"属性"→在弹出的窗口中单击左上角的"控制面板主页"。

（2）使用快捷键"Windows＋I"打开"Windows 设置"，键入"控制面板"进行搜索。

（3）单击"开始菜单"→"Windows 系统"→"控制面板"。

（4）使用快捷键"Windows＋R"打开→键入"control"→回车确认。

2.Windows 10 个性化设置

桌面上的空白区域单击鼠标右键，在弹出的快捷菜单中选择"个性化"命令，进入个性化设置窗口（例如，Windows 10 系统刚装完之后，桌面默认的图标只有一个"回收站"，可以通过在桌面空白处右键鼠标,选择"个性化",在左侧选择"个性化"→"主题"→"桌面图标设置",勾选要显示的图标,点击确定),如图 1-3-12 所示。

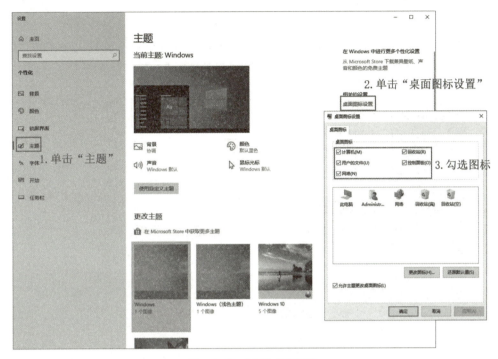

图 1-3-12 "个性化"窗口

3.添加 Windows 10 自带的五笔输入法

鼠标右键单击"开始"按钮→"Windows 设置"→Windows 设置窗口,单击"时间和语言"→单击"语言"→单击"中文"(右下角"选项")→单击"添加键盘"→弹出系统安装的输入法→单击选择"微软五笔"输入法,如图 1-3-13 所示。

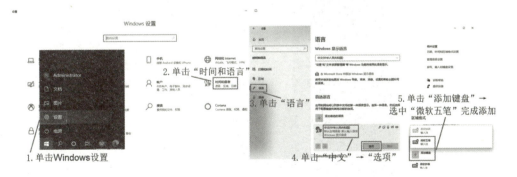

图 1-3-13 添加"五笔输入法"

1.3.4 常用附件

1.用"记事本"创建文本文件

"记事本"是一种简单的文本文件编辑器，可以进行日常记事或编写说明文件。单击"开始"按钮→"W（Windows 附件）"→"记事本"，打开"记事本"窗口，如图 1-3-14 所示。

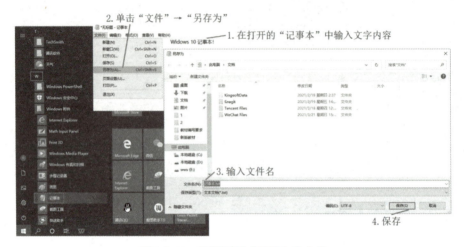

图 1-3-14　用"记事本"创建文本文件

2.截图工具

Windows 10 系统提供了截图工具，通过这个截图工具可捕获整个计算机屏幕图像或某一部分。单击"开始"按钮→"W（Windows 附件）"→"截图工具"，打开"截图工具"窗口，如图 1-3-15 所示。

图 1-3-15　截图工具

（1）"任意格式截图"：围绕对象绘制任意形状。

（2）"矩形截图"：围绕对象拖动光标构成一个矩形。

（3）"窗口截图"：选择一个要捕获的窗口或对话框。

（4）"全屏截图"：捕获整个屏幕。

①为截图添加批注

捕获截图后，可以通过选择"笔"或"荧光笔"按钮在截图上或截图周围书写或绘画，选择"橡皮擦"可删除已绘制的线条。

②保存截图

捕获截图后，选择"保存截图"按钮，在"另存为"对话框中，输入文件名、位置和类型，然后选择"保存"。

捕获截图后，选择"复制"按钮，可以将截图"粘贴"到其他应用程序中。

1.4　国产操作系统的介绍

1.麒麟操作系统

麒麟操作系统（Kylin OS），也称为银河麒麟，是一款由中国企业研发的操作系统。

麒麟操作系统源起于 2001 年，是由中国国防科技大学联合中软公司、联想公司、浪潮集团和民族恒星公司共同研制的商业闭源服务器操作系统。它的发展得到了国家 863 计划的大力支持，并且随着时间推移，逐渐形成了针对不同使用场景的多个版本。其主要特点是：

（1）安全性：银河麒麟操作系统 V10 特别注重安全性，解决了国产操作系统在安全性方面的一些长期问题，致力于为用户提供安全可信的使用环境。

（2）多样化：银河麒麟操作系统 V10 集成了多样化的软件生态，包括办公、图形、游戏等 11 类 3500 款小程序，以满足用户的不同需求。

（3）易用性：银河麒麟桌面操作系统 V10 SP1 致力于提供流畅愉悦的用户体验，被认为是一款体验好、生态好、安全好的新一代图形化桌面操作系统。

（4）广泛性：麒麟软件主要面向通用和专用领域，打造安全创新的操作系统产品和相应解决方案，包括服务器操作系统、桌面操作系统、嵌入式操作系统等。

如图 1-4-1 为麒麟操作系统桌面，图 1-4-2 为麒麟操作系统的文件资源管理器界面。

2.统信操作系统

统信操作系统是一款由统信软件技术有限公司研发的操作系统，它包括桌面版、服务器版以及专为教育而设计的教育版。统信操作系统的特点主要包括：

（1）自主自研：统信软件拥有自主研发的桌面版和服务器版操作系统，这意味着公司在技术上具有自主知识产权，能够根据国内用户的需求进行定制化开发。

（2）安全可靠：统信操作系统支持国产芯片架构，与硬件、外设、软件高效兼容，确保了系统的安全性和可靠性。

图 1-4-1　麒麟操作系统桌面

图 1-4-2　麒麟操作系统文件资源管理器界面

（3）易用性强：统信操作系统提供了一键安装等功能，同时支持 Linux、Wine 和安卓应用，用户可以根据自己的需求选择不同的应用环境。

（4）统一桌面环境：统信操作系统的视觉交互体验经过优化，提供了统一的桌面环境，使得用户的使用体验更加流畅。

（5）多样化版本：统信操作系统有专业版、家庭版和社区版，分别面向不同的用户群体，满足不同场景下的使用需求。

（6）生态体系：统信操作系统致力于建立全面的生态体系，包括办公、社交、影音娱乐、开发工具、图像处理等多类别应用,以满足用户的日常使用需求。

(7)教育版特性:专为教育而研发的统信桌面操作系统 V20 教育版,针对教育场景进行了特别设计和优化,以适应教学和学习的需求。

(8)服务器版特性:统信服务器操作系统 V20 针对企业级关键业务及数据负载构建,适应服务器场景、云和容器、大数据、人工智能等现代互联网技术对主机系统的要求。

如图 1-4-3 为统信操作系统桌面,图 1-4-4 为统信操作系统的文件资源管理器。

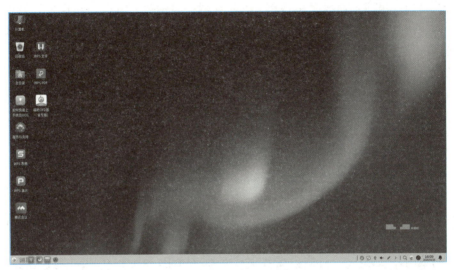

图 1-4-3 统信桌面

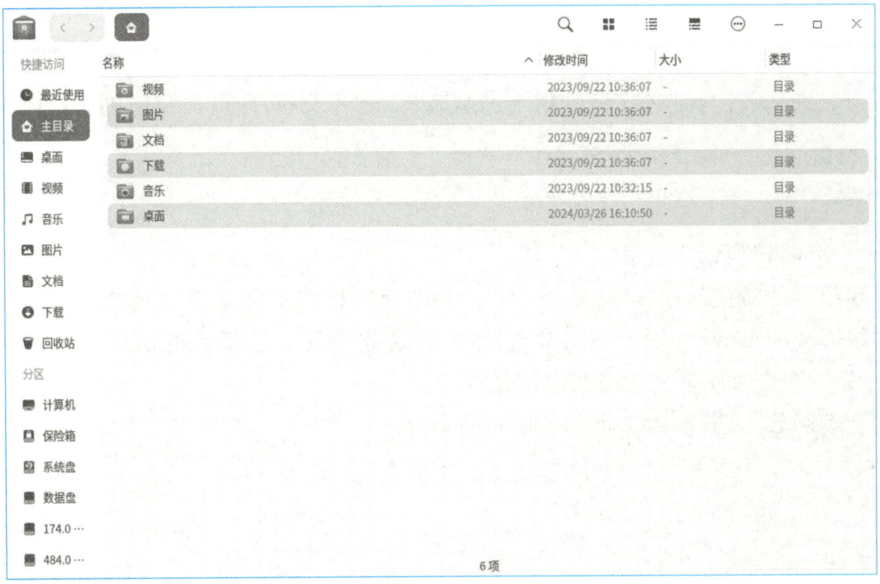

图 1-4-4 统信操作系统的文件资源管理器

1.5　计算机中数制的计算

1.数制

数制是用一组固定的数字和一套统一的规则来表示数的方法。在数值计算中，一般采用的是进位计数。按照进位的规则进行计数的数制，称为进位计数制。也就是说，数制是按进位的原则进行计数，称为进位计数制，简称"数制"。

数值在计算机中以二进制表示，这是由计算机所使用的逻辑器件所决定的，其好处是运算简单，实现方便，成本低。常用的数制有：

(1)二进制：使用 0,1 共 2 个数值，遵守"逢二进一，借一当二"的原则。

(2)八进制：使用 0,1,2,3,4,5,6,7 共 8 个数值，按"逢八进一，借一当八"的原则。

(3)十进制：使用 0,1,2,3,4,5,6,7,8,9 共 10 个数值，采用"逢十进一，借一当十"的原则。

(4)十六进制：使用 0,1,2,3,4,5,6,7,8,9,A,B,C,D,E,F 共 16 个数值，采用"逢十六进一，借一当十六"的原则。

数制的特点：逢 R 进一，每位的权值是基数 R 的若干次幂，幂次由该位的位置决定。任何一种数制表示的数都可以写成按位权展开的多项式之和。

进制数的表示方法：二进制数在数字后面加字母 B，如 1101B；八进制数在数字后面加字母 O，如 56O；十进制数在数字后面加字母 D 或不加字母，如 826D；十六进制数在数字后加字母 H，如 A8000H。

2.二进制与十进制之间的相互转换

(1)二进制转换成十进制

一个二进制数按其权位(权位用十进制表示)展开求和，即可得相应的十进制数。如：

$$(110.101)_2 = (1 \times 2^2 + 1 \times 2^1 + 0 \times 2^0 + 1 \times 2^{-1} + 0 \times 2^{-2} + 1 \times 2^{-3})_{10}$$
$$= (4 + 2 + 0.5 + 0.125)_{10} = (6.625)_{10}$$

(2)十进制转换成二进制

整数部分的转换采用"除 2 取余"法。十进制数整数部分除以 2，余数作为相应二进制数整数部分的最低位；用上步的商再除以 2，余数作为二进制数的次低位；一直除到商为 0，最后一步的余数作为二进制数的最高位。

将十进制数 11 转换为二进制数的过程如下：

除法	商	余数
11÷2	5	1
5÷2	2	1
2÷2	1	0
1÷2	0	1

故 $(11)_{10} = (1011)_2$

小数部分的转换采用"乘 2 取整"法:十进制小数部分乘 2,积的整数部分为相应二进制数小数部分的最高位;用上一步积的小数部分再乘 2,同样取积的整数部分作为相应二进制数小数部分的次高位;一直乘到积的小数部分为 0 或达到所要求的精度为止。

将十进制数 0.625 转换为二进制数的过程如下:

乘法	积的整数部分	积的小数部分
0.625×2	1	0.25
0.25×2	0	0.5
0.5×2	1	0

$$故(0.625)_{10} = (0.101)_2$$

当然,数制间的转换可以通过系统自带的计算器进行快速转换运算,具体操作如下:

鼠标左键单击"开始"按钮→应用程序"计算器"→选择"程序员"模式(HEX—十六进制、DEC—十进制、OCT—八进制、BIN—二进制)。

1.6 本章小结

本章是教材的第一章,这一章的内容对学习信息技术会起到举足轻重的作用。通过学习,让学生深入了解计算机基础知识、计算机的组成、软硬件知识、操作系统,让学生熟练地掌握计算机的基本操作;提高了学生的计算机应用能力,使学生能熟练地操作计算机,并能用所学知识解决工作中的实际问题,为今后学生走向信息化社会打下良好的基础。

1.7 课后实训

 ## 1.7.1 理论练习

微课
实操作业

1.一般认为,世界上第一台电子数字计算机诞生于(   )。

　　A.1946 年　　　　B.1952 年　　　　C.1959 年　　　　D.1962 年

2.第四代计算机的主要逻辑元件采用的是(   )。

　　A.晶体管　　　　　　　　　　B.电子管

　　C.小规模集成电路　　　　　　D.大规模和超大规模集成电路

3.个人计算机属于(   )。

　　A.微型计算机　　B.小型计算机　　C.中型计算机　　D.巨型计算机

4.微型计算机的发展史可以看作是(   )的发展历史。

A.微处理器　　　B.主板　　　　　C.存储器　　　　D.电子芯片

5.以下不属于计算机特点的是（　　　）。

A.运算速度快　　B.计算精度高　　C.通用性强　　　D.形状笨拙

6.下列关于计算机病毒的四条叙述中,错误的一条是（　　　）。

A.计算机病毒是一个标记或一个命令

B.计算机病毒是人为制造的一种程序

C.计算机病毒是一种通过磁盘、网络等媒介传播、扩散,并能传染其他程序的程序

D.计算机病毒是能够实现自身复制,并借助一定的媒体存在的具有潜伏性、传染性和破坏性的程序

7.一个完整的计算机系统通常包括（　　　）。

A.硬件系统和软件系统　　　　　　B.计算机及其外部设备

C.主机、键盘和显示器　　　　　　D.系统软件和应用软件

8.计算机中信息的存储都采用（　　　）。

A.二进制　　　B.八进制　　　　C.十进制　　　D.十六进制

9.计算机系统中运行的程序、数据及相应文档的集合称为（　　　）。

A.主机　　　　B.软件系统　　　C.系统软件　　　D.应用软件

10.下面各组设备中,同时包括输入设备、输出设备和存储设备的是（　　　）。

A.CRT、CPU、ROM　　　　　　　B.绘图仪、鼠标、键盘

C.鼠标、绘图仪、光盘　　　　　　D.磁带、打印机、激光印字机

11.Windows 10 系统的"桌面"是指（　　　）。

A.整个屏幕　　B.某个窗口　　　C.当前窗口　　　D.全部窗口

12.下列属于计算机操作系统的是（　　　）。

A.Windows 10　B.Linux　　　　C.Mac OS　　　D.以上都是

13.Windows 10 内置（　　　）两种浏览器。

A.谷歌浏览器和IE11　　　　　　B.Microsoft Edge 和 IE11 浏览器

C.Microsoft Edge 和谷歌浏览器　　D.谷歌浏览器和 360 安全浏览器

14.全球第一款个人智能助理是（　　　）。

A.Google Assistant　　　　　　　B.Cortana

C.Siri　　　　　　　　　　　　　D.灵犀语音

15.在计算机中,文件是存储在（　　　）。

A.磁盘上的一组相关信息的集合　　B.内存中的信息集合

C.存储介质上一组相关信息的集合　D.打印纸上的一组相关数据

16.下面"不合法"的文件名是（　　　）。

A.12345678?.txt　B.win_prog.exe　C.file.docx　　D.35768.xlsx

17.下列文件中,属于图像文件的是（　　　）。

A.医学.xlsx　　B.信息技术.bmp　C.成绩单.avi　　D.计算机.mp3

18.键盘上的退格键是（　　　）。

A.Backspace　　B.Shift　　　　C.Caps Lock　　D.Num Lock

19.在 Windows 10 系统中,要建立、编辑文本文档,可以利用"附件"下系统自带的(　　)。

　　A.资源管理器　　　　B.记事本　　　　　　C.画图程序　　　　　　D.截屏工具

20.为了将二进制数与其他进制的数字进行区分,可以在二进制数的后面加字母来表示进制,用来表示二进制的字母是(　　)。

　　A.H　　　　　　　　　B.O　　　　　　　　　C.D　　　　　　　　　D.B

 1.7.2 实训练习

微课
实训练习

请按要求完成以下操作(必须按题目顺序做题!):

考生文件夹为"C:\TEST",此考生文件夹在做题过程中根据要求创建。

1.启动 Widows 的"文件资源管理器",设置文件"查看方式"为"列表";设置"查看"选项,要求"显示隐藏的文件、文件夹和驱动器"和"不隐藏已知文件类型的拓展名"。

2.在 C 盘的根目录下创建新文件夹 TEST,作为考生文件夹。

3.在考生文件夹下创建 5 个新文件夹:WNEW、MYNEW、WRITE、CHILD 和 HIDE,并设置 HIDE 文件夹的属性为隐藏和只读。

4.在考生文件夹下的 MYNEW 文件夹中创建 2 个新文本文档 MYTEST.TXT 和 NEWTEST.TXT,并设置 MYTEST.TXT 的属性为"隐藏"和"存档"。

5.在考生文件夹下的 WEAR 文件夹中创建新文本文档并重命名为 WORK.WER;再将 WORK.WER 文件复制两份,一份移动保存到考生文件夹下,另一份就放在 WEAR 文件夹(相同文件夹)中,但文件名改为 WORK.DOCX。

6.将考生文件夹下的 WEAR 文件夹中的 WORK.DOCX 文件移动到考生文件夹下的 CHILD 文件夹内,并改名为 WORK.BAT。删除 NEWTEST.TXT 文件。

7.搜索考生文件夹下的所有 W 开头的文件,然后将其复制到考生文件夹下的 WRITE 文件夹内,再将 WRITE 文件夹加密压缩(设置密码为 STUDENT),压缩后文件名为 YASUO.RAR。

8.为考生文件夹下的 CHILD 文件夹中的 WORK.BAT 文件建立名为 GO_WORK 的快捷方式,并存放在考生文件夹下。

单元 2　WPS Office 文字处理

WPS Office 是由金山软件股份有限公司自主研发的一款办公软件套装,包含办公软件最常用的文字、表格、演示等多种功能。

WPS Office 的文字功能具有强大的文字编辑功能、表格处理功能、文件管理功能、版面设计功能、制作 Web 页面功能、拼写和语法检查功能及强大的打印功能和兼容性。本单元通过案例项目"大学生健康知识手册"的制作、长文档"食物的营养价值"的制作及拓展知识中邮件合并——健康报告邮寄的制作,介绍 WPS 的文字处理、表格制作、版面设计,邮件合并等的详细操作步骤,达到"做中学,学中做"的目的。同时,课后配有相应知识点的习题,能帮助学生巩固和提高 WPS 文字模块的操作技能。

 学习目标

1.掌握对 WPS Office 文字模块的基本文字编辑操作:选定、删除、复制、移动。

2.掌握字体格式、段落格式及对图片的格式设定。

3.掌握表格的建立,对表格的基本操作(选定、插入、删除单元格、行和列,设定行高及列宽),及对表格格式的设置(表格内字体格式的设置及表格边框和底纹的设置)。

4.掌握样式、页眉页脚、目录及分节符的使用。

2.1　WPS Office 的启动与退出方式

2.1.1 启动方式

(1)单击 Windows 的"开始"按钮,选择"WPS Office"。

(2)双击磁盘中已有的 WPS 文档。

(3)在操作系桌面的空白处单击鼠标右键,在弹出的"快捷式"菜单中选择"新建→

DOC 文档"或"DOCX 文档"。通过新建的 WPS 文件启动 WPS Office 窗口。

2.1.2 退出方式

（1）单击 WPS Office 窗口右上角的"关闭"按钮。

（2）选择"文件→关闭"菜单命令。

（3）快捷键关闭方式：Alt＋F4。

TIP：

当关闭 WPS Office 窗口时，如果文档没有保存则会弹出对话框提示是否需要保存修改。如图 2-1-1 所示。这时应点击"保存"按钮以保存修改的内容，否则，只保留修改前的内容。

图 2-1-1　询问是否保存 WPS 文档

2.2　WPS Office 窗口界面介绍

WPS Office 窗口界面主要由选项卡、功能组、快速访问栏、编辑区、标尺、滚动条、状态栏及视图栏组成。如图 2-2-1 所示。

2.2.1 选项卡及功能组

WPS Office 窗口有文件、开始、插入、页面布局、引用、审阅、视图等 9 个选项卡。每个选项卡根据操作命令的不同，又分为若干个功能组，每个功能组都有若干个命令按钮或下拉式按钮 ，有的功能组的右下角有"对话框启动器"或"窗格启动器"按钮 。另外，WPS Office 也有浮动的选项卡，这些选项卡在创建对象或选择该对象时会自动出现，对象处于非选中状态时，浮动选项卡隐藏。常用的浮动选项卡有：表格工具、表格样式、图片工具、绘图工具、文本工具、图表工具、设计、格式工具等浮动工具选项卡。

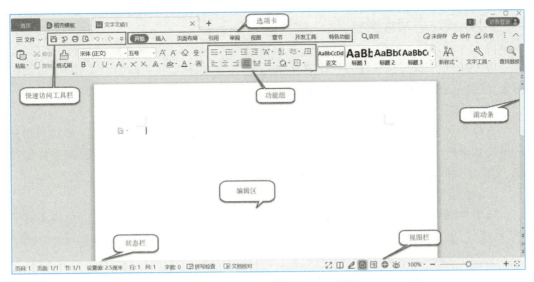

图 2-2-1　WPS Office 文字窗口界面

2.2.2 快速访问工具栏

快速访问工具栏集中的是对文档操作常用的命令：新建、打开、保存、撤销、恢复等命令。根据自己的操作习惯，在工具栏中可以加入其他的常用命令。用鼠标单击快速访问工具栏最右侧的下拉式按钮，在弹出的菜单中勾选其他命令，或单击"其他命令"，在弹出的"文字选项"对话框右侧的"命令列表"中选择常用的命令，如图 2-2-2 及图 2-2-3。这样可以让我们便捷地访问这些常用命令，提高操作效率。

图 2-2-2　快速访问工具栏

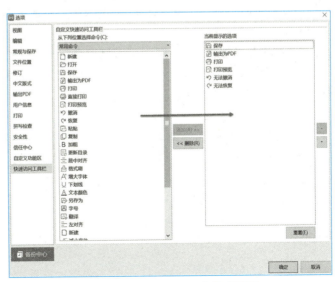

图 2-2-3　WPS Office 选项对话框

2.2.3 状态栏与视图栏

WPS Office 状态栏和视图栏位于界面底部，用于显示当前文档的相关信息，如页码信息、字数信息、视图切换及页面比例调整等。

1.页码信息

它位于状态栏最左侧，可看到该文档共有几页（节），当前位置是第几页（节），利用鼠标单击状态栏中的页码信息处，可快速打开"导航"窗格，即可了解文档结构、调整标题级别、文档定位或移动文本等操作。

2.字数信息

位于页码信息右侧，显示当前文档的总字数，单击状态栏中的字数信息，可快速打开"字数统计"对话框，查看文档页数、字数、段落数及行数等信息。

3.视图切换

视图栏中的视图切换处可以切换七种视图方式：全屏显示、阅读版式、写作模式、页面视图、大纲、Web 版式及护眼模式视图。默认处于页面视图。WPS 2016 提供了 5 种视图方式：阅读视图、页面视图、Web 版式视图、大纲视图及草稿视图。如图 2-2-4 所示。

图 2-2-4 "视图"功能组

（1）阅读版式：阅读视图模式下模拟书籍阅读的方式，便于用户阅读文档。

（2）页面视图：在页面视图模式下可以看到文档设置的所有格式，页面显示格式效果与打印效果相同，也就是"所见即所得"的效果。页面视图是最常用的视图，一般用于编辑文档。

（3）Web 版式视图：能够模拟 web 浏览器来显示文档，一般用于创建 Web 页面。

（4）大纲视图：用于查看文档的结构，可浏览文档的各级标题，并对标题的级别进行调整。一般用于长文档的浏览。

4.页面比例调整

位于状态栏右侧，可快速调整文档的显示比例，可以拖动滑块快速改变显示比例。默认比例大小为 100％。此外，单击最右侧的比例数字，可打开"显示比例"对话框，进行比例设置。

2.3　WPS Office 的基本操作

WPS Office 文字文档的基本操作主要有：新建、打开、保存及对文本的编辑操作。

2.3.1 新建 WPS Office 文档

打开 WPS Office 主界面，单击"新建"选项卡，在弹出的窗口中选择"文字"选项卡。在模板区域提供了多种可供创建的新文档类型，这里单击"新建空白文档"按钮，如图 2-3-1 所示。

图 2-3-1　新建文字文档

2.3.2 打开 WPS Office 文档

打开文字文档的方法很多，常用的有以下两种方法。

1.直接打开文字文档
打开文字文档存放的文件夹，双击要打开的文字文档。

2.在 WPS Office 窗口中打开文档
启动 WPS Office 主窗口，在窗口中单击"文件→打开"，如图 2-3-2 所示。

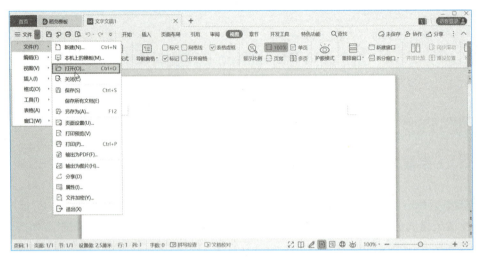

图 2-3-2　打开文件

2.3.3 保存 WPS Office 文档

　　"保存"这个操作是一个普通但重要的操作，在编辑文件的过程中注重及时保存文档，可以提高办公效率，否则会造成编辑内容的丢失甚至整个文件的丢失。保存文档的方法是：在 WPS Office 窗口界面，单击"文件→保存"菜单命令，双击"我的电脑"，在弹出的"另存为"对话框中进行文档的保存。如图 2-3-3 所示。

图 2-3-3　"另存为"对话框

在"另存为"对话框中主要设置以下三项：

(1)文件保存位置的选择。选择文档要存放的文件夹的位置。

(2)文件名的设置。

(3)文件类型的设置。文字默认类型为 WPS 文档，扩展名为.WPS。单击"保存类型"右侧的下拉式按钮，可选择其他的保存类型，如 PDF 格式。

其他的保存方法：

(1)单击"快速访问工具栏"中的"保存"命令。

(2)应用快捷键 CTRL＋S。

(3)选择"文件→另存为"菜单命令。

2.3.4 WPS Office 中文本的基本操作

对文字文档中文本的操作主要有选择、复制、移动、删除等。

1.文本的选择

对文本进行复制、移动及删除等编辑操作前，须先对文本进行选择。选择的方法如下。

(1)用鼠标选定文本。

将鼠标指针移到编辑区指针形状变为"工"字形(I)，此时，拖动鼠标右键可实现连续选择文本行；将鼠标指针移动到左边距区域，鼠标指针变为时，单击鼠标左键时选定的是一行。双击鼠标左键选定的是一个段落。三击鼠标左键选定的是文档的全部内容。

(2)用"键盘＋鼠标"选定文本。

选定不连续的文本：Ctrl＋鼠标左键。具体操作方法如下：按住键盘上的 Ctrl 键不放，同时用鼠标左键拖动要选择的文本，即可实现不连续的选择。

选定连续的文本：Shift＋鼠标左键。具体操作方法如下：将光标定在要选择文本的第一个字符前，按住 Shift 键不放，同时在要选择文本的最后一个字符的位置单击鼠标左键。

矩形文本区域选定：Alt＋鼠标左键。具体操作方法如下：按下 Alt 键，同时用鼠标左键从要选择的矩形区域的左上角拖动到右下角，选择成功后，同时释放 Alt 键与鼠标左键。

全部文本区域的选择：Ctrl＋A。

2.复制和移动

在文字文档中进行文本的复制与移动的方法与对文件与文件夹的复制与移动的操作方法相同。具体的操作步骤如下：

(1)步骤 1：选定要复制与移动的文本。

(2)步骤 2：鼠标指向已选定的文本，然后单击鼠标右键，在弹出的快捷菜单中单击复制或剪切(键盘上的快捷键分别为：Ctrl＋C 或 Ctrl＋X)。

(3)步骤 3：将光标移动到复制或移动文本将要出现的位置，单击鼠标右键，在弹出的快捷菜单中选择"粘贴"命令(键盘上的快捷键为 Ctrl＋V)。

3.文本的删除

（1）逐个删除文本：在键盘上敲一次退格键（Backspace 键），删除光标左侧的一个字符；敲一次删除键（Delete 键），删除光标右侧的一个字符。上述两个操作均可连续操作。

（2）块区文本的删除可使用退格键和删除键。先选定要删除的文本范围，然后敲退格键和删除键，则删除选中的文本。

2.4 "大学生健康知识宣传手册"的制作

项目的内容以"大学生健康知识"为主题展开，让学生了解身心健康的标准，贴近大学生生活的健康误区等内容，有助于学生树立正确的健康观念，有科学的饮食、作息及运动习惯，保持身心健康，以充沛的精力投入日常的学习生活中。主要制作四个页面：封面、大学生身心健康标准、大学生生活中的健康误区、趣味身体健康自我评价表。如图 2-4-1 所示。

图 2-4-1 《大学生健康知识宣传手册》样文

2.4.1 文本编辑

这部分主要介绍"大学生身心健康标准"页面的制作，主要涉及的操作是"字体"、"段落"、"尾注"及页边距的设置。

1.主要知识点

（1）页边距：主要设置文档页面的上、下、左、右边距。在这里可使用预设的页面边距也可自定义边距。设置"页边距"命令的位置位于"页面布局"选项卡中。如图 2-4-2 所示。

（2）段落：在文字文档中输入内容时，按下 Enter 键会自动产生段落标记（↵），该标记表示上一个段落的结束，在该标记之后的内容则位于下一个段落中。段落格式是指以

图 2-4-2　"页面布局"选项卡中的"页边距"命令

段落为单位的格式设置。设置"段落"格式的命令位于开始选项卡中"段落"功能组。主要设置的内容有文本的对齐方式、段落的缩进与间距，项目符号、编号、边框及底纹等。如图 2-4-3 所示。

图 2-4-3　"开始"选项卡中的"段落"功能组

（3）尾注与脚注：尾注和脚注对文档中的文本起到注释说明的作用。脚注或尾注由两部分组成，即：注解引用标记及相应的注释文本。尾注位于文档末尾而脚注显示在页面底部。脚注或尾注上的数字或符号与文档中的引用标记相匹配。如图 2-4-4 所示。

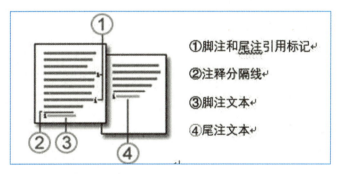

①脚注和尾注引用标记
②注释分隔线
③脚注文本
④尾注文本

图 2-4-4　尾注与脚注的构成

2."大学生身心健康标准"页面的制作

（1）准备操作

操作要求：新建文字文档，命名为"大学生健康知识手册"。将"大学生健康知识手册（素材）.docx"中的"大学生身心健康标准"的内容复制到新文档中。如图 2-4-5 所示。

说明：在粘贴文本时出现三个粘贴选项：保留源格式粘贴、粘贴及只粘贴文本。

①保留源格式粘贴：指复制后的文本与原来的格式完全一样。

②粘贴：是指复制的内容粘贴到目标位置后，格式合并为目标位置的格式，但不会完全丢弃原有格式。

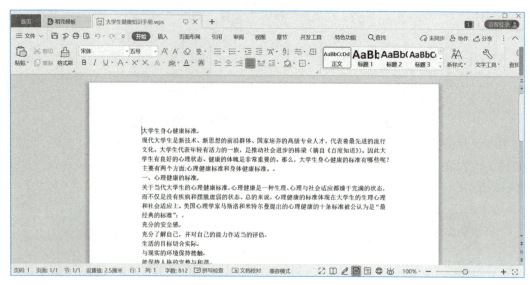

图 2-4-5　将指定的文本粘贴到新建文档中

③只粘贴文本：复制的内容与目标位置的格式一致。

（2）设置页边距

操作要求：设置文档"大学生健康知识手册"的页边距为：上、下边距为 1.5 厘米，左、右边距为 2 厘米。

操作步骤：

①选择"页面布局"选项卡，单击"页边距"命令，在弹出的菜单中选择"自定义边距"命令，弹出"页面设置"对话框。

②在"页面设置"对话框中将上下边距设置为 1.5 厘米，左右边距设置为 2 厘米。

（3）设置字体格式

操作要求：

设置标题"大学生身心健康的标准"；字体：黑体；字号：二号；加粗。

设置段落标题"一、心理健康的标准"及"二、身体健康的标准"；字体：等线；字号：五号；加粗。

将最后一段的"社会主义核心价值观"加着重号。

操作步骤：

①选中标题文字"大学生身心健康标准"，选择"开始"选项卡，单击"字体"下拉按钮，将字体设置为黑体；单击"字号"下拉按钮，将字号设置为二号；单击"加粗"按钮。

②用 Ctrl＋鼠标左键分别选中段落标题"一、心理健康的标准"及"二、身体健康的标准"，单击"字号"下拉按钮，将字体设置为等线；单击"字号"下拉按钮，将字号设置为五号；单击"加粗"按钮。

③选中最后一段中的"社会主义核心价值观"，选择"开始"选项卡，单击"字体"功能组右下角的字体对话框启动按钮 ⌐ ，启动"字体"对话框，选择"字体"选项卡，单击着重号

的下拉按钮,选择着重号。如图 2-4-6 所示。

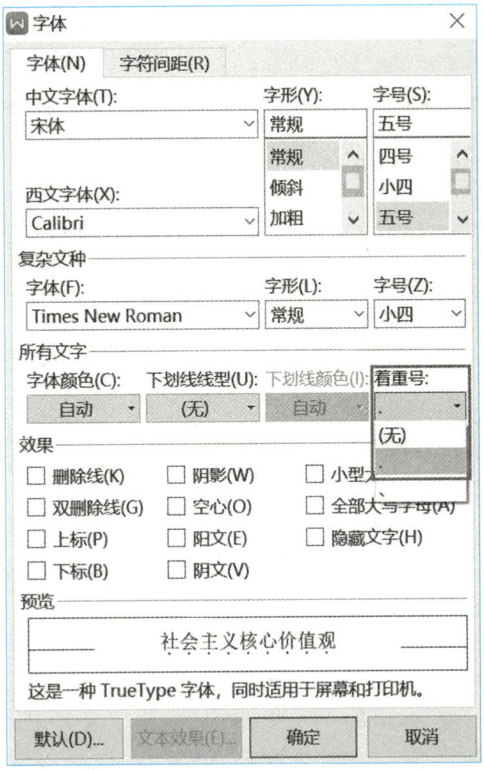

图 2-4-6　"字体"窗口中设置"着重号"

(4)设置段落格式

操作要求:

设置标题"大学生身心健康标准"的对齐方式为"居中"。

设置正文的特殊格式为"首行缩进",缩进值为 2 字符;设置正文的行距为:多倍行距,1.25。

设置标题"大学生身心健康标准"的段后间距为 0.5 行。

为"身体健康标准十条"及"心理健康标准十条"设置项目符号。

操作步骤:

①选中标题文字"大学生身心健康标准",选择"开始"选项卡,在"段落"功能组中单击"居中"按钮。

②选中正文(除标题之外的所有文字),选择"开始"选项卡,单击"段落"功能组右下角的对话框启动器按钮 ⌐,启动"段落"对话框,选择"缩进和间距"选项卡,单击"特殊格式"的下拉按钮,选择"首行缩进",缩进值为 2 字符;单击"行距"中的下拉按钮,选择"多倍行距",设置值为 1.25。设置完成后,单击"确定"按钮。如图 2-4-7 所示。

③将光标位于标题"大学生身心健康标准"段落中,用上述方法启动"段落"对话框,选择"缩进和间距"选项卡,将"段后"的值设置为 0.5 行。如图 2-4-8 所示。

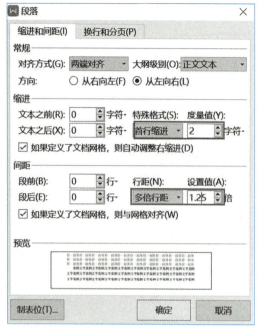

图 2-4-7　设置"缩进"与"行距"

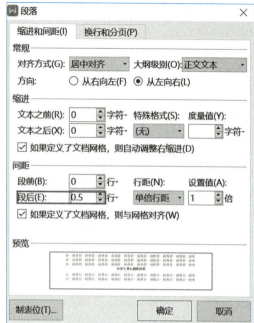

图 2-4-8　设置"段后"间距

　　④选中"身体健康标准十条"的内容，选择"开始"选项卡，单击"段落"功能组中的"项目符号"的下拉按钮 ≡ ，在弹出的菜单中单击"自定义新项目符号"命令，弹出"项目符号和编号"对话框，选择任一预设的项目符号，单击"自定义"命令按钮，弹出"符号"对话框，选择"字符"命令，选择字体 Wingdings 中的手势符号"☝"，单击"确定"按钮。项目符号设置完毕。如图 2-4-9、图 2-4-10 所示。

　　⑤设置"心理健康标准十条"内容的项目符号参照步骤④。最终设置的效果可打开素材文件夹下的样文进行对照。

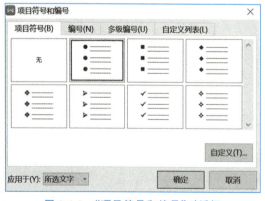

图 2-4-9　"项目符号和编号"对话框

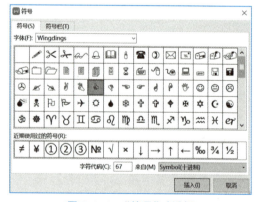

图 2-4-10　"符号"对话框

TIP：

"段落"对话框的设置主要包括对齐方式、缩进和间距。

文字文档段落的对齐方式控制了段落中文本行的排列方式。

(1)两端对齐:段落中除最后一行文本外,其余行的文本的左右两端分别以文档的左右边界为基准在垂直方向上对齐。是系统默认的对齐方式。

(2)左对齐:段落中每行文本均以文档的左边界为基准向左对齐。

(3)右对齐:段落中每行文本均以文档的右边界为基准向右对齐。

(4)居中对齐:文本位于文档左右边界的中间,一般文章的标题多采用该对齐方式。

(5)分散对齐:即分开来对齐,它的参照对象是每行。当文字不足一行使用分散对齐,不足一行的文字就占满一行的距离,其效果为字符之间的距离增大。

(6)段落缩进:段落各行相对于页面边界的距离。文字 提供了 4 种段落缩进方式。

(7)首行缩进:段落第一行的左边界向右缩进一段距离,其余行的左边界不变。

(8)悬挂缩进:段落第一行的左边界不变,其余行的左边界向右缩进一段距离。

(9)左缩进:整个段落的左边界向右缩进一段距离。

(10)右缩进:整个段落的右边界向左缩进一段距离。

段落间距指当前段落与相邻前后段落之间的距离,当前段落是指光标所在段落或当前选中的段落。行距指段落中行与行之间的距离。

(5)设置脚注

操作要求:为最后一段中的“社会主义核心价值观”插入脚注“社会主义核心价值观:富强、民主、文明、和谐、自由、平等、公正、法治、爱国、敬业、诚信、友善”。字体设置为“楷体”。

操作步骤:

①选中“社会主义核心价值观”或将光标激活在“观”字之后。

②选择“引用”选项卡,单击“插入脚注”命令。此时,当前页面的左下角将出现一条横线(注释分隔线),在下面写 1(注释引用标记)的位置输入注释文本,即完成了脚注的插入。同时,注释引用标记出现在“观”的右上角,并且将光标置于引用标记上时将显示脚注的内容。如图 2-4-11 所示。

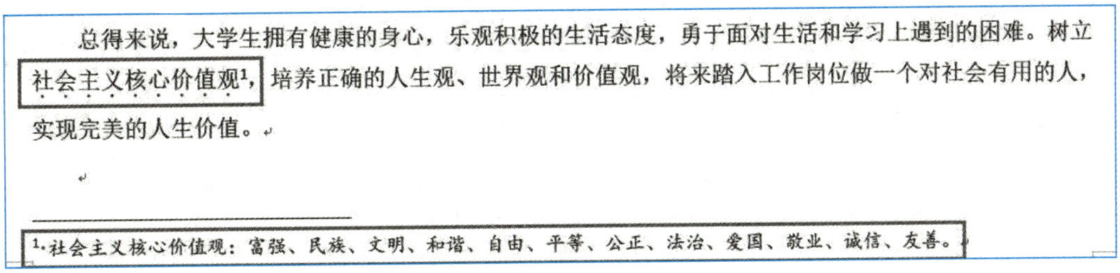
总得来说,大学生拥有健康的身心,乐观积极的生活态度,勇于面对生活和学习上遇到的困难。树立社会主义核心价值观[1],培养正确的人生观、世界观和价值观,将来踏入工作岗位做一个对社会有用的人,实现完美的人生价值。

1. 社会主义核心价值观:富强、民族、文明、和谐、自由、平等、公正、法治、爱国、敬业、诚信、友善。

图 2-4-11 “脚注”插入的效果

TIP:关于脚注的编辑

脚注的删除:选中文档文字中引用标记,而非注释中的引用标记,用 Delete 键或 Backspace 键进行删除。当删除文字中的引用标记时,与之对应的注释文本同时被删除。

脚注编号格式的设置:选择“引用”选项卡,单击“脚注”功能组右下角的启动对话框按钮，弹出"脚注和尾注"对话框，在此对话框中可以对脚注与尾注的位置进行设定，也可设置脚注与尾注的编号格式。如图 2-4-12 所示。

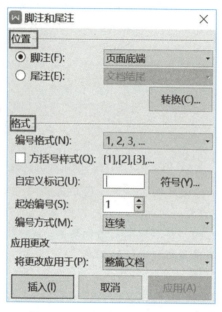

图 2-4-12 "脚注和尾注"对话框

2.4.2 图文混排

图文混排即将文字和图片在文档页面中进行恰当、有序的排版，合理的图文混排可使文档更加美观，同时使文字内容更容易理解，使文档具有可读性。图文混排在杂志、报刊、书籍等方面具有广泛的应用。文字处理的经典功能是实现文档的图文混排，通过文字中字体设置及图片设置等功能，可实现制作图文并茂的文档。

这部分内容主要介绍"大学生生活中健康误区"页面的制作，主要涉及的知识点有：插入艺术字、插入文本框、插入图片、插入自选图形、分栏及对段落的美化等。

1.相关知识点

在文字中插入对象在"插入"选项卡中实现，可插入图片、联机图片、形状、SmatArt 图形、图表、屏幕截图、表格、艺术字、文本框、页眉、页脚、公式、符号、首字下沉等。

（1）图片的编辑。

（2）在插入图片及联机图片时，在功能区会出现浮动的选项卡："图片工具"选项卡。

①对"图片"的基本操作。

A.图片大小的调整：单击鼠标选中图片，图片四周出现圆点形状的尺寸控制按钮，通过鼠标拖动控制按钮进行调整。

B.图片的移动：将鼠标移动到图片上，鼠标的形状变为 时拖动鼠标即可移动图片。

C.图片的删除：选中图片，按下键盘上的删除键（Delete）即可删除图片。

②图片环绕文字方式的设置。

在文字中，图片与文字的环绕方式有以下几种：

A.嵌入型：当图片在嵌入状态下，文字文档将其视为文字，是图片默认的环绕方式。

B.四周型环绕：不管图片是否为矩形图片，文字以矩形方式环绕在图片四周；

C.紧密型环绕：如果图片是矩形，则文字以矩形方式环绕在图片四周，如果图片是不规则图形，则文字将紧密环绕在图片周围；

D.穿越型环绕：文字可以穿越不规则图片的空白区域环绕图片；

E.上下型环绕：文字环绕在图片上方和下方；

F.衬于文字下方：图片在下、文字在上分为两层，文字将覆盖图片；

G.浮于文字上方：图片在上、文字在下分为两层，图片将覆盖文字；

③图片的裁剪。

文字中提供了图片裁剪的功能，可以裁剪图片不需要的部分，同时也可以裁剪为特定的形状和纵横比。需要注意的是图片被裁剪后，原来的实际尺寸大小并未改变，只是把被剪裁的内容隐藏起来了。如确实要将被裁剪区域完全删除，需要做如下设置：在"图片工具→压缩图片"命令按钮，打开"压缩图片"对话框，勾选"删除图片的裁剪区域"复选框，如图 2-4-13 所示。

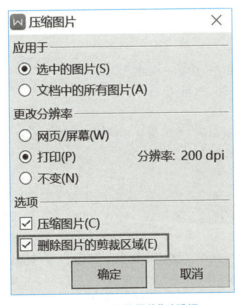

图 2-4-13　"压缩图片"对话框

④图片的美化

图片的美化主要通过"图片工具"选项卡中的图片轮廓及图片效果实现。

（3）文本框。

文本框可以插入页面中的任意位置，独立于文档中的其他文本。文本框里可插入文字、图片、表格、图表等。在文字处理中提供了预设的文本框样式，另外也可插入文本方向分别为横排和竖排的文本框。在文档中插入文本框之后，我们可以设置文本的边框、填充色及与文档文字的环绕方式等。

2.“大学生生活中健康误区”页面的制作

（1）准备操作

操作要求：连续插入 2 页的空白页并对所插入的空白页做文字、段落格式的清除。

操作步骤：

①将光标激活在“大学生身心健康的标准”页面的末尾。

②单击“插入”选项卡中“空白页”中的“竖向”命令按钮，再单击 1 次该命令，此时，在“大学生身心健康的标准”页面后出现 2 页新的空白页。

③选择“开始”选项卡，单击“样式”功能组中右下角的窗格启动按钮，弹出“样式”窗格，在“样式”窗格中单击“全部清除”命令。

TIP：

在文字文档中，在键盘上敲回车键，意味着当前段落的结束和新段落的开始，上一段的文字和段落格式会带到新的一段，新的段落和上一段具有相同的文字和段落格式。同样，我们在生成新的页面时，上一页的文字和段落格式也会带到新的页面。为了不影响新页面的排版效果，可以通过“样式”窗格中的“全部清除”命令使新页面的文字及段落格式恢复到默认格式。

（2）插入艺术字

操作要求：

艺术字样式：填充—白色，轮廓—着色 1。

艺术字字体：黑体，小初，加粗。

文字轮廓粗细为 0.25 磅。

文本效果：“发光”选项中的“矢车菊蓝，8pt 发光，着色 1”。

形状填充色：标准色浅绿。

操作步骤：

①选择“插入”选项卡，单击“艺术字”命令的下拉式按钮，在弹出的下拉列表中选择“填充—白色，轮廓—着色 1”的艺术样式。输入文字“大学生生活中的健康误区”。如图 2-4-14 所示。

②选中文字“大学生生活中的健康误区”，字体设置为“黑体，小初，加粗”。

③选择“文本工具”选项卡，单击“文本轮廓”下拉按钮，在弹出的下拉菜单中选择“粗细：0.25 磅”。

④选择“文本工具”选项卡，单击“文本效果”下拉按钮，在弹出的下拉菜单中选择“发光→发光变体”中的第二行第一列的“矢车菊蓝，8pt 发光，着色 1”。如图 2-4-15 所示。

⑤选择“绘图工具”选项卡，单击“填充”下拉按钮，在弹出的下拉式菜单中选择标准色中的浅绿。

⑥如样文所示，适当调整艺术字的高度与宽度（16.96 厘米）。

图 2-4-14　选择艺术字样式　　　　　　　　图 2-4-15　选择"发光"效果

（3）设置文本框

操作要求：

文本框大小：高度为 1.98 厘米，宽度为 16.96 厘米。

段落格式：首行缩进。

边框：无边框。

填充色：橙色—着色 4—浅色 40%。

阴影效果：阴影→外部→向下偏移。

操作步骤：

①选择"插入"选项卡，单击"文本框"的下拉按钮，在弹出的菜单中单击"横向文本框"。此时，鼠标的形状变为"╋"形状，以对角线方向拖动鼠标，插入文本框。此时在功能区出现"绘图工具及文本工具"选项卡。

②在"绘图工具"选项卡中，将文本框的高度和宽度分别设置为 1.98 厘米和 16.96 厘米。

③在素材文件夹下打开"大学生健康知识手册（素材）.docx"文档，将"大学生生活中健康误区"页面的正文第一段文字"当代大学生……"复制到文本框中。

将光标激活在文本框内的任意位置，将该段落设置为"首行缩进"。

选中文本框，在"绘图工具"选项卡中，单击"填充"的下拉按钮，在弹出的下拉菜单中依次选择填充色：橙色—着色 4—浅色 40%。

选中文本框，在"绘图工具"选项卡中，依次选择"轮廓→更多设置→线条→无线条"。如图 2-4-16 所示。

选中文本框，在"绘图工具"选项卡中，单击"形状效果"的下拉按钮，在弹出的下拉菜单中选择"阴影→外部→向下偏移"。如图 2-4-17 所示。至此，完成文本框的设置。

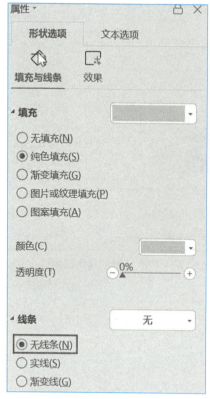

图 2-4-16 "无边框"效果的设置

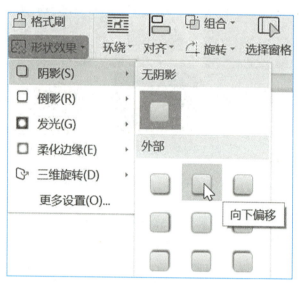

图 2-4-17 "阴影"效果的设置

（4）插入自选图形

操作要求：

插入自选图形：五角形；填充：巧克力黄，着色 2，深色 25％；轮廓：无轮廓。

插入艺术字：艺术字样式：填充—白色，轮廓—着色 5，阴影；文字内容：避免进入减肥的误区，运用科学的方法瘦身；环绕方式：上下型环绕；字体字号：黑体，小三；文本填充色：标准色浅绿；文本轮廓：标准色浅绿；文本效果：阴影→内部→内部左上角。

操作步骤：

①将光标激活在文本框下方行的起始位置，选择"插入"选项卡，单击"形状"下拉按钮。

②在弹出的下拉菜单中单击"星与旗帜"中的"五角星"，在光标处插入五角形。

③在"绘图工具"选项卡中将"五角星"的高度设置为 1 厘米，宽度设置为 1 厘米。

④在"绘图工具"选项卡中，单击"填充"下拉按钮，将其填充颜色设置为巧克力黄，着色 2，深色 25％。

⑤在"绘图工具"选项卡中，单击"轮廓"下拉按钮，在弹出的菜单中选择"无线条"。

⑥按"操作要求"对艺术字进行设置。

最终设置效果如图 2-4-18 所示。

大学生生活中的健康误区

　　当代大学生正处于美好的青春年华，对各在大学校园的日常生活中，我们会听到各式各样的关于健康的误区，而对于这些误区大多数人难以分辨它的真假，于是出现了盲目的跟风的现象，在这些误区当中最让人印象深刻的便是以下面这些健康误区，你是否步入了下面这些误区？

★　**避免进入减肥的误区，运用科学的方法瘦身.**

图 2-4-18　"五角星"与"艺术字"设置结果

（5）分栏

操作要求：

将"许多人为了减肥……"及"在减肥过程中……"这两段进行分栏，栏数 2 栏，加分隔线。

将这两个段落的特殊格式设置为：首行缩进，2 个字符。

操作步骤：

①将光标激活在与"五角形"所在行隔一段的位置。将"许多人为了减肥……"及"在减肥过程中……"这两段的文字以"只保留文本的形式"复制到光标所在位置。并在复制好的这两个段落后利用 Enter 键生成一个空段。

②选中这两个段落，选择"页面布局"选项卡，单击"页面设置"组中的"分栏"命令的下拉按钮，在弹出的下拉菜单中选择"更多分栏……"，在弹出的"分栏"对话框中，在"预设"中选择"两栏"，并勾选"分隔线"。单击"确定"按钮完成设置。如图 2-4-19 所示。

微课
设置与取
消分栏

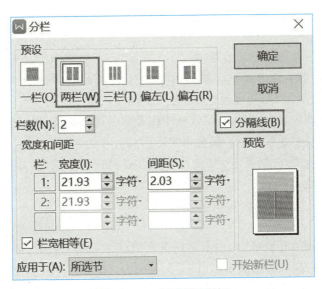

图 2-4-19　"分栏"对话框

（6）插入图片

操作要求：插入"早餐 1.jpg"和"早餐 2.jpg"两张图片；环绕方式：四周型；图片效果：柔化边缘 2.5 磅。插入效果见图 2-4-20。

許多人为了减肥而不吃早餐，以为这样能减少热量的摄入，从而起到较好的减肥作用。殊不知，不吃早餐对人体伤害极大，无益健康，还会影响一天的工作。所以，为了减肥而不吃早餐这是极不科学的做法，它既影响身体健康，又达不到减肥目的，有时甚至会促使肥胖。因为不吃早餐，到了中午便

会饥饿难忍，中餐就难免暴饮暴食，反使热量过盛，从而形成脂肪堆积。日本相扑运动员就是一天只吃中、晚餐，上午在不吃早饭的情况下训练，中、晚就加倍饱食，以此促使身体发胖的。

在减肥过程中，人们对碳水化合物摄入的研究经常存在一些误解，的确，过量摄入精加工碳水化合物，比如白面包和白米饭，可能会造成体重或者心血管疾病风险的增加。但并没有研究说明像全谷物、水

果、蔬菜或者豆类这些健康的碳水化合物会对健康或者体重造成负面影响。正相反，很多研究倡导多摄入这些以植物为基础的食物对整体健康有益。有关减肥的误区还有很多，如喝咖啡减肥、减肥不能喝牛奶等。其实，科学减肥的方法很简单：大于摄入热量的运动+健康的饮食。……分节符(连续)……

图 2-4-20　插入图片效果

操作步骤：

①选择"插入"选项卡，单击"图片→来自文件"命令，在素材文件夹中选择"早餐 1.jpg"，此时图片出现在文档的文字中，利用图片的尺寸按钮调整图片至合适大小。

②选中图片，选择"图片工具→环绕→四周型环绕"，单击"排列"组中的"环绕文字"下拉按钮，在弹出的菜单中选择"四周型"。

③设置图片边框，单击"图片工具→图片效果→柔化边缘→2.5 磅"，最终设置效果如图 2-28 所示。

（7）美化段落

操作要求：

段落缩进格式：首行缩进，2 个字符。

段落美化：将"奶茶真的是奶和茶相加？…………"这个段落添加段落边框，边框线型：单实线；边框粗细：3 磅；边框颜色：橙色，着色 4。

加下划线：将该段中"如果你喝了含咖啡因最多的那杯奶茶，相当于喝了 8 杯咖啡，或者 16 罐红牛"加"双实线"下划线，颜色为"巧克力黄，着色 2"。

插入图片：插入图片"奶茶.jpg"，图片环绕方式：四周型；裁剪：裁剪图片上边缘黑色区域部分；柔化边缘 2.5 磅。

设置结果如图 2-4-21 所示。

操作步骤：

①添加自选图形"五角星"与艺术字奶茶可以偶尔品尝，但万万不可作为一种嗜好。具体操作步骤见（4）插入自选图形。

②将光标激活在"五角星"所在行的下一行开始处的位置，将素材中的"奶茶真的是奶和茶相加？……"这个段落的文字复制到光标所在位置。

　　奶茶真的是奶和茶相加？2017 年，上海市消协对奶茶进行了一次抽查，检测结果显示：27 个奶茶店的 51 个奶茶品种都含有大量咖啡因，咖啡因含量平均高达 270mg/L，最高达到了 828mg/L。目前，国际公认的咖啡因摄入量为每天不超过 400mg，孕期女性对咖啡因摄入应注意每天不超过 200mg。更直观地对比一下：一杯美式咖啡（中杯）的咖啡因含量仅为 108mg；一罐红牛饮料中咖啡因含量为 50mg。也就是说，<u>如果你喝了含咖啡因最多的那杯奶茶，相当于喝了 8 杯咖啡，或者 16 罐红牛。</u>这就是很多人喝了

一杯奶茶，心慌手抖，甚至是晚上失眠述的咖啡因，奶茶中还有"甜蜜的陷阱"品中，糖的平均含量为 33g，最高的一膳食指南（2016）》中建议"每天添加糖下"。也就是说试验中的部分奶茶，只要添加糖的摄入量。

的原因，其实都是咖啡因在起作用。除了上——糖分。在 27 杯标示正常甜度的奶茶样杯含量为 62g，等于 13 块方糖。《中国居民的摄入量应不超过 50g，最好控制在 25g 以喝上一杯，就已经超过了正常人体一天当中样品检测发现，20 件标称"无糖"的奶茶

而对 20 件号称无糖的样品实测含糖量全都高于"无糖"茶饮料的含糖量标准（0.5g/100mL）。更为糟糕的是，市面上，大多数的奶茶中可能并没有奶。上海消协所做的这次抽查中，发现奶茶中的蛋白质含量普遍不足，而反式脂肪酸普遍超标。这意味着，你所以为的奶茶，大部分可能都是奶精。高咖啡因及高糖的含量，长期饮用会对人体健康造成严重的伤害。——摘自《中国经济网》。

图 2-4-21　段落美化效果

　　③选中"奶茶真的是奶和茶相加？……"段落。选择"开始"选项卡，单击"段落"组中"边框"命令的下拉按钮，在弹出的菜单中选择"边框和底纹"，弹出"边框和底纹"对话框。
　　④在弹出的"边框和底纹"对话框中，选择"设置"中的"方框"，样式选择"单实线"，颜色选择"橙色"，着色 4，粗细 3 磅，应用于"段落"。如图 2-4-22 所示。

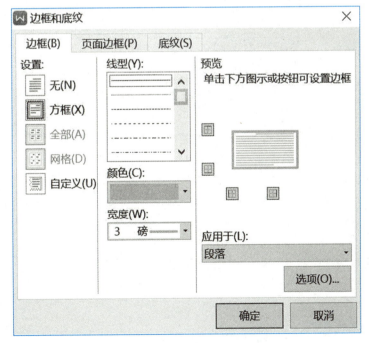

图 2-4-22　"边框和底纹"对话框

⑤选中段落中的"如果你喝了含咖啡因最多的那杯奶茶，相当于喝了 8 杯咖啡，或者 16 罐红牛"这句话，选择"开始"选项卡，单击"字体"组右下角的对话框启动按钮弹出"字体"对话框，在"字体"标签中，选择"下划线线型"为"双实线"，"下划线颜色"为"巧克力黄，着色 2"。如图 2-4-23 所示。

图 2-4-23 "字体"对话框

⑥选择"插入"选项卡，单击"插图"组中的图片命令，弹出"插入图片"对话框，在对话框中选择"奶茶.jpg"图片后，单击"确定"按钮。

⑦此时图片出现在文档的段落文字中，调整图片的大小，并设置图片的环绕方式。

⑧保持图片的选中状态，选择"图片工具"选项卡，单击"裁剪"命令，此时图片处于"裁剪"的状态，将鼠标移到图片上边缘的裁剪按钮处，向下拖动鼠标，裁剪图片黑色区域部分。

⑨保持图片的选中状态，选择"图片工具"选项卡，在"图片效果"命令中选择"柔化边缘矩形→2.5 磅"。

2.4.3 表格的制作

文字中的表格以二维表格的形式呈现，以行和列的形式组织信息，对信息具有归纳和整理的作用,使信息以清晰直观的方式呈现给读者,提高了读者对信息的理解度。表格在医院、管理等各行各业得到了广泛的应用。

这部分内容主要介绍"趣味身体健康自我评价表"的制作,通过这个项目的制作学会对表格如下操作:插入表格,表格基本的操作,美化表格及在单元格的拆分和合并等。

1.相关知识点

（1）插入表格

插入表格的方法主要有以下 3 种。

①使用"插入表格"选项

这种方法适用于插入行数和列数较少的表格,使用这个命令最多可以插入 8 行 17 列。将光标放置在要插入表格的位置。选择"插入"选项卡,单击"表格"命令的下拉按钮,如图 2-4-24 所示,按住鼠标左键不放,从左上角到右上角的方向拖动至需要的行数和列数后释放鼠标,在光标处插入一个表格。

图 2-4-24　"插入表格"的下拉菜单

②使用"插入表格"对话框

这种方法可以插入指定行数和列数的表格。选择"插入"选项卡,单击"表格"功能组中"表格"命令,在弹出的菜单中选择"插入表格"命令,弹出"插入表格"对话框。如图 2-4-25 所示。在此对话框中设置表格的行数和列数,同时选择对"列宽"的要求:固定列宽及自动列宽。

固定列宽:默认为"自动",在右侧的文本框中可输入具体的数值确定列宽。

自动列宽:根据单元格内文本所占的实际列宽进行调整。

③使用"文本转换为表格"命令

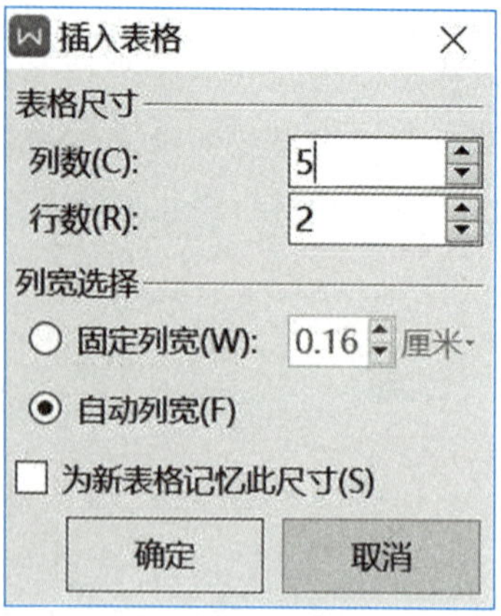

图 2-4-25 "插入表格"对话框

有的文本排列较整齐，且文本之间用符号进行分隔。这些符号有制表符、段落标记、逗号、空格及其他符号。其他符号可以是＋、一、＊号等。例：将下面的文本转换成表格，如图 2-4-26 所示。

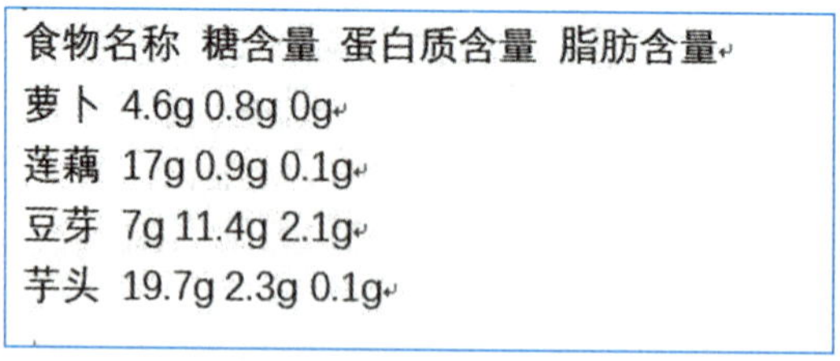

图 2-4-26 转换成表格前的文本（以空格分隔）

操作步骤如下：

选定要转换成表格的文本。

选择"插入"选项卡，单击"表格"命令的下拉按钮，在弹出的菜单中选择"文本转换成表格"命令，弹出"将文字转换成表格"对话框，如图 2-4-27 所示。

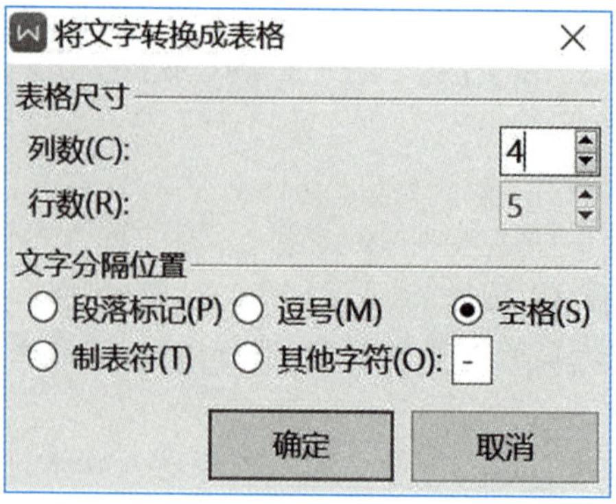

图 2-4-27 "将文字转换成表格"对话框

确认分隔符,列数、行数及文字分隔位置无误后,单击"确定"按钮,完成转换。转换后的表格如表 2-4-1 所示。

表 2-4-1　转换后的表格

食物名称	糖含量	蛋白质含量	脂肪含量
萝卜	4.6g	0.8g	0g
莲藕	17g	0.9g	0.1g
豆芽	7g	11.4g	2.1g
芋头	19.7g	2.3g	0.1g

TIP:

在将文本转换成表格时,如果文本选择不当,"将文字转换成表格"对话框中的列数和行数会出现与实际不符的现象,此时要再次确认选定的文本范围是否正确,如是否选择了空行或表格的标题等。

在设置文字分隔位置中的其他字符时,要确认文字分隔符号的中英文或全半角情况,如果存在错误,也会出现行数和列数与实际不符的现象。

如果文本间的分隔符不好确认,可以复制相邻两个文本的分隔符到"其他字符"右侧的文本框中,执行"粘贴"操作时要用 Ctrl＋V 快捷键。

(2)表格的基本操作

①表格中出现的符号

A.向右的鼠标箭头：将鼠标移到表格的左侧,鼠标变成向右的箭头,单击这个箭头可以选中对应表格的一行,按住鼠标不放拖动这个箭头,可选择多行。

B.向下的黑色箭头：将鼠标移动到表格每一列的上方,鼠标箭头的形状会变成一个向下的黑色箭头,此时单击鼠标可选中黑色箭头指向的这一列,按住鼠标不放拖动这个箭头,可选择多列。

C.向右的黑色箭头：将鼠标移动到任意一个单元格的左下角,鼠标箭头的形状会变成一个向右的黑色箭头,此时单击鼠标可选中向右黑色箭头指向的这个单元格,按住鼠标不放拖动这个箭头,可选择多个单元格。

D.上下箭头：当鼠标移动到表格中水平线的位置时,鼠标箭头的形状会变成一个上下的箭头,按住鼠标不放拖动这个箭头时,可调整表格的行高。

E.左右箭头：当鼠标移动到表格中垂直线的位置时,鼠标箭头的形状会变成一个左右的箭头,按住鼠标不放拖动这个箭头,可调整表格的列宽。

F.带圈的加号、减号＋－：当鼠标移动到每一行的左下角或每一列的右上角时,鼠标的形状会变成＋－,用鼠标单击这两个符号可以在这个符号的上方插入一行或删除行(插入或删除列)。选定多行时,用鼠标分别单击这两个符号可插入/删除多行(插入或删除列)。

G.十字形符号：这个符号位于整个表格的左上角,用鼠标单击这个符号可以选中整个表格的行和列,用鼠标拖动这个符号可移动整个表格的位置。

微课
表格的基本编辑

H.空心的正方形 ▫ :这个符号位于整个表格的右下角,用鼠标拖动这个符号可调整表格的大小。

②插入行、列

选中行或列,选择"表格工具"选项卡,选择相应的命令即可在选中行或列的上/下及左/右插入新行或列。也可选中某行或某列,在选中的区域单击右键,在弹出的菜单中选择"插入"命令,在级联菜单中选择相应的命令。在表格中一次性插入多行或多列,可选择多行或多列,即可插入多行或多列。

TIP：快速插入行的方法

将光标激活在每行的行末段落符号处,在键盘上敲回车键,即可以光标所在行的下一行插入新的一行。

③删除单元格、行、列、表格

选中相应的单元格、行、列,选择"表格工具"选项卡,单击"删除"命令的下拉按钮,在弹出的菜单中选择相应的命令即可。也可以选中区域后单击右键,在弹出的快捷菜单中选择相应的命令执行删除操作。

④调整行高、列宽

A.个别调整行高和列宽:将鼠标移到表格中水平线或垂直线的位置时,鼠标分别变成 ↔ 和 ‖,用鼠标拖动相应的符号即可调整行高和列宽。这种方式对行高和列宽的设置精度不高,只做概数调整。

B.统一调整行高和列宽:要统一设置若干行、若干列的行高和列宽,选中要调整的行或列,选择"表格工具"选项卡,可精确设置行高或列宽的具体数值。

C.分布行或列:在"表格工具→自动调整"命令中,有四个命令:适应窗口大小、根据内容调整表格、平均分布行和平均分布列,其中"平均分布行"功能可设置使选中的行的行高相等,"平均分布列"的功能可设置使选中列的列宽相等。

（3）美化表格

表格的美化主要包括表格边框线和底纹的设置,设置的方式主要有两种。

①使用表格样式:表格样式是系统预设好的表格版式,主要包括表格线和单元格底纹格式,在 WPS Office 文档处理中提供了如下的预设样式:最佳匹配、浅色系、中色系和深色系。选择"表格样式"选项卡,可看到预设的表格样式,任选其中一种即可快速实现表格线和底纹的格式化。

②自定义设置:自定义设置可不拘泥于预设的表格样式,自行设置表格线及单元格底纹的样式。在"表格样式"选项卡中,线型、线型粗细、边框颜色及边框可以实现表格的自定义美化。

TIP：在自定义设置表格边框线时,设置的顺序是:先设置边框线的线型、粗线及颜色,再设置边框线在表格中的位置。

（4）单元格的拆分与合并

单元格的合并是指选定相应数量的单元格,将选定的单元格合并成一个较大的单元格。单元格的拆分是指选定相应数量的单元格,将选定的单元格拆分成指定行数和列数。

2."趣味身体健康自我评价表"的制作

（1）插入表格

操作要求：插入表格行数 29 行，列数 7 列。

操作步骤：

①将光标激活在第 2 张空白页首行，输入表格的标题文字"趣味身体健康自我评价表"。

②敲键盘上的回车键，使光标位于第二行。

③选择"插入"选项卡，单击"表格"命令的下拉按钮，在弹出的菜单中选择"插入表格"命令。在弹出的"插入表格"对话框中设置列数为 7 列，行数为 29 行，如图 2-4-28 所示。单击"确定"按钮，即可插入一张 7 列 29 行的表格。

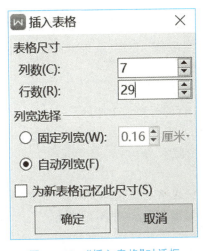

图 2-4-28　"插入表格"对话框

（2）合并与拆分

操作要求：

合并第 7 列的 1、2、3 行。

合并第 3 行的 3,4 列及 5、6 列。

合并第 4 行的 1～7 列。

合并第 25 行的 1～7 列。

合并第 26 行的 2～7 列。

合并第 27 行的 1～7 列。

拆分第 5～24 行为 3 列 20 行。

拆分第 28、29 行为 2 行 4 列。

操作步骤：

①选中第 7 列的第 1、2、3 行，选择"表格工具"选项卡，单击"合并单元格"命令。也可在选中的单元格区域单击鼠标右键，在弹出的快捷菜单中选择"合并单元格"命令。

②其他单元格的合并按照步骤①操作，这里不再赘述。

③选中 5～24 行，选择"表格工具"选项卡，单击"拆分单元格"命令，在弹出的"拆分单

元格"命令中，将列数设置为 3，行数设置为 20，单击"确定"按钮即可。如图 2-4-29 所示。按照样文，将表格线调整至合适的位置。

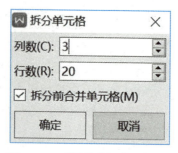

图 2-4-29 "拆分单元格"对话框

④其他单元格的拆分按照步骤③操作，这里不再赘述。

（3）设置行高与列宽

操作要求：

设置第 1、2、3、27、28、29 行的行高为 1 厘米。

设置第 4、26 行的行高为 1.2 厘米。

设置其他行的行高为 0.7 厘米。

操作步骤：

①选中第 1、2、3 行，选择"表格工具"选项卡，在"高度"中设置为 1 厘米。

②其他行行高的设置参照步骤①，这里不再赘述。

（4）表格中文字格式的设置

操作要求：

标题文字：

字体：幼圆；字号：小二、加粗；对齐方式：居中。

表格中第 4、27 行的文字格式为：字体：幼圆；字号：小四，加粗。

其他单元格内的文字格式：字体：幼圆；字号：五号。

表格中第 6～24 行第 2 列及第 26 行第 2 列的文字对齐方式为"靠上两端对齐"，其余单元格的对齐方式为"水平居中"。

"照片"单元格的文字方向为：垂直方向。

操作步骤：

①在表格中输入相应的文字（可借助于素材中的文字材料）。

②单击表格左上角的按钮 ⊞ 选中整张表格，选择"开始"选项卡，在"字体"功能组中将字体设置为"幼圆"，字号设置为"五号"。

③选中第 4 行中的文字内容，选择"开始"选项卡，在"字体"功能组中将字体设置为"幼圆"，字号设置为"小四"，"加粗"。

④第 27 行文字格式的设置如③所述，这里不再赘述。

⑤选中"照片"单元格，选择"表格工具"选项卡，单击"文字方向"命令，选择"垂直方向"即可将"照片"单元格的方向设置为垂直方向。

⑥选中表格的标题文字"趣味身体健康自我评价表",将其设置为字体:幼圆;字号:小二、加粗;对齐方式:居中。

（5）美化表格

操作要求：

设置表格的外框线为:单实线,1.5 磅。

设置第 4、27 行的上框线为:双实线,0.5 磅。

设置第 4、27 行的底纹为:白色,背景 1,深色 5%。

操作步骤：

①单击表格左上角的按钮 ⊞ 选中整张表格,选择"表格样式"选项卡,单击"线型"命令右侧的下拉按钮,在下拉列表中选择"单实线"线型,如图 2-4-30 所示。

②选择"表格样式"选项卡,单击"线型粗细"右侧的下拉按钮,在下拉列表中选择 1.5 磅。如图 2-4-31 所示。

③选择"表格样式"选项卡,单击"边框"命令右侧的下拉按钮,在下拉列表中选择"外侧框线"。如图 2-4-32 所示。

④选中第 4 行,选择"表格样式"选项卡,单击"线型"命令右侧的下拉按钮,在下拉列表中选择"双实线"线型。

⑤选择"表格样式"选项卡,单击"线型粗细"右侧的下拉按钮,在下拉列表中选择 0.5 磅。

⑥选择"表格样式"选项卡,单击"边框"命令右侧的下拉按钮,在下拉列表中选择"上框线"。表格最终设置的效果如图 2-4-33 所示。

⑦第 27 行上框线的设置可参照④、⑤、⑥操作步骤。

图 2-4-30　设置边框线型

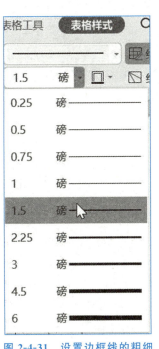

图 2-4-31　设置边框线的粗细

图 2-4-32　设置边框线的位置

趣味身体健康自我评价表

姓名		性别		出生年月		照片
专业		班级		学制		
身高		BMI 指数				

趣味身体健康状况自我诊断测试表

序号	诊断内容及评分（是：1分；否：0分）	自我评分
1	时时担心自己的健康状况	
2	动作变得迟钝，运动时感到吃力	
3	常常觉得疲劳	
4	常感到头晕头痛	
5	视力变得有些模糊	
6	走路容易跌倒	
7	健忘的次数增多	
8	皮肤失去光泽	
9	感冒频次多	
10	一不小心就很容易骨折	
11	弯腰屈膝都变得艰难	
12	站不久，老想找个位子坐下	
13	夏天怕热，冬天怕冷	
14	睡眠充足，但仍容易疲倦	
15	对周遭事物反应较为冷淡	
16	对别人说的话，常常反应不过来	
17	下午时分容易感觉疲惫	
18	肩膀会发酸或关节会疼痛	
19	经常有力不从心的感觉	
总评分		
评分说明	5分以下，身体保养得很好；5-10分，表示身体器官机能向衰退趋势发展，要多加注意 10分以上，建议应该尽早前往医院做一次全身健康检查。	

联系方式

通讯地址		联系电话	
E-mail		邮编	

图 2-4-33　趣味身体健康自我评价表

TIP：

如图 2-4-33 所示表格中的序号可通过"编号"命令实现。操作方法如下：

选中表格第 6～24 行的第一列单元格。

选择"开始"选项卡，单击"编号"的下拉按钮，在弹出的下拉菜单中选择"编号库"中的"编号对齐方式：左对齐"，如图 2-4-34 所示。即可完成表格中序号的填写。

（6）文字表格计算

操作要求：根据自我评分，利用 SUM 函数求出表格中的"总评分"。

操作步骤：

①将光标激活在"总评分"右侧的单元格。

②选择"表格工具"选项卡，单击"fx 公式"命令，如图 2-4-35 所示。弹出"公式"对话框，如图 2-4-36 所示。在"公式"对话框中设置公式为：＝SUM（ABOVE），其他选项为默认设置。

微课
表格的
计算

图 2-4-34　"编号"格式的选择

图 2-4-35　"fx"命令　　　　　　图 2-4-36　"公式"对话框

③单击“确定”命令按钮，完成求和计算。如图 2-4-37。

趣味身体健康状况自我诊断测试表		
序号	诊断内容及评分（是：1分；否：0分）	自我评分
1	时时担心自己的健康状况	1
2	动作变得迟钝，运动时感到吃力	0
3	常常觉得疲劳	1
4	常感到头晕头痛	0
5	视力变得有些模糊	1
6	走路容易跌倒	0
7	健忘的次数增多	1
8	皮肤失去光泽	0
9	感冒频次多	1
10	一不小心就很容易骨折	0
11	弯腰屈膝都变得笨拙	0
12	站不久，老想找个位子坐下	0
13	夏天怕热，冬天怕冷	0
14	睡眠充足，但仍容易疲倦	0
15	对周遭事物反应较为冷淡	0
16	对别人说的话，常常反应不过来	1
17	下午时分容易感觉疲惫	1
18	肩膀会发酸或关节会疼痛	0
19	经常有力不从心的感觉	0
总评分		7
评分说明	5 分以下，身体保养得很好； 5~10 分，表示身体器官机能向衰退趋势发展，要多加注意 10 分以上，建议应该尽早前往医院做一次全身健康检查。	

图 2-4-37　趣味身体健康状况自我诊断测试表

TIP：

（1）文字表格中的函数

文字表格也可以对表格中的数值进行计算，WPS 提供了近 20 个函数，函数及其功能如表 2-4-2 所示。

表 2-4-2　文字表格各函数的功能

函数名	功能	函数名	功能	函数名	功能
SUM	求和	ABS	求绝对值	NOT	非运算
AVERAGE	求平均	MOD	求余数	OR	或运算
COUNT	计数	AND	与运算	ROUND	四舍五入
MAX	最大值	DEFINED	判断表达式是否合法	SIGN	判断正负数
MIN	最小值	FALSE	假	TRUE	真
PRODUCT	一组值的乘积	IF	条件函数	INT	取整

（2）函数的参数

函数的格式为：函数名（参数）。参数可以是位置参数也可以是单元格地址。

①位置参数主要有：LEFT、RIGHT、ABOVE、BELOW。以 SUM 函数为例来了解各参数的含义。如表 2-4-3 所示：

表 2-4-3　位置参数示例

在 SUM 函数中输入的参数	对这些位置的数字求和
SUM(ABOVE)	当前单元格上方
SUM(BELOW)	当前单元格下方
SUM(LEFT)	当前单元格左侧
SUM(RIGHT)	当前单元格右侧
SUM(LEFT,RIGHT)	当前单元格左侧与右侧
SUM(RIGHT,ABOVE)	当前单元格右侧和上方
……	……

②单元格地址做参数

文字表格中列名用英文名字来命名，行名用阿拉伯数字来命名，单元格的名称是以列名和行名来命名的。如图 2-4-38 所示：

	A	B	C	D	E	F
1	A1	B1	C1	D1	E1	F1
2	A2	B2	C2	D2	E2	F2
3	A3	B3	C3	D3	E3	F3
4	A4	B4	C4	D4	E4	F4
5	A5	B5	C5	D5	E5	F5
6	A6	B6	C6	D6	E6	F6

图 2-4-38　单元格的命名规则

以 SUM 函数为例，如 SUM(B1:B6)是求 B1 到 B6 单元格中数字的和。

(3)练习

使用素材文件夹下的“健康知识比赛评分表.docx”文件，练习文字中表格的计算。

2.4.4 封面的制作

封面包括的对象有：自选图形、艺术字、文本框、图片。“封面”样式如图 2-4-39 所示。

操作要求：

自选图形 1～3：

插入图形：椭圆；大小：高 2 厘米，宽 2 厘米；轮廓：巧克力黄，着色 2，深色 50%；填充色：巧克力黄，着色 2，深色 25%。其他设置为默认设置。

艺术字 1～3：

艺术字样式：填充—白色，轮廓—着色 5，阴影；字体：微软雅黑；字号：小初，加粗；文本轮廓：巧克力黄，着色 2，深色 50%。

艺术字 4：

艺术字样式：填充—白色，轮廓—着色 5，阴影；字体：华文琥珀；字号：60，加粗；大小：高度 3.86 厘米，宽度：18.17 厘米；形状填充：浅绿，着色 6，深色 25%；文本填充：渐变填充

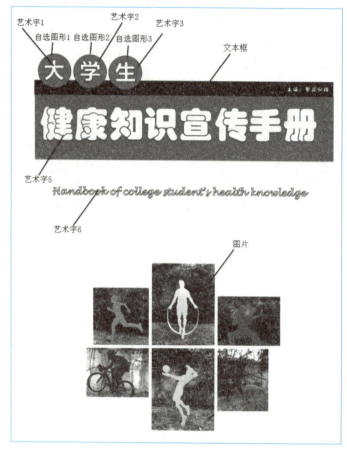

图 2-4-39 "封面"样式

中的色标,色标的设置自左向右为:渐变光圈 1:标准色黄色,位置 0％;渐变光圈 2:白色背景 1,位置 48％;渐变光圈 3:标准色黄色,位置 100％。

艺术字 5:

字体:Lucida Handwriting;字号:三号,加粗;文本轮廓:浅绿,着色 6,深色 50％。

文本框:

大小:高度 0.86 厘米,宽度:18.17 厘米;形状填充:黑色,文本 1;文本对齐方式:右对齐。

图片:

环绕文字:四周型。

操作步骤:

①插入"艺术字 4",选择"插入"选项卡,单击"艺术字"命令的下拉按钮,在弹出的艺术字列表中选择艺术字样式:填充—白色,轮廓—着色 5,阴影。输入文字"健康知识宣传手册"。

②选中文字"健康知识宣传手册",将字体设置为"华文琥珀",字号为 60,字形为"粗体"。

③拖动艺术字至页面合适的位置,如图 2-4-39 所示。选中艺术字,在"绘图工具"选项卡中的将艺术字的高度设置为高度 3.86 厘米,宽度设置为 18.17 厘米。

④选中该艺术字,选择"绘图工具"选项卡,单击"填充"右侧的下拉按钮,在弹出的下拉列表中选择"浅绿,着色 6,深色 25%"。

⑤选中该艺术字,选择"文本工具"选项卡,单击"文本填充"右侧的下拉按钮,在弹出的下拉列表中选择"渐变",在窗口的右侧弹出"属性"窗格,依次选择"文本选项"选项卡,"文本填充"中的"渐变填充",在"渐变光圈"设置中从左向右分别设置渐变光圈 1、渐变光圈 2 及渐变光圈 3。如图 2-4-40 所示。各个渐变光圈设置的颜色和位置如下:渐变光圈 1:标准色黄色,位置 0%;渐变光圈 2:白色背景 1,位置 48%;渐变光圈 3:标准色黄色,位置 100%。若存在多余的渐变光圈,可通过"删除光圈"命令删除。

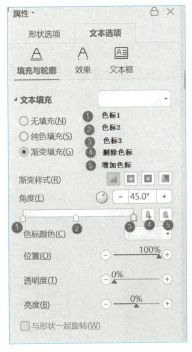

图 2-4-40　设置渐变光圈

⑥插入文本框,选择"插入"选项卡,单击"文本"功能组中"文本框"下拉按钮,在弹出的下拉列表中选择"绘制文本框"命令。在艺术字 4 上方绘制一个高度 0.86 厘米,宽度 18.17 厘米的文本框,如图 2-4-39 所示。将形状填充色设置为"黑色""文字 1",输入文字"主编:舒云清风",将其对齐方式设置为"右对齐"。

⑦插入自选图形 1~3,选择"插入"选项卡,单击"形状"下拉按钮,在弹出的下拉列表中选择"基本形状"中的"椭圆"。

⑧在如图 2-4-39 所示的位置绘制椭圆,保持椭圆的选中状态,在"绘图工具"选项卡中,将椭圆的高度和宽度都设置为 2 厘米。单击"填充"右侧的下拉按钮,将填充色设置为"巧克力黄,着色 2,深色 25%",单击"轮廓"右侧的下拉按钮,将轮廓设置为"巧克力黄,着色 2,深色 50%"。

⑨插入艺术字 1~3,选择"插入"选项卡,单击"艺术字"命令的下拉按钮,在弹出的艺

术字列表中选择艺术字样式：填充—白色，轮廓—着色 5，阴影。输入文字"大"，选中"大"字，将字体设置为"微软雅黑"，字号为小初，字形为"粗体"。保持该艺术字选中状态，选择"文本工具"选项卡，单击"文本轮廓"，在弹出的下拉列表中选择"巧克力黄，着色 2，深色50％"。艺术字 2 与艺术字 3 可通过复制艺术字 1 得到。将艺术字 1、2、3 分别拖动至适当的位置。

⑩艺术字 5 的插入可参照步骤⑨，图片的插入可参照本章节"插入图片"相关操作，这里不再赘述。

TIP：

对象的组合：是指将若干个对象通过"组合"命令将选定的对象组合成一个整体。这里的对象是指图片、文本框、自选图形等。

在制作封面时我们可以将设置好的自选图形 1～3，艺术字 1～4 及文本框组合成一个整体，这样便于整体位置的统一改变。具体组合操作如下：

①选择"绘图工具"选项卡，单击"选择窗格"命令，在窗口的右侧弹出"选择窗格"，在选择窗格中列出了当前页面插入的所有对象。

②在"选择窗格"，利用 CTRL 键同时选中自选图形 1～3，艺术字 1～4 及文本框，如图 2-4-41 所示。

③选择"绘图工具"选项卡，单击"组合"命令右侧的下拉按钮，在弹出的下拉列表中单击"组合"命令。这样自选图形 1～3，艺术字 1～4 及文本框组合成一个对象。如图 2-4-42 所示。

若想取消组合，可在"组合"命令中选择"取消组合"。

图 2-4-41　同时选中多个对象　　　　图 2-4-42　组合后的"选择窗格"

2.5　长文档的排版

　　长文档一般是指篇幅较长,格式复杂的文档。如毕业论文、职称论文、创业计划书、员工手册等。这类文档如果没有使用恰当的方法进行排版会使整个文档格式混乱,WPS 提供了长文档排版的一系列功能,能够对长文档进行较规范、便捷的排版。这个章节通过一篇介绍"食物营养价值"的长文档排版,来学习以下操作:

　　(1)应用、修改及新建样式。

　　(2)多级编号的设置。

　　(3)目录、封面的制作。

　　(4)插入分节符。

　　(5)插入页眉页脚。

2.5.1 主要知识点介绍

1.样式

　　样式是格式的集合,是一组预先设好的格式,它包括字符、段落、列表、表格及链接段落和字符五种样式。

　　(1)字符样式:只用于所选文字;

　　(2)段落样式:应用于插入点所在的段落;

　　(3)列表样式:对列表缩进、编号等进行设置;

　　(4)表格样式:对表格边框、字体等进行设置;

　　(5)链接段落和字符样式:段落样式和字符样式的结合体。

　　常见的段落样式有章节标题、正文、正文缩进、大纲缩进、项目符号、目录、题注、页眉/页脚、脚注和尾注等。在文字文档编排过程中,使用样式格式化文档的文本,可以简化重复设置文本的字体格式和段落格式的工作,确保文档中格式的一致性,节省文档编排时间,加快编辑速度,提高排版效率。文字中的样式可应用、修改,新建。

2.编号与多级列表

　　编号与多级列表应用的对象是段落。编号是为段落添加单级编号,多级列表是为段落自动添加多级编号。多级编号的设置是一个难点,操作不当会导致设置的编号乱序排列。除了正确操作外,还有一个关键点,即:多级列表要和"样式"关联,一般与样式中的"标题"样式关联,所以在设置多级编号之前,首先要将标题段落应用不同级别的"标题"样式。

3.分节符

　　文字文档在没有插入分节符之前默认为一节,在插入分节符后整个文档被分成若干节,这样每一节都可以有不同的页面格式。页面格式包括:页眉页脚、页边距、页面边框、纸张方向、纸张大小等。分节符的种类有以下四种：

(1)下一页：插入分节符并从下一页开始为新的一节。

(2)连续：插入分节符，新节从本页中所插分节符之后开始。

(3)奇数页：插入分节符，新节从下一个奇数页开始。

(4)偶数页：插入分节符，新节从下一个偶数页开始。

在页面中插入分节符，默认情况下分节符隐藏不可见，单击"开始"选项卡"段落"功能组中的"显示/隐藏编辑标记"命令（ ），即可看到分节符，分节符用一条横贯屏幕的虚双线表示。如图 2-5-1 所示。

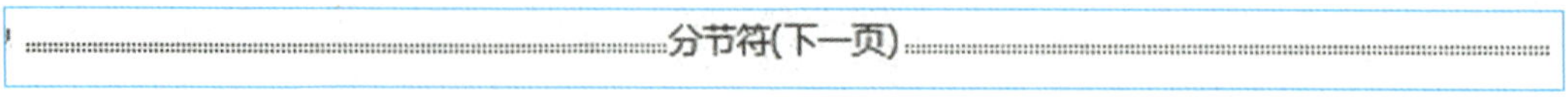

=================== **分节符(下一页)** ===================

图 2-5-1 "下一页"分节符

4.页眉页脚

页眉和页脚是指那些出现在文档顶端和底端的文字信息，它们提供了关于文档的重要背景信息。它们包括页码、日期、书名或章名以及作者名这样的内容。添加"页眉页脚"可通过"插入"选项卡中"页眉和页脚"功能组中的命令完成。

🖱 2.5.2 制作"食物的营养价值"长文档

1.排版前的准备工作

(1)打开"食物的营养价值（素材）.docx"文档，另存为"食物的营养价值.docx"。

(2)将全文中的"功郊"替换为"功效"。

(3)设置除标题之外的段落格式：行距设置为 1.3 倍，首行缩进 2 个字符。

2.应用标题样式

操作要求：

文档中红色的文字应用"标题 1"样式；文档中橙色的文字应用"标题 2"样式。打开"导航"窗格，查看文档结构。

微课
样式的
设置

操作步骤：

①选中"食物的定义"红色文字所在的段落，选择"开始"选项卡，单击"样式"功能组中"样式"列表框中的"标题 1"命令。对其他红色的文字的设置可重复上述步骤。

②选中"营养功能"等橙色文字所在的段落，选择"开始"选项卡，单击"样式"功能组中"样式"列表框中的"标题 2"命令。对其他橙色的文字的设置可重复上述步骤。

③选择"视图"选项卡，单击"导航窗格"命令中的"靠左"，在"导航"窗格中可以看到文档的结构。如图 2-5-2 所示。

TIP：

在设置各级标题文字时，可使用格式刷快捷设置重复的文本、段落格式。格式刷，顾名思义即用格式刷"刷"格式，可以快速将选定段落或文本的格式沿用到其他段落或文本上，用于重复文本及段落格式的设置。"格式刷"命令位于"开始"选项卡中的"剪贴板"功能组,如图 2-5-3 所示。在使用格式刷时,先选择设置好格式的文字或段落,然后单击"格式刷"命令,鼠标变成  形状,用鼠标选择需要同样格式的文字即可。单击"格式刷"命令,格式刷只能刷一次,双击"格式刷"命令,格式刷可以刷多次。

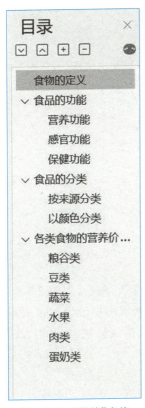

图 2-5-2　"导航"窗格

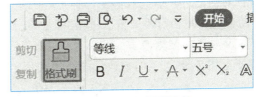

图 2-5-3　"格式刷"命令

3.修改标题样式

如果默认的标题样式不适用于当前文档的内容,可以通过修改样式来解决。

操作要求:

设置标题 1 的字体格式为:"黑体",字号为"小二号";段落格式为:段前、段后 0.5 行,行距为单倍行距。

设置标题 2 的字体格式为:"黑体",字号为"三号";段落格式为:段前、段后 0 磅,行距为单倍行距。

操作步骤:

①将光标定位至任意标题 1 文字所在的段落,如光标定位在"食物的定义"所在段落,选择"开始"选项卡,单击"样式"功能组右下角的对话框启动按钮,弹出"样式"任务窗格。

②在"样式"任务窗格中的样式列表中,单击"标题 1"样式右边的下拉按钮,如图2-5-4所示,在弹出的菜单中选择"修改"命令,打开"修改样式"对话框。

③在"格式"选项组中,将字体设置为"黑体",字号设置为"小二号"。

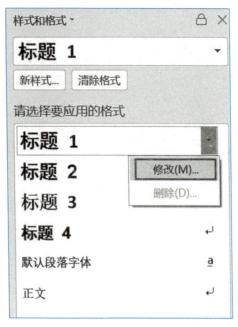

图 2-5-4　选择"修改"命令

④单击"格式"下拉按钮，在弹出的下拉菜单中选择"段落"命令，如图 2-5-5 所示。弹出的"段落"对话框，在"缩进和间距"选项卡中的"间距"选项组中设置段前、段后间距为0.5行，行距设置为单倍行距。依次单击"确定"按钮返回文档编辑状态，此时，文档中所有的标题1文字均被批量修改。

⑤参照上述步骤①～④，修改标题2样式。

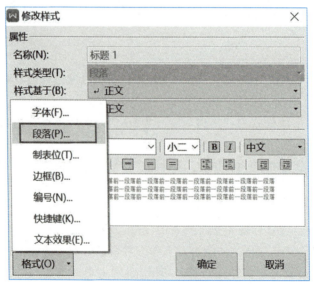

图 2-5-5　"修改样式"对话框

4.自定义样式

前面我们应用和修改的样式是文字提供的内置样式,若内置样式的格式无法满足排版的需求,可通过"自定义样式"功能来定义需求的样式。

操作要求:

定义新样式"食物",具体格式为:

字体:华文细黑;字号:小四,加粗;颜色:巧克力黄,着色 2。

将新样式应用于文档中绿色的文字。

操作步骤:

①将光标定位在任意绿色文字所在的段落,选择"开始"选项卡,单击"新样式"命令,弹出"新建样式"对话框。在这个对话框中将名称设置为:食物;后续段落样式为正文,字体设置为华文细黑,字号:小四。如图 2-5-6 所示。

②单击"格式—字体"命令,弹出字体对话框,将文字颜色改为巧克力黄,着色 2。如图 2-5-7 所示。

③此时,在"样式"功能组中的样式列表中出现名称为"食物"的样式,如图 2-5-8 所示,将其样式通过格式刷应用于其他绿色的文字。

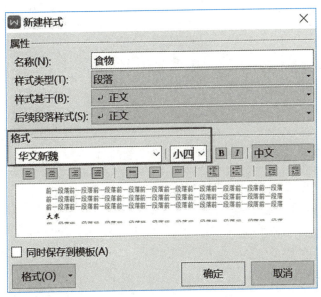

图 2-5-6　"新建样式"对话框

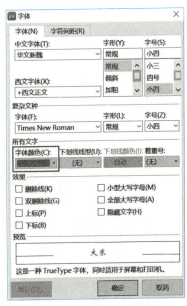

图 2-5-7　"字体"对话框

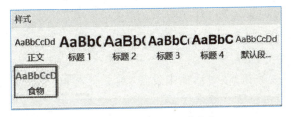

图 2-5-8　新建样式"食物"

TIP：

"根据格式设置创建新样式"对话框中，各选项的含义如下：

名称：这是显示样式的名称。在长文档中，最好起一个代表格式特点的名称

样式类型：一共包含五种样式类型：段落、字符、链接段落和字符、表格和列表。它们是该样式可以作用于的目标。段落样式可以应用于段落，只要将光标停留在本段落中即可应用。字符样式则只能应用于字符。链接段落和字符样式指的是，将光标位于段落中时，链接段落和字符样式对整个段落有效，此时等同于段落样式，而选定段落中部分文字时，其只对选定的文字有效，此时等同于字符样式。

样式基准：指该样式是在哪一个样式基础上经过修改形成的。修改样式基准的格式元素时，该样式的相关属性也会跟随变化。

后续段落样式：在某一段落应用了该样式，当按下 Enter 键开始一个新的段落编辑时，文字将会以什么样的格式开始新段落的格式。

5.设置多级编号

操作要求：

编号级别 1 的设置：

将级别链接到样式：标题 1；对齐位置为 0；文本缩进位置：0 厘米；编号之后：空格。

编号级别 2 的设置：

将级别链接到样式：标题 2；对齐位置为 0；文本缩进位置：0 厘米；编号之后：空格；勾选"正规形式编号"复选框。

操作步骤：

①将光标定位在任意标题 1 或标题 2 文字所在的段落中，如光标定位在"一、食物的定义"文字所在的段落。

②选择"开始"选项卡，单击"段落"组中的"编号→多级编号→自定义编号"命令按钮，如图 2-5-9 所示。弹出"项目符号与编号"对话框。

③在"项目符号与编号"对话框中，选择"多级编号"选项卡中任意预设格式。再单击"自定义"命令按钮。如图 2-5-10 所示

④在"自定义多级列表编号"对话框中，先设置级别 1，单击"编号样式"列表框右侧的下拉按钮，在弹出的下拉菜单中选择"一、二、三……"。

⑤单击"高级"命令按钮，在对话框中设置"对齐位置 0 厘米、文本缩进位置 0 厘米"。

图 2-5-9 "多级编号"命令按钮

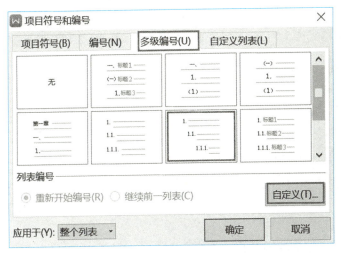

图 2-5-10　"项目符号与编号"对话框

⑥单击"将级别链接到的样式"列表框右侧的下拉按钮,在弹出的下拉菜单中选择"标题 1"。

⑦单击"编号之后"列表框右侧的下拉按钮,在弹出的下拉菜单中选择"空格"。如图 2-5-11 所示,至此,级别 1 设置完成。

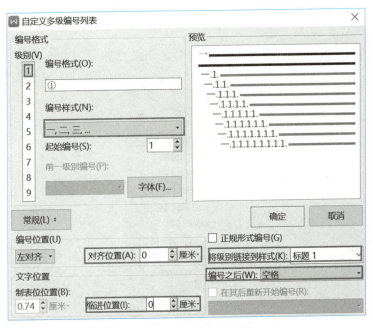

图 2-5-11　级别 1 的设置

⑧设置级别 2。在"单击要修改的级别"列表框中选择"2"。按照上述方法分别设置:对齐位置为 0 厘米;文本缩进位置为 0 厘米;"将级别链接到样式"设置为"标题 2";"编号之后"设置为"空格"。

⑨此时"输入编号的格式"列表框中的内容为"一.1."，选中对话框中的"正规形式编号"复选框，编号格式变为"1.1"。如图 2-5-12 所示。至此，级别 2 设置完成。

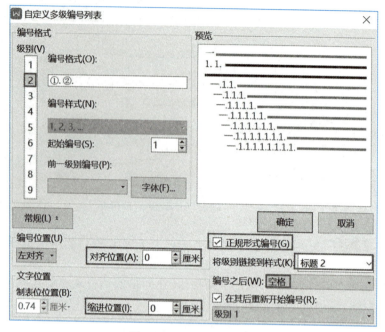

图 2-5-12　级别 2 的设置

⑩此时，在左侧的"导航"窗格中，多级编号的样式如图 2-5-13 所示。

图 2-5-13　"多级编号"样式

TIP:

"定义新多级列表"对话框中各选项作用如下：

在"输入编号的格式"文本框中,指明编号或项目符号及前后紧接的文字。

在"此级别的编号样式"下拉列表框中,设置当前级别要用的项目符号或编号样式。

在"包含的级别编号来自"下拉列表框中,选择高于当前级别的项目符号或编号,其位置通常放在当前级别位置之前。

"编号对齐方式"下拉列表框用于设置编号或项目符号的对齐方式。

"对齐位置"即相当于"首行缩进"的距离。

"文本缩进位置"相当于"悬挂缩进"的距离。

如果选中"重新开始列表的间隔"复选框,然后从下拉列表框中选择相应的级别,那么在指定的级别后面,将重新开始编号。

如果选中"正规形式编号"复选框,将不允许多级列表中出现除阿拉伯数字以外的其他符号。

在"编号之后"下拉列表框中,可以选择编号与文字之间是用"制表位"隔开还是用"空格"隔开,也可以选择"不特别标注"选项。

6.插入目录

目录一般建立在文档的正文之前,目录包括标题名称及对应的页码,通过目录可以很清楚地了解文档的结构和内容。目录与建立多级列表一样,与"标题"样式关联,如果长文档中对标题文字应用了文字中的标题样式,那么就可在这个基础上自动生成目录。

微课
为文档设
置目录

操作要求：

应用已设置好的标题 1、标题 2 样式生成文档的目录,即目录中包含标题 1 与标题 2。

操作步骤：

(1)插入目录前的准备工作

①在正文前插入一页空白页,将光标激活在正文标题"食物的营养价值"之前,选择"插入"选项卡,单击"页面"功能组中的"空白页"命令。

②将光标激活在空白页的首行,输入"目录"两个字(具体格式后续设置),敲回车键另起一行。

(2)插入目录操作

选择"引用"选项卡,单击"目录"命令的下拉按钮,在弹出的下拉列表中选择"自定义目录"命令,弹出"目录"对话框,如图 2-5-14 所示。

在"目录"对话框中,将"显示级别"设置为 2。单击"确定"按钮,即在光标处自

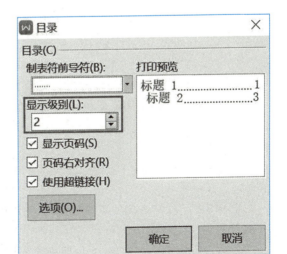

图 2-5-14　"目录"对话框

动生成目录。

7.修改目录样式

操作要求：

目录 1 样式修改为字体：幼圆；字号：四号；字形：加粗；段后间距 0.5 行。

目录 2 样式修改为字体：幼圆；字号：小四号；段后间距 0.5 行。

"目录"两个字的格式为字体：黑体；字号：二号；对齐方式：居中。

正文标题"食物的营养价值"的格式为字体：华文细黑；字体：一号；加粗；对齐方式：居中；段后间距 0.5 行。

操作步骤：

①将光标定位在"目录"中的任何一个位置，选择"开始"选项卡，单击"样式"功能组右下角的对话框启动器，弹出"样式和格式"窗格。如图 2-5-15 所示。

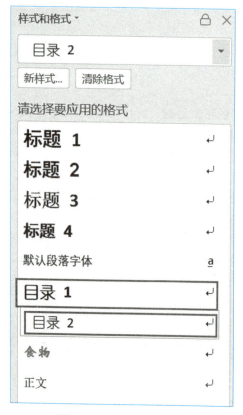

图 2-5-15　修改目录样式

②单击"目录 1"右侧的下拉按钮，在弹出的菜单中单击"修改"命令按钮，按照操作要求修改目录 1 的格式。

③在"样式和格式"窗格中，依照操作步骤 2 设置"目录 2"样式。

④设置"目录"两个字的字体格式。设置效果如图 2-5-16 所示。

⑤设置正文标题格式。

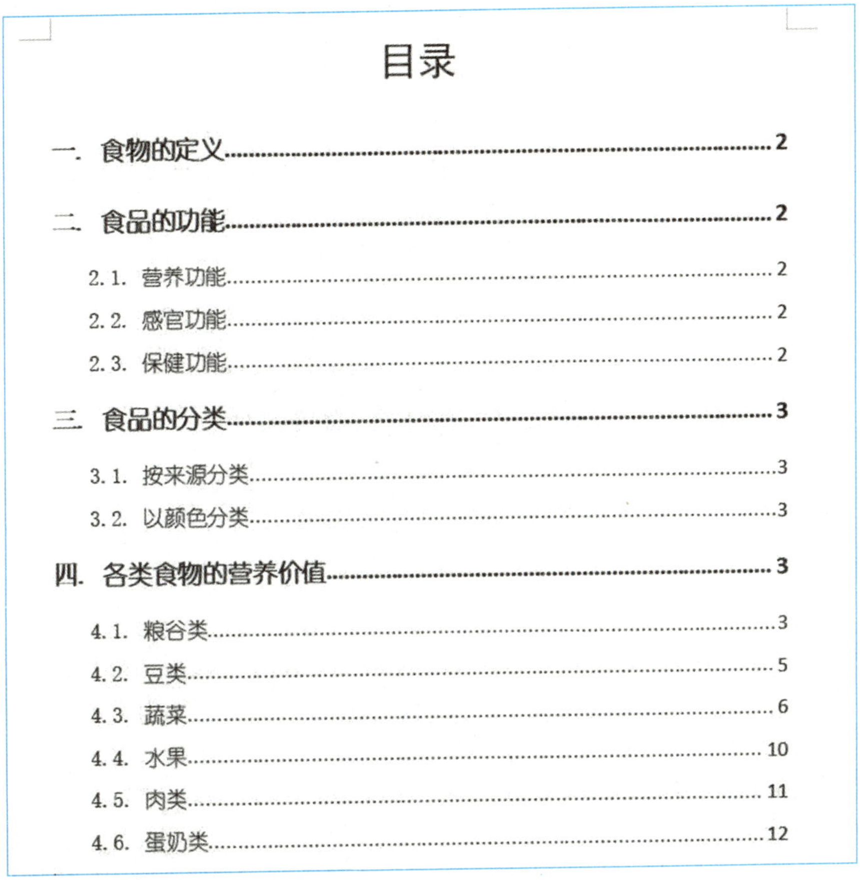

目录

一. 食物的定义......2

二. 食品的功能......2

2.1. 营养功能......2

2.2. 感官功能......2

2.3. 保健功能......2

三. 食品的分类......3

3.1. 按来源分类......3

3.2. 以颜色分类......3

四. 各类食物的营养价值......3

4.1. 粮谷类......3

4.2. 豆类......5

4.3. 蔬菜......6

4.4. 水果......10

4.5. 肉类......11

4.6. 蛋奶类......12

图 2-5-16 制作目录效果

8.插入封面

封面的制作可通过两种方式：一种应用文字提供的封面库，其中包含了预先设计的不同风格的封面，利用这个功能可快速为文字添加封面。另一种方式是通过自定义的方式，这种方式可以插入空白页面，用户根据自己的喜好风格自行设计。在这里，我们选用第二种方式。

操作要求：

将文字“食物的营养价值”设置为艺术字，格式为字体：华文琥珀；字号：48；字符间距：加宽 3 磅。

插入素材文件夹下的“食物.jpg”，格式为大小：高度和宽度分别为 12.5 厘米；环绕文字：四周型。

在“设计”选项卡中的“页面背景”功能组中，将整篇文档的页面颜色设置为：白色，背景 1，深色 5%。

操作步骤：可参照“插入图片、艺术字”知识点，这里不再赘述。封面设置结果如图 2-5-17所示。

图 2-5-17　"封面"样式

9.插入分节符

在 WPS Office 中每插入一个空白页面，就会自动插入一个"下一页的分节符"，若在实际操作中需要插入分节符，可参考下面的操作

操作要求：

在目录页和正文之间插入分节符，如图 2-5-18 所示。

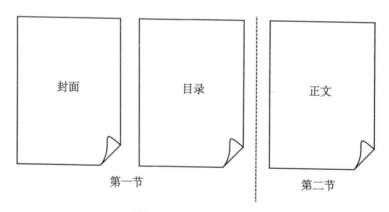

图 2-5-18　分节示意图

操作步骤：

①将光标定位至"目录"页的最后一个段落符号处。

②选择"布局"选项卡，单击"页面设置"功能组中的"分隔符"命令的下拉按钮，在弹出的下拉列表中选择"分节符→下一页"。

③选择"开始"选项卡，单击"段落"功能组中的"显示/隐藏编辑标记"命令按钮，可看到在目录页的底端插入了"分节符（下一页）"。如图 2-5-19 所示。

--------分节符(下一页)--------

图 2-5-19　目录页低端插入的"分节符"

在目录页底端插入分节符后,将整篇文档分成两节,封面和目录页为第一节,正文为第二节。分节后,各节可独立设置页面格式。

10.插入页眉

操作要求:

封面和目录无页眉,正文的页眉为标题 1 的内容,如图 2-5-20 所示。

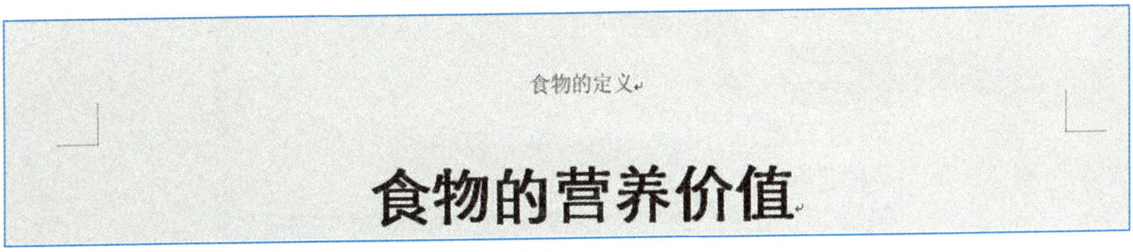

食物的定义

食物的营养价值

图 2-5-20　"页眉"样式

操作步骤:

①将光标定位在正文中的任一位置,如定位在正文第 1 页。

②选择"插入"选项卡,单击"页眉和页脚"命令的下拉按钮,此时,文档处于"页眉/页脚"的编辑状态,出现"页眉和页脚工具"浮动选项卡。

③选择"页眉和页脚工具→设计"选项卡,取消"同前节"命令按钮的选中状态,使得第 2 节和其他节的页眉设置不同。

④在"页眉和页脚工具"选项卡中,单击"域"命令,弹出"域"对话框。

⑤在"域"对话框中,在"域名"列表中选择域名"样式引用",在"样式名"列表中选择"标题 1"。如图 2-5-21 所示。单击"确定"命令按钮,页眉设置成功。

⑥在"页眉和页脚工具"选项卡中,单击"关闭"命令,返回文档的编辑状态。

11.插入页脚

操作要求:

在正文的页脚处添加页码。

操作步骤:

①将光标定位在正文中的任一位置,即正文的任意位置,如定位在正文第 1 页。

②选择"插入"选项卡,单击"页眉和页脚"命令,此时,文档处于"页眉/页脚"的编辑状态,出现"页眉和页脚工具"浮动选项卡。

③将光标定位在页脚位置,单击页脚上面的 插入页码▾ 命令,进行如图 2-5-22 的设置。

④页脚设置成功后,单击"关闭"命令,返回文档的编辑状态。

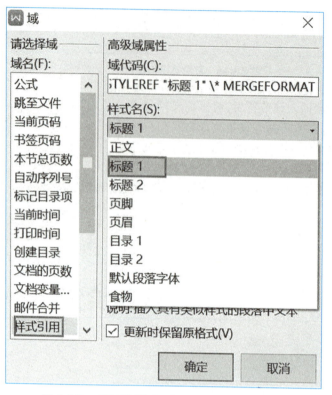

图 2-5-21　通过"域"对话框插入"标题 1"的内容

图 2-5-22　"插入页码"对话框

TIP：文字中的域

　　域是文字中的一种特殊命令，域有域代码及域结果，它的功能类似于函数，姑且可将域代码比喻成函数的变量，域结果可看成函数的结果。使用文字域可以实现许多复杂的工作。主要有：自动编页码，图表的题注、脚注、尾注的号码；按不同格式插入日期和时间、自动创建目录、关键词索引、图表目录；插入文档属性信息；实现邮件的自动合并与打印；创建数学公式；调整文字位置等。

2.6　邮件合并——批量制作邮寄健康报告的信封

　　我们在日常的学习和工作中常常会碰到这样一些文档，这些文档的特点是：大部分内容都相同，只有小部分内容不同，如准考证，每一张准考证中都有姓名、性别、考场等字样，但具体的姓名、性别、座位等信息不同，类似的文档还有信封、各种通知书、邀请函、成绩单、工资条等。WPS Office 提供了邮件合并功能，可以批量制作这样的文档。制作的过程简述如下：先在文字中建立所有文件共有内容的文档，这个文档称作主文档，再在 WPS表格中建立变化信息的数据源，然后使用邮件合并功能在主文档中插入变化的信息，生成合并文档，合并文档可保存为文字类型的文档。

　　本节通过"批量制作邮寄健康报告的信封"来介绍文字中邮件合并的功能。

2.6.1　相关知识点

1.三个文件

　　在进行邮件合并的过程中，主要涉及三个文档：主文档、数据源及合并文档。

　　（1）主文档：主文档可看作"模板"，包含了所有文档共有的内容，共有的内容主要指文本内容、文本格式、段落及页面格式。主文档一般为文字类型的文档。

　　（2）数据源：存放所有文档中变化的信息，数据源可来源于文字表格、电子表格中的数据及数据库文件。

　　（3）合并文档：主文档与数据源经过邮件合并操作后形成的结果文档，该文档包含了主文档中的共有内容，也包括了变化的数据内容。合并文档的类型一般为文字类型的文档。

2.邮件合并过程

　　邮件合并的过程实际上是将数据源提供的数据和主文档逐一合并出来并生成我们想要的文档，邮件合并的过程主要包含以下步骤：

　　（1）建立并打开主文档；

　　（2）打开数据源；

　　（3）插入合并域；

　　（4）合并文档。

2.6.2 批量制作邮寄健康报告的信封

本项目以"批量制作信封"为例介绍邮件合并的操作，将设置好的"信封.docx"（主文档）与"联系方式.et"（数据源）合并生成每个邮寄对象的信封，并将生成的合并文档保存为"健康报告信封.docx"，如图 2-6-1 所示。具体实现过程如下。

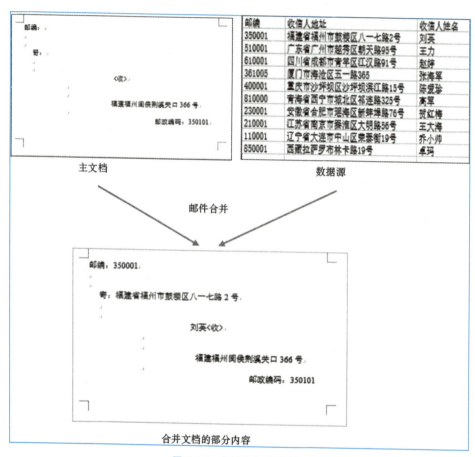

图 2-6-1 "邮件合并"过程

1.建立并打开主文档

建立主文档可通过自定义的方式，根据需要设置文本内容、文本格式、段落格式、页面格式等。主文档建立好之后，打开主文档，准备开始进行邮件合并操作。

本项目中主文档是已设置好的文档，主文档存放在素材文件夹下的"信封.docx"。在素材文件夹下打开"信封.docx"。

2.打开数据源

选择"引用"选项卡，单击"邮件"命令，将弹出"邮件合并"选项卡，在此选项卡中，单击"打开数据源"命令，弹出"选取数据源"对话框，在素材文件夹下选择"联系方式.et"文件。如图 2-6-2 所示。

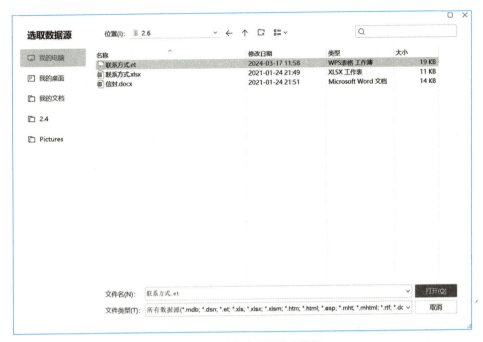

图 2-6-2　"选择数据源"对话框

3.插入合并域

①将光标定位在主文档"信封.docx"第一行"邮编"文字之后。

②在"邮件合并"选项卡中,单击"插入合并域"命令,弹出"插入域"对话框,在域列表中,选择邮编。

③参照步骤①②分别插入"收件人地址"及"收件人姓名"合并域。插入合并域的结果如图 2-6-3 所示。

图 2-6-3　插入合并域

4.生成合并文档

①在"邮件合并"选项卡中，单击"合并到新文档"命令，弹出"合并到新文档"对话框，如图 2-6-4 所示。选择"合并记录"选项组中的"全部"选项，单击"确定"命令按钮后生成合并文档，生成合并文档默认的名字为"文字文稿 1.docx"。

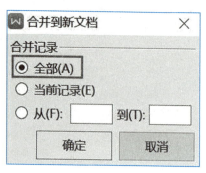

图 2-6-4 "合并到新文档"对话框

②将合并文档"文字文稿 1.docx"另存为"健康报告信封.docx"。

2.7   单元总结

本章主要介绍了 WPS Office 的以下知识点：
（1）文字格式、段落格式的设置。
（2）插入对象：图片、形状、艺术字、文本框，及对这些对象的设置。
（3）插入表格：表格的基本操作：插入行、列；删除行、列；设置行高列宽；合并拆分单元格；表格的美化：设置表格线、表格底纹及表格中文字的对齐方式等。
（4）长文档的排版：样式的应用，多级编号的设置，目录、封面的设置，分节、页眉、页脚的设置。

2.8   课后实训

 ### 2.8.1 文本及段落的排版

在 WPS Office 中打开素材文件 2-1.docx，按照如下要求进行操作，设置结果如图 2-8-1 所示。
（1）将本文中的"花哈"替换为"花蛤"。

(2)将标题设置为“黑体”,正文第 1 段为方正姚体,正文第 2 段设置为华文仿宋,正文第 3 段设置为华文细黑色,正文第 4 段设置为华文中宋。最后一行为微软雅黑。

(3)标题文字字号为小一,正文为小四。

(4)标题文字加粗;正文第 2 段加下划线;正文最后一段中的最后一句“但是需要注意……”加着重号。

(5)第 1 行标题居中,最后 1 行右对齐。

(6)正文(不包括最后一行)行距为多倍行距 1.25;正文(不包括最后一行)各段首行缩进 2 字符;第 1 行标题段前段后各 1 行,最后 1 行段前 1.5 行。

(7)为正文第 3 段设置边框和底纹,

样文如图 2-8-1 所示。

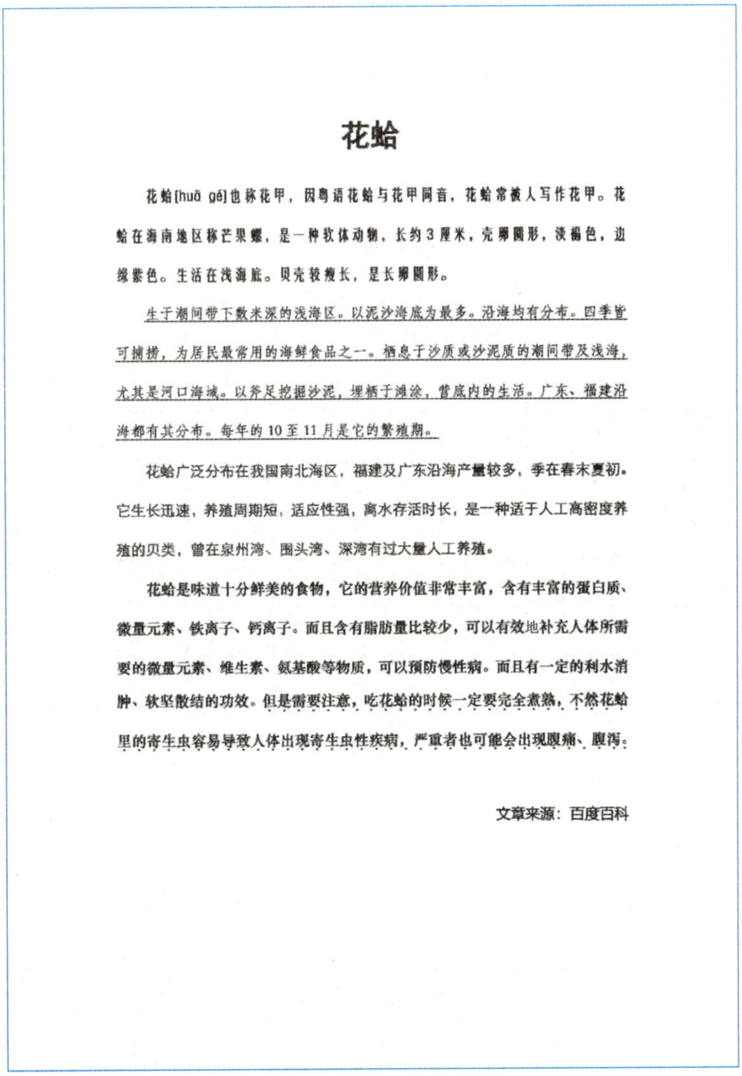

花蛤

花蛤[huā gé]也称花甲，因粤语花蛤与花甲同音，花蛤常被人写作花甲。花蛤在海南地区称芒果螺，是一种软体动物，长约 3 厘米，壳卵圆形，淡褐色，边缘紫色。生活在浅海底。贝壳较瘦长，是长卵圆形。

<u>生于潮间带下数米深的浅海区。以泥沙海底为最多。沿海均有分布。四季皆可捕捞，为居民最常用的海鲜食品之一。栖息于沙质或沙泥质的潮间带及浅海，尤其是河口海域。以斧足挖掘沙泥，埋栖于滩涂，营底内的生活。广东、福建沿海都有其分布。每年的 10 至 11 月是它的繁殖期。</u>

花蛤广泛分布在我国南北海区，福建及广东沿海产量较多，季在春末夏初。它生长迅速，养殖周期短，适应性强，离水存活时长，是一种适于人工高密度养殖的贝类，曾在泉州湾、围头湾、深湾有过大量人工养殖。

花蛤是味道十分鲜美的食物，它的营养价值非常丰富，含有丰富的蛋白质、微量元素、铁离子、钙离子。而且含有脂肪量比较少，可以有效地补充人体所需要的微量元素、维生素、氨基酸等物质，可以预防慢性病。而且有一定的利水消肿、软坚散结的功效。但是需要注意，吃花蛤的时候一定要完全煮熟，不然花蛤里的寄生虫容易导致人体出现寄生虫性疾病，严重者也可能会出现腹痛、腹泻。

文章来源：百度百科

图 2-8-1 文本与段落排版样文

2.8.2 文字表格制作

在 WPS Office 中打开素材文件 2-2.docx，按照如下要求进行操作，设置结果如图 2-8-2 所示。

(1)将光标置于文档的第 3 行，创建一个 7 行 10 列的表格。

(2)将第 1 行的行高设置为 1.5 厘米，2～7 行的行高设置为 0.8 厘米。第 1 列的列宽设置为 1.7 厘米。

(3)将第 1 行 2 到 7 列的单元格进行合并，再将合并后的单元格拆分成 2 行 1 列，将拆分后的第 2 行拆分为 1 行 6 列。

(4)按照样文输入相应的文字。除表格内第 1 行第 1 列单元格外，其他单元格文字的对齐方式设置为：水平居中。

(5)将表格的外框线设置为：双实线，粗细为 0.75 磅。将第 2 行的上框线及第 1 列的右框线设置为 1.5 磅的单实线。

(6)将第 3、5、7 行的底纹设置为：白色，背景 1，深色 5%。

学生成绩登记表

班级：__________ 课程名程：__________ 任课教师：__________

项目 姓名	平时成绩						期中成绩	期末成绩	学期成绩
	1	2	3	4	5	6			

图 2-8-2 “学生成绩登记表”样表

2.8.3 图文混排

1.图文混排 1

在 WPS Office 中打开素材文件 2-4.docx，按照如下要求进行操作，设置结果如图2-8-3 所示。

(1)自定义纸型，宽为 22 厘米，高为 29 厘米；页边距上下各 2.5 厘米，左右各 3 厘米。

(2)将标题文字设置为：幼圆、小二、加粗，段后 0.5；将正文各段设置为首行缩进 2 字符，行距为多倍行距 1.25。

（3）将正文 2、3、4、5 段设置为三栏格式，第 1 栏栏宽为 8 字符，第 2 栏栏宽为 12 字符，栏间距为 2.02 字符，加分割线。

（4）在样文所示位置插入素材文件夹下的图片"海鲜.jpg"，图片缩小为原图的 26％，文字环绕方式为"顶端居右，四周型文字环绕"。

（5）将正文最后一段的文本"海洋污染"添加加粗下划线，插入尾注"海洋污染：有害物质进入海洋环境而造成的污染，会损害生物资源，危害人类健康，妨碍捕鱼和人类在海上的其他活动，损坏海水质量和环境质量等。"

（6）按样文插入页眉页脚文字。

海鲜的营养价值

海鲜的营养价值

海鲜的种类很多，其营养价值也很丰富，海鲜有利于降血脂，科学家发现，爱斯基摩人较少患心血管疾病，这与他们的主要食物来自深海海鲜有关。这些海鲜含有丰富的多价不饱和脂肪酸，可以降低甘油三酯和低密度脂蛋白胆固醇，减少心血管疾病。

鱼的第一个营养价值，能够为机体提供优质的蛋白质，因为经过测算，鱼肉当中粗蛋白质的含量大约在17%至20%之间。而且鱼肉的蛋白质易于消化吸收，氨基酸的组成相对也会比较合适，因此适当地吃鱼肉对于补充机体蛋白质方面很好，营养价值非常高。鱼的第二个营养价值，能够为机体补充多不饱和脂肪酸，而多不饱和脂肪酸在调节脂代谢方面的积极作用会非常的明显。因此对于高脂血症的人，适当地食用鱼肉能够起到很好的调节血脂水平

的作用。

螃蟹，别名：螯毛蟹，梭子。性味:性寒,味咸。营养成分:蛋白质、钾、钙、磷、维生素 E、烟酸等。具有清热解毒、养筋活血的作用。烹饪提示：螃蟹烹制时一定要彻底加热，否则易导致急性胃肠炎或食物中毒。一般人群均可食用,尤其适合跌打损伤、筋断骨碎、瘀血肿痛、产妇胎盘残留、骨质疏松症者食用。注意：患有伤风发热、慢性胃炎、胃及十二指肠溃疡病、高脂血症、冠心病、风湿性关节炎、痛经等病症者以及孕妇不宜食用。

虾，在我国的各海域、湖泊皆有出产。含有丰富的蛋白质，同时富含锌、碘和硒，热量和脂肪较低，具有很高的食疗营养价值，有补

肾壮阳、养血固精、益气滋阳等功效，对身体虚弱以及病后需要调养的人是极好的食物。虾具有调节神经系统的作用。虾皮有镇静作用，常用来治疗神经衰弱，植物神经功能紊乱诸症。海虾是可以为大脑提供营养的美味食品。海虾中含有三种重要的脂肪酸，能使人长时间保持精力集中。同时虾氨基酸的含量越高，具有增强免疫力的作用。

蛏作为一种海鲜，蛏子的营养价值是非常的丰富的。蛏肉含丰富蛋白质、钙、铁、硒、维生素 A 等营养元素，滋味鲜美，营养价值高，具有补虚的功能。蛏肉味道鲜美，营养丰富，经测定，每 100 克鲜肉，含蛋白质 7.2 克，脂肪 1.2 克，碳水化合物 2.4 克，糖 3 克，钙 133 毫克、磷 114 毫克，铁 227 毫克，热量 200 千焦。蛏干是蛏子的晒干的干货，蛏干是个很有营养价值的食物，含丰富蛋白质、钙、镁、铁、维生素 A 等营养元素。蛏子适宜产后血损、烦热口渴、湿热水肿、痢疾、醉酒等人群；脾胃虚寒、腹泻者应少食。

海鲜虽然营养丰富，也不能过度食用，受海洋污染的影响，海产品内往往含有毒素和有害物质，过量食用易致脾胃受损，引发胃肠道疾病。

' 海洋污染：有害物质进入海洋环境而造成的污染，会损害生物资源，危害人类健康，妨碍捕鱼和人类在海上的其他活动，损坏海水质量和环境质量等。

第1页

图 2-8-3　图文混排 1 样文

2.图文混排 2

在 WPS Office 中新建文件 2-5.docx，应用 2-5 素材按照如下要求进行操作，设置结果如图 2-8-4 所示。

（1）按照样文，将素材文字插入相应的主题。

（2）页面设置：将纸张方向设置为横向。

（3）文档中三个标题文字分别设置为：

生于忧患 死于安乐：方正舒体、三号字、阴影→外部→右下斜偏移。

诫子书：华文新魏、四号字、红色、阴影→外部→向下斜偏移。

论语十二章：华文行楷、四号字。

（4）在第一行插入"横卷型"，并设置底纹为：白色，背景 1，深色 15％；添加文字"古诗词欣赏"（宋体四号，黑色，加粗）。

（5）插入一个竖排的文本框，并设置填充色为：白色，背景 1，深色 15％；在其中插入《〈论语〉十二章》的文字内容，文字设置为幼圆五号字，文本框边框为无线条颜色。文本框的环绕方式为四周型。

（6）插入一个横排的文本框，设置填充色为双色填充，在其中插入《诫子书》的文字内容，文字为宋体五号。充分发挥你的想象力，让文档变得更加美观吧！

样文如图 2-8-4 所示。

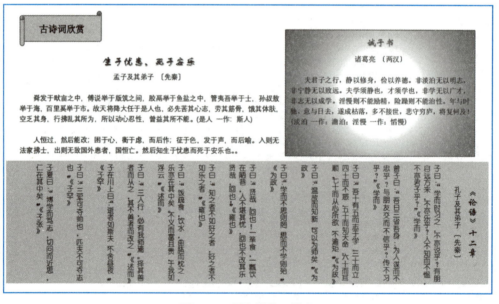

图 2-8-4　图文混排 2 样文

2.8.4 长文档的排版

打开素材文档"2-6.docx"，完成下列操作：

(1)各级标题的样式设置,章节标题对应的应用样式如表 2-8-1 所示。

表 2-8-1　章节标题对应的应用样式

字体颜色	正文章节标题	应用样式	修改内置样式		
			字体	字号大小	段落格式
红色	章名	标题 1	等线体	小二号	段前、段后 0.5 行
蓝色	节名	标题 2	幼圆	四号	段前、段后 6 磅
绿色	小节名	标题 3	华文新魏	小四	段前、段后 6 磅

章节标题对应的编号样式如表 2-8-2 所示。

表 2-8-2　章节标题对应的应用样式

样式名称	编号样式	编号位置	文字位置	链接到的样式	编号之后
标题 1	第一章、第二章……	左对齐 0 厘米	缩进为 0 厘米	标题 1	空格
标题 2	1.1、1.2……	左对齐 0 厘米	缩进为 0 厘米	标题 2	空格
标题 3	1.1.1、1.1.2……	左对齐 0 厘米	缩进为 0 厘米	标题 3	空格

(2)其他对样式的操作。

①将"正文"样式修改为:华文仿宋、五号;多倍行距 1.25 字行,首行缩进两个字符。

②使"参考文献"不带章节编号。

(3)在封面后插入目录,各级目录的样式如表 2-8-3 所示。

表 2-8-3　各级目录的样式

样式名称	字体	字号大小	段落格式
目录 1	黑体	四号	默认
目录 2	华文新魏	四号	段前、段后 0.5 行

"目录"文字的字体为:黑体、二号、加粗、居中、段后 0.5 行。

(4)为文档进行分节,分节要求如图 2-8-5 所示。

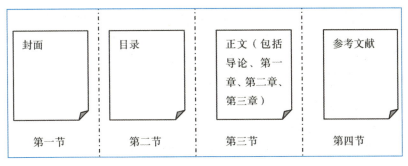

图 2-8-5　分节的效果

（5）设置页眉和页脚。

页眉的设置：封面和目录页上没有页眉；论文正文与参考文献页面的页眉设置为标题1的内容。

页脚的设置：封面没有页脚；目录页页脚设置页码，页码格式为：Ⅰ、Ⅱ、Ⅲ……，位置：底端，居中；论文正文及参考文献的页脚：页码格式为：1、2、3……，位置：页面底端，普通数字2。

提示：编号样式为：1.1……或1.1.1……，需要在"定义新多级列表"对话框中勾选"正规形式编号"。

样文见图2-8-6所示。

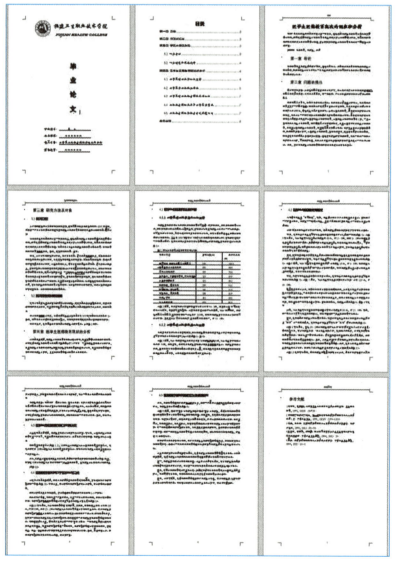

图 2-8-6　长文档排版样文

2.8.5 邮件合并练习

(1)建立主文档,新建文字文档,以 2-7.docx 命名并存入磁盘。

创建一个 7 行 3 列的表格,利用拆分与合并的操作完成"准考证"表格。

边框线设置:四周外框为 3 磅一粗二细实线,第 1 行的下框线为 1.5 磅的双实线,去掉如样文相应部位的边框线。

字体设置:"2021 年健康管理专业健康知识比赛"为华文仿宋、小四;"准考证"为华文新魏、小二;"考生姓名"等文字内容字体为宋体五号,水平居中;"注意事项"等文字为默认字体字号,其中"注意事项"加粗。

主文档样文如图 2-8-7 所示。

图 2-8-7　主文档样文

(2)创建数据源,在 Excel2016 中创建如下的表格。以 2-7.xlsx 命名存入磁盘。

数据源样表如图 2-8-8 所示。

	A	B	C	D	E
1	考生姓名	学号	班级	比赛地点	比赛时间
2	李伟		20健管301	青年活动中心1楼大厅	4月1日下午2点-3点
3	张志高		19健管302	实训楼多媒体教室	4月1日下午4点-5点
4	林小年		19健管303	青年活动中心1楼大厅	4月1日下午2点-3点
5	马华		19健管301	实训楼多媒体教室	4月1日下午4点-5点
6	刘一平		20健管303	青年活动中心1楼大厅	4月1日下午2点-3点
7	柳军		20健管304	实训楼多媒体教室	4月1日下午4点-5点
8	王大海		19健管305	青年活动中心1楼大厅	4月1日下午2点-3点
9	薛桂英		19健管303	实训楼多媒体教室	4月1日下午4点-5点
10	赵晓兰		19健管301	青年活动中心1楼大厅	4月1日下午2点-3点
11	黄晓明		19健管302	实训楼多媒体教室	4月1日下午4点-5点

图 2-8-8　数据源的建立

（3）利用"邮件合并"功能将主文档与数据源进行合并，生成全部"准考证"。将生成的文档保存为"准考证.docx"，如图 2-8-9 所示。

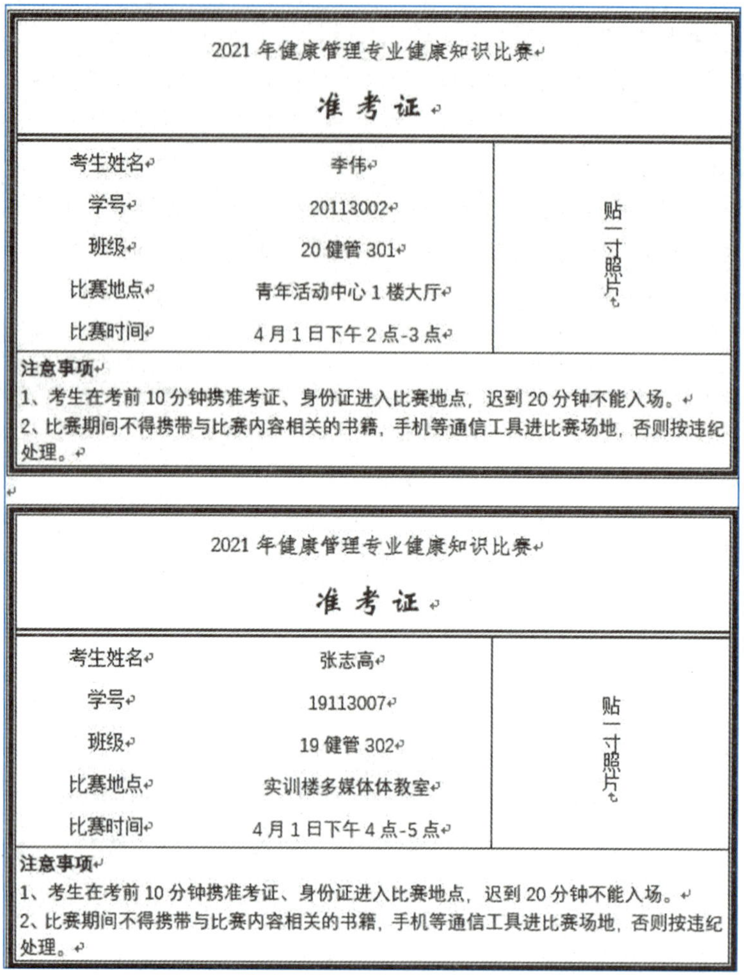

2021 年健康管理专业健康知识比赛

准 考 证

考生姓名	李伟	
学号	20113002	贴一寸照片
班级	20 健管 301	
比赛地点	青年活动中心 1 楼大厅	
比赛时间	4 月 1 日下午 2 点-3 点	

注意事项
1、考生在考前 10 分钟携准考证、身份证进入比赛地点，迟到 20 分钟不能入场。
2、比赛期间不得携带与比赛内容相关的书籍，手机等通信工具进比赛场地，否则按违纪处理。

2021 年健康管理专业健康知识比赛

准 考 证

考生姓名	张志高	
学号	19113007	贴一寸照片
班级	19 健管 302	
比赛地点	实训楼多媒体教室	
比赛时间	4 月 1 日下午 4 点-5 点	

注意事项
1、考生在考前 10 分钟携准考证、身份证进入比赛地点，迟到 20 分钟不能入场。
2、比赛期间不得携带与比赛内容相关的书籍，手机等通信工具进比赛场地，否则按违纪处理。

图 2-8-9　邮件合并结果

提示：为了节省纸张，可以一个页面中放置两张准考证，需要我们在第一张准考证下方插入"规则"中的"下一记录"，如图 2-8-10 所示。然后再将插好合并域的准考证表格复制一份到"下一记录"规则域的下方。如图 2-8-11 所示。

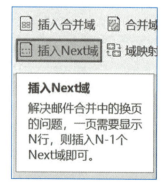

图 2-8-10　插入"下一记录"规则

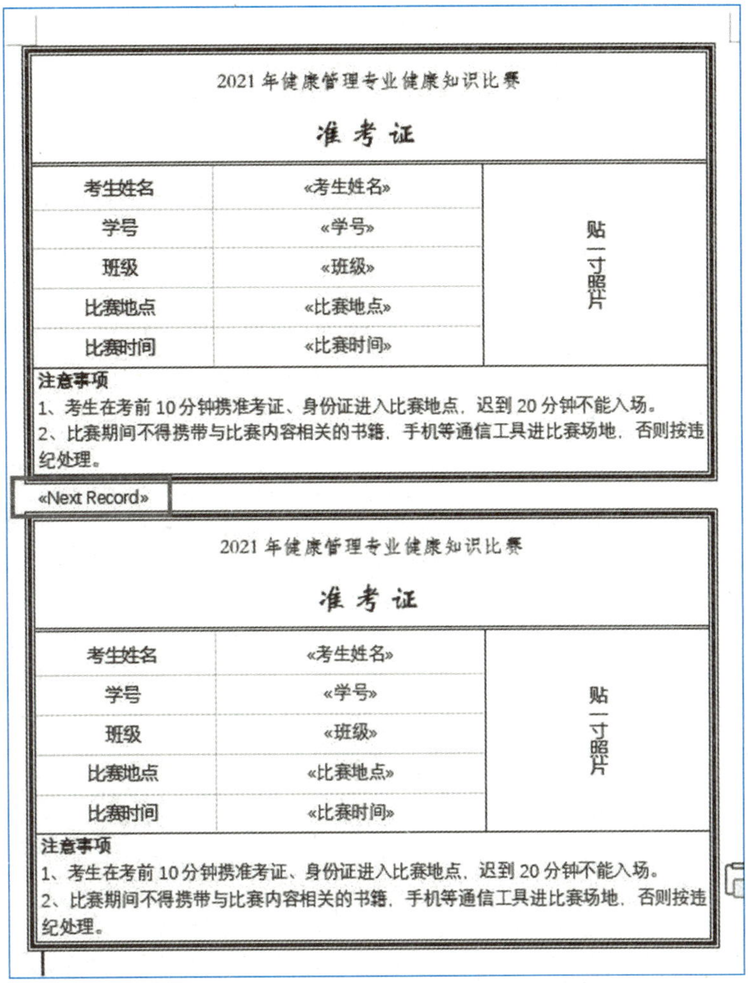

图 2-8-11　在主文档中插入"下一记录"规则

单元 3   WPS Office 电子表格处理

WPS Office 电子表格处理是智能化的计算机数据处理软件,它可以用来制作表格、组织列表、访问其他数据、计算数据、分析数据和自动执行复杂的任务等。

本章主要介绍电子表格软件中工作簿的基本操作,编辑数据与设置格式的方法、公式和函数的使用、常见的各种数据分析方法以及图表的制作等。

学习目标

1.熟悉电子表格软件的基本操作,完成表格的制作与格式编辑。

2.能够使用公式、常用函数进行数据计算。

3.能够使用排序、筛选、分类汇总以及数据透视表等相关命令对数据进行处理分析。

4.了解常见图表的类型与适用场合,能够创建图表、编辑及美化图表。

3.1   编辑工作表

3.1.1 表格窗口简介

电子表格软件工作界面如图 3-1-1 所示。

(1)工作簿:工作簿是用来保存并处理数据的文件。一个工作簿就是一个扩展名为".et(或.xlsx;xls)"的文件,默认名称为"工作簿 X"(X 是 1,2,…)。

(2)工作表:工作表是显示在工作簿窗口中的表格,默认情况下,每个工作簿有一张工作表 sheet1。电子表格软件中,每张工作表由 $2^{20}=1048576$ 行和 $2^{14}=16384$ 列组成。

(3)单元格:单元格是工作表的最小单位,其中可以输入数字、字符串、公式等内容。单元格的地址由它所在的行号和列号共同组成,例如"A1"表示第 A 列第 1 行的单元格。活动单元格指的是鼠标选中的当前单元格。

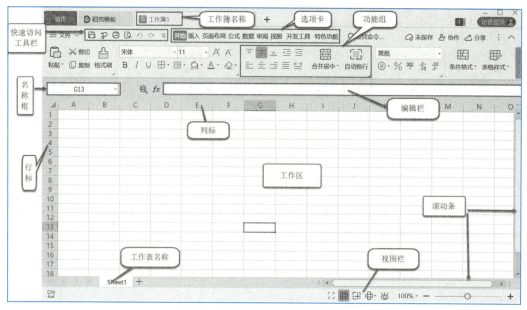

图 3-1-1　电子表格软件工作界面

（4）单元格区域：若干相邻单元格组成的区域称为单元格区域，单元格区域的地址用"左上角单元格地址：右下角单元格地址"表示，中间的冒号为英文的冒号。例如单元格区域 A6：E19 表示以单元格 A6 和 E19 为对角线两端的矩形区域。

（5）名称框和编辑栏：名称框中显示当前活动单元格的地址；编辑栏中显示或编辑当前活动单元格中的数据或公式。

（6）填充柄：位于活动单元格或单元格区域右下角的黑色小方块，将鼠标指向填充柄时，鼠标的指针形状会变成黑色"＋"，主要用于单元格的复制和填充。

3.1.2 工作簿的新建

1.启动 WPS Office 创建

启动 WPS Office，单击"新建"命令，选择"表格"选项卡，在此单击"新建空白文档"，新工作簿的名称默认为"工作簿 1"。

2.使用"文件"选项卡

如果已经启动了电子表格软件，也可以再次新建一个空白的工作簿。单击"文件"选项卡，在弹出的下拉菜单中选择"新建"命令，可创建一个空白工作簿。如图 3-1-2 所示。

3.使用快速访问工具栏

使用快速访问工具栏，也可以新建空白工作簿。

单击"自定义快速访问工具栏"按钮 ，在弹出的下拉菜单中勾选"新建"命令，将"新建"命令固定在"快速访问工具栏"中，然后单击"新建"命令按钮 ，即可以创建一个空白工作簿。如图 3-1-3 所示。

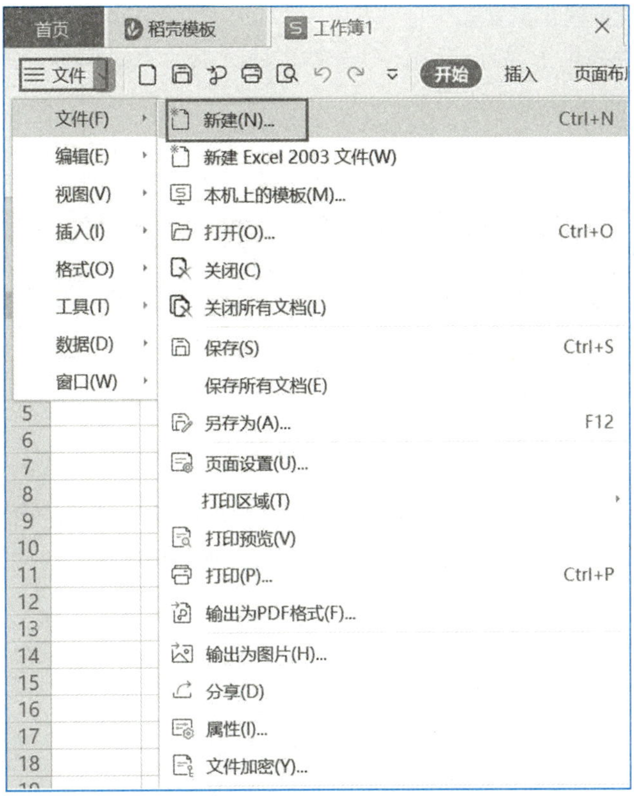

图 3-1-2　新建空白工作簿

图 3-1-3　在"快速访问工具栏"中添加"新建"命令

4.使用联机模板创建新文档

电子表格软件提供了教育、日历、个人等多种类别的在线模板。通过选择所需的模板，下载完成后即可以使用。如图 3-1-4 所示。

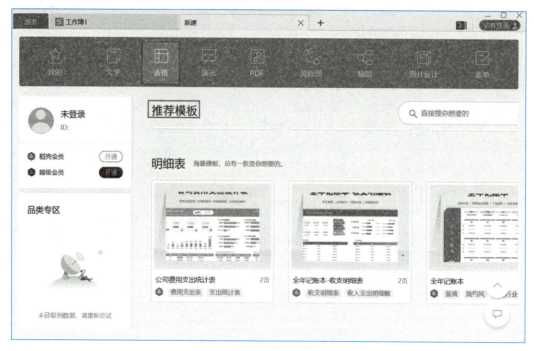

图 3-1-4　多种在线模板可以选择

3.1.3 工作表中数据的输入

1.常用数据类型及输入

电子表格软件单元格中可以输入常量和公式两类数据。常量是指不以"＝"开头的数据。最常用的常量数据类型有数值型、文本型、日期型等。

（1）数值型数据：由数字 0～9、正负号、货币符号、百分号等组成，可以进行各种数学运算，默认单元格右对齐。

①负数可在数字前加"－"或用"（）"表示，其中的"（）"在中英文状态下均可使用，例如输入"－3"或"（3）"，单元格中都显示为－3。

②分数，应在输入之前加"0"和一个空格。例如输入"$\frac{1}{2}$"，可以输入"0 1/2"。

③科学记数法，在电子表格软件单元格中输入超过 11 位的长串数字时，电子表格软件中则用科学记数法表示。例如在单元格中输入"1234567890123"，用 5 位小数的科学记数法表示，结果显示为"1.23457E＋12"，即 $1.23457×10^{12}$

（2）文本型数据：由英文、中文、数字等各种字符组成，不具备算术计算能力，默认单元格左对齐。

①文本型数据不完全由数字组成时,直接用键盘输入。

②若文本型数据由纯数字组成(如身份证号、电话号码等),为避免被电子表格软件当作数值型数据必须在输入之前添加英文字符的单引号"'"。例如输入电话号码 13675421234,应在单元格中输入"'13675421234"。

微课
单元格数据类型的输入

(3)日期型数据:输入日期可用"—"或"/"分隔年、月、日。例如输入 2021-5-12 或 2021/5/12 表示 2021 年 5 月 12 日。

操作要求:打开"病历库.xlsx"工作簿,在"sheet1"工作表中输入 ID 号为 940 患者的如下信息:编号:0001;科室:内 2 科;性别:女。

操作步骤:

①选中 A3 单元格,首先输入前导符号:英文状态下的单撇号"'",再输入"0001",按 Enter 键。

②按"→"键将光标定位至 D3 单元格,输入"女",按 Enter 键。

③选中 G3 单元格,输入"内 2 科",按 Enter 键。

TIP:

向电子表格软件单元格中输入数据,要先选定单元格或单元格区域,选定的方法如下:

一个单元格:单击相应单元格。

连续单元格区域:单击该区域左上角第一个单元格,然后拖动鼠标到右下角最后一个单元格;或选中第一个单元格后,按 Shift 键再单击最后一个单元格。

不连续单元格或区域:先选定第一个单元格区域,然后按 Ctrl 键再选定其他单元格或区域。

操作要求:输入"疗效""材料""床位"列的部分患者信息,具体信息如图 3-1-5 所示。

材料	床位	护理
343.97	210	81
191.98	180	21.75

图 3-1-5　输入的信息

操作步骤:

①选中单元格区域 I3:K4,此时活动单元格为 I3,在单元格中输入内容"343.97",按 Tab 键,光标移动至 J3 单元格,输入"210";继续按 Tab 键,光标顺次移动至 K3 单元格,输入"81"。

②再次按 Tab 键,活动单元格自动移动到下一行的 I4 单元格,输入"191.98",以此类推,分别输入"180"和"21.75",可以快速地完成所选单元格区域内容的输入。

③完成数据输入后,只要移动方向键或用鼠标单击任意单元格,就可以退出输入状态。

2.数据的自动填充

电子表格软件可以快速地填充有规律的数据，这一功能可以用填充柄来实现。填充柄的本质就是按某种规律进行复制。通过拖动或双击单元格的填充柄，可以快速完成有规律数据的输入。

操作要求：

输入其余患者的"编号"信息。

操作步骤：

选中 A3 单元格，鼠标指向填充柄，变成黑色十字形，按住鼠标左键，向下拖动填充柄至 A52 单元格时释放鼠标，完成其余患者编号的快速输入。

TIP：

（1）不同类型的数据，自动填充的方式不同，具体如下：

①普通文本：复制。

②数字文本：拖动填充柄实现逐一递增填充；若按住 Ctrl 键同时拖动，则复制。

③数值数据：拖动填充柄实现复制，若按住 Ctrl 键同时拖动，则逐一递增填充。

④日期数据：拖动填充柄实现逐一递增填充；若按住 Ctrl 键同时拖动，则复制。

⑤自定义序列：按序列填充。

⑥公式：按公式规则填充。

⑦格式填充：复制格式。

（2）如果想在多个单元格中输入相同数据，只要选择所有需要包含此信息的单元格，在输入数值、文本或公式后，按 Ctrl＋Enter 组合键，则同样的信息会输入到被选择的所有单元格中。

3.数据验证

数据验证指的是对单元格中输入数据的类型和范围进行预设置，保证数据被限定在有效的范围内，同时还可以设置相关的提示信息。

操作要求：输入各位患者的"疗效"信息，疗效信息为"治愈、好转、无效、死亡、未治、其他"。输入结果可参照样文。

操作步骤：

①选中单元格区域 H3：H52，在"数据"选项卡中单击"有效性"命令，弹出"数据有效性"对话框。

②在"设置"选项卡中设置有效性条件："允许"下拉列表中选择"序列"；"来源"文本框中输入"治愈,好转,无效,死亡,未治,其他"，如图 3-1-6 所示。

③在"出错警告"选项卡中设置输入无效数据时的警告信息："输入的疗效不存在，请重新输入！"如图 3-1-7 所示，单击"确定"按钮。此时，选中"疗效"列的每一个单元格，每一个单元格的右边都会出现下拉按钮。

参照样文，使用单元格旁的下拉选项及填充柄工具完成"疗效"列的录入。

图 3-1-6　设置数据条件

图 3-1-7　设置数据有效性出错提示

TIP：

（1）数据有效性设置中输入的来源信息"治愈，好转，无效，死亡，未治，其他"，此处的逗号应为英文的逗号。

（2）若在单元格区域中输入"治愈，好转，无效，死亡，未知，其他"之外的疗效信息，则会弹出如图 3-1-8 所示的提示框。

错误提示
输入的疗效不存在，请重新输入！

图 3-1-8　数据输入错误提示框

4.自定义序列

电子表格软件除了提供一些内置的序列外,用户还可以创建自定义序列,自定义序列的命令位置在"文件"→"选项"→"自定义序列"。弹出"选项"对话框,在输入序列中,输入相关的序列,单击"添加"命令,新添加的序列出现在左边的自定义序列列表中,即添加成功。如图 3-1-9 所示。这个功能可用于无规律数据的输入,如姓名、身份证号码等,将姓名和身份证号码以自定义序列的方式输入,可达到一劳永逸的效果。

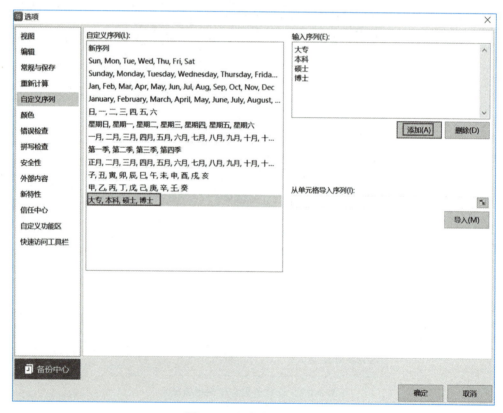

图 3-1-9　添加自定义序列

5.复制由公式计算出的数据

操作要求:将"住院费用.xlsx"工作簿中"Sheet 1"工作表的"总费用"列数据复制到"病历库.xlsx"工作簿的"Sheet1"工作表的相应位置。

操作步骤：

①打开"住院费用.xlsx"工作簿，选中"Sheet1"工作表的 N3：N52 单元格区域，点击鼠标右键选择"复制"命令。

②在"病历库.xlsx"工作簿的"Sheet1"工作表中，选中 u3 单元格，单击右键，在弹出的菜单中选择"粘贴为数值"。

TIP：

选择性粘贴按钮及其含义见表 3-1-1。

表 3-1-1　选择性粘贴按钮及其含义

按钮名称	含义
粘贴 📋	将源区域中所有内容、格式、条件格式、批注等全部粘贴到目标区域
公式和数字格式 📋	除粘贴源区域内容外，还包含源区域的数字格式
仅粘贴格式 📋	仅复制源区域中的格式，而不包括内容
仅粘贴列宽 📋	与保留源格式选项类似，但同时还复制源区域的列宽
粘贴内容转置 📋	粘贴时互换行和列
值 📋123	将文本、数值、日期及公式结果粘贴到目标区域
值和数字格式 📋	将公式结果粘贴到目标区域，同时还包含数字格式

🖱 3.1.4 工作表中行列的基本编辑

工作表中行列的基本编辑主要有：选定行、列；插入行、列；删除行、列及设置行高列宽。

1.选定行、列

对工作表中某些行或某些列进行操作时，需先选定相应的行或列。

(1)整行或整列：单击行号或列号。

(2)相邻行或列：在开始行(列)的行号(列号)上拖动鼠标直至最终行(列)的行号(列号)。

(3)不相邻行或列：先选中某行(列)的行号(列号)，按住 Ctrl 键，再选择其他行(列)的行号(列号)。

(4)整个工作表：单击行号和列号的交叉处，即"全部选定"按钮。

2.插入行、列

要插入一行(列)，在需要插入新行(列)的下一行(右一列)中任选一个单元格；如果要插入多行(列)，则在需要插入的新行之下(新列之右)选中相邻的若干行(列)，选中的行(列)数应与待插入空行(列)数相等。

插入命令的位置在"开始"选项卡，"单元格"功能组中单击"插入"命令的下拉按钮，在弹出的下拉列表中选择"插入工作表行(列)"命令。或在选中的行或列的区域中单击右键,在弹出的快捷菜单中选择"插入"命令。

3.删除行、列

选中要删除的行或列,在"开始"选项卡,"单元格"功能组中单击"删除"命令的下拉按钮,在弹出的下拉列表中选择"删除工作表行(列)"命令。或在选中的行或列的区域中单击右键,在弹出的快捷菜单中选择"删除"命令。

4.设置行高和列宽

(1)个别行高列宽的调整:将鼠标指针移动到行标或列标之间,鼠标指针变为 或 ,此时拖动鼠标可设置相应行高列宽。

(2)统一调整多行或多列:选中需要统一调整的行或列,在"开始"选项卡,单击"行和列"命令的下拉按钮,选择"行高"或"列宽"命令,在弹出的"行高"或"列宽"对话框中设置相应的数值,可实现统一、精确地设置行高或列宽。

(3)快速调整多行高或多列宽:选中需要统一调整的行或列,将鼠标指针移到行标或列标之间,鼠标指针变为 或 时,按下 Alt 键不放,拖动鼠标,可实现行高或列宽的统一调整。

(4)自动调整行高(列宽):可根据单元格中数据的宽度调整行高或列宽。在"开始"选项卡,单击"行和列"命令的下拉按钮,选择"最适合的行高"及"最适合的列宽"命令。

操作要求:

将病历库.xlsx 中 sheet1 工作表中标题行行高设置为 25 磅,设置区域 A2:U52 各列宽都设置为"最适合的列宽"。

操作步骤:

①选中标题行,在"开始"选项卡,单击"行与列"命令右侧的下拉按钮,在弹出的下拉菜单中选择"行高"命令,在"行高"文本框中输入"25"。

②选中区域 A2:U52,在"开始"选项卡,单击"行与列"命令右侧的下拉按钮,在弹出的下拉菜单中选择"最适合的列宽"命令。

🖱 3.1.5 工作表的美化

为了使工作表看起来更加整洁美观,完成数据输入后,可以针对工作表中的单元格及区域进行相应的格式设置,美化数据表格。

1.设置字体格式

电子表格软件中字体格式设置的方法和文字软件中类似,在"开始"选项卡的"字体"功能组中对字体、字号、字形以及字体颜色等进行设置。也可以单击"字体"功能组右下角的"对话框启动器"按钮打开"设置单元格格式"对话框,在"字体"选项卡中进行更详细的字体格式设置。

操作要求:将表格标题字体格式设置为"华文中宋、16、加粗、标准色深蓝";列标题区域字体格式设置为"微软雅黑、11、加粗";其他单元格区域字体格式设置为"微软雅黑、10"。

操作步骤:

①在"病历库.xlsx"的 sheet1 工作表中,选中单元格 A1,在"开始"选项卡的"字体"功

能组中,设置字体格式为"华文中宋、16、加粗、标准色蓝色"。

②选中单元格区域 A2:U2,在"开始"选项卡的"字体"功能组中,设置字体格式为："微软雅黑、11、加粗"。

③选中数据区域 A3:U52,在"开始"选项卡的"字体"功能组中,设置字体格式为"微软雅黑、10"。

2.设置对齐方式

电子表格软件工作表中的单元格对齐方式的设置,可以在"开始"选项卡中的"合并居中"命令中进行设置,也可以在"单元格格式"对话框中进行设置,其主要设置垂直对齐方式与水平对齐方式。单击"字体""对齐方式""数字"功能组右下角的"对话框启动器"可启动"设置单元格格式"对话框。

在"开始"选项卡中的"对齐方式"功能组中单击"合并后居中"命令旁边的下拉按钮,在下拉菜单中可以看到有四个命令:合并居中、合并单元格、合并相同单元格及合并内容。如图 3-1-10 所示。

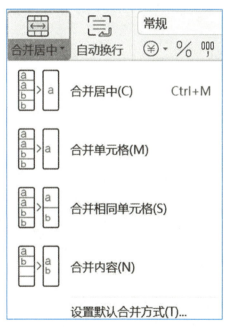

图 3-1-10　4 个实用的命令

操作要求：

将标题在 A1:U1 单元格区域合并居中;列标题区域和数据区域所有单元格的水平对齐方式和垂直对齐方式都设置为"居中"。

操作步骤：

①选中单元格区域 A1:U1,选择"开始"选项卡,单击"合并居中"命令。

②选中单元格区域 A2:U52,在"对齐方式"功能组中单击右下角"对话框启动器"按钮,打开"单元格格式"对话框,在"对齐"选项卡中,将"水平对齐"和"垂直对齐"下拉列表

框都设置为"居中"。如图 3-1-11 所示。

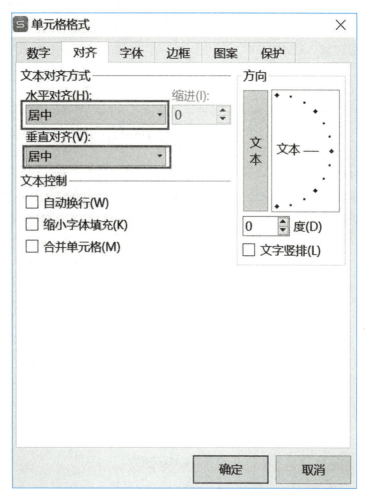

图 3-1-11 在"单元格格式"对话框中设置对齐方式

3.设置数字格式

在电子表格软件中提供了丰富的数字格式，可根据需要进行选择。数字格式的设置使用"开始"选项卡"数字"功能组中命令按钮实现，也可以在"单元格格式"对话框中的"数字"选项卡中进行设置。

"数字"功能组中快速设置数字格式的命令按钮含义如下：

（1）"数字格式"下拉列表框 常规 ▼ ：提供了设置数字、日期和时间的常用选项。

（2）"会计数字格式"命令按钮 ￥ ▾ ：为数字添加货币符号并设置小数位数为两位。

（3）"百分比样式"命令按钮 % ：将数字以百分数形式呈现。

（4）"千位分隔样式"命令按钮 ，：将在数字中加入千位符。

（5）"增加小数位数"命令按钮 ：使小数位数增加 1 位。

（6）"减少小数位数"命令按钮 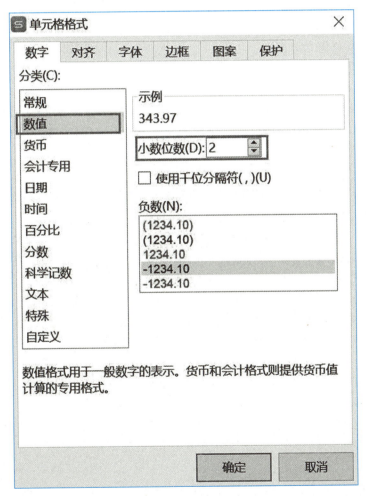 ：使小数位数减少 1 位。

操作要求：

将数字区域 I3:U52 的数据区域的数字设置小数位数为两位。

操作步骤：

①选中单元格区域 I3:U52。

②在"开始"选项卡中单击"数字"功能组右下角的"对话框启动器"，弹出"设置单元格格式"对话框。在"分类"列表框中选择"数值"，将小数位数设置为两位。如图 3-1-12 所示。

③单击"确定"命令按钮，完成设置。

需要注意的是，如果单元格中出现 ###### 则说明列宽不足，可将出现"＃"字符号的列，设置为"自动调整列宽"。

图 3-1-12　设置"数值"格式

4.设置边框和底纹

默认情况下,电子表格软件工作表中的表格线在打印时是不显示的。如需在打印时显示边框线效果,可在"单元格格式"对话框中选择"边框"选项卡进行设置。

单元格默认的填充颜色为无色、无图案。为了使重要信息更加醒目,可通过"字体"功能组的"填充颜色"按钮为其添加适当的填充色,或通过"单元格格式"对话框,选择"填充"选项卡进行颜色或图案的填充。

对表格边框和底纹的设置除了自定义设置之外,还可以利用系统自带的样式进行设置。在"开始"选项卡中提供了三种样式:条件格式,单元格样式与表格样式。

"表格样式"提供的表格样式是将表格的字体、字号、边框和底纹设置好了,只需选择相应的样式即可。

条件格式:将所选区域中满足一定条件的单格数据设置为指定的格式。条件格式内置了多种规则,比如突出显示单元格规则、项目选取(最前/最后)规则、数据条、色阶和图标集等。除此之外,也支持设置自定义规则。这些规则主要的功能是能够突出显示我们想要看的数据及美化工作表。

操作要求:

将单元格区域 A2:U52 的上边框和下边框线设置为"粗实线""浅绿,着色 6,深色 25％",内边框设置为"细实线""浅绿,着色 6,深色 25％"。A2:U2 单元格区域底纹设置为"浅绿,着色 6,浅色 40％"。将 A3:U52 区域设置底纹为"图案样式:6.25％灰色;图案颜色:浅绿,着色 6,浅色 40％。"

操作步骤:

①选中单元格区域 A2:U52,在"开始"选项卡的"字体"功能组右下角单击对话框启动器,打开"单元格格式"对话框。

②切换到"边框"选项卡,从"样式"列表框中选择第 2 列倒数第 2 条线段作为上边框线条样式,从"颜色"下拉列表框中选择"浅绿,着色 6,深色 25％"作为上边框的线条颜色,然后在"边框"栏中单击"上边框"命令按钮。再单击"下边框"命令按钮。

③从"样式"列表框中选择第 1 列倒数第 1 条线段作为内框线的线条样式,从"颜色"下拉列表框中选择"浅绿,着色 6,深色 25％"作为内框线的线条颜色,然后在"预置"栏中单击"内部"按钮,即可预览到表格边框的设置效果,单击"确定"按钮。如图 3-1-13 所示。

④选中单元格区域 A2:U2,单击"字体"组中"填充颜色"命令按钮右侧的下拉按钮,从下拉列表中选择"浅绿,着色 6,浅色 40％",为其填充底纹。

⑤选中单元格区域:A3:U52,在选中的单元格区域单击右键,在弹出的快捷菜单中选择"设置单元格格式"命令,单击"填充"选项卡,设置图案样式为"6.25％灰色";图案颜色为"浅绿,着色 6,浅色 40％"。如图 3-1-14 所示。单击"确定"命令按钮,完成设置。

操作要求:

将病历库.xlsx 中的 Sheet1 工作表中的"总费用"大于 8000 元以上的费用以"黄填充色深黄色文本"显示。

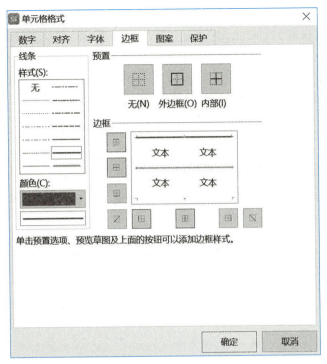

图 3-1-13 "边框"选项卡

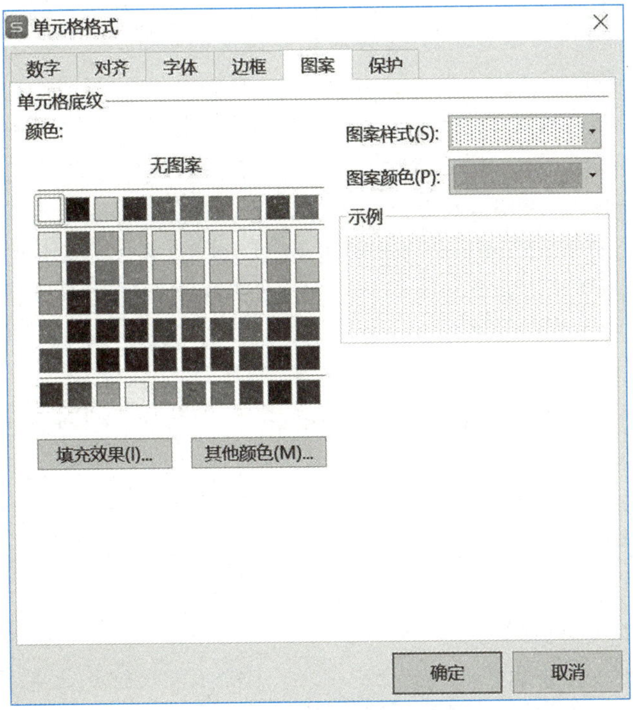

图 3-1-14 设置"图案"

操作步骤：

①选中单元格区域 U3：U52，在"开始"选项卡，单击"样式"功能组中的"条件格式"按钮，从下拉列表中选择"突出显示单元格规则→大于"选项，弹出"大于"对话框。

②在"为大于以下值的单元格设置格式"文本框中输入"8000"，然后从"设置为"下拉列表中选择"黄填充色深黄色文本"选项，单击"确定"按钮。如图 3-1-15 所示。

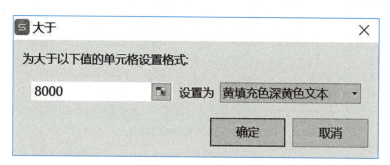

图 3-1-15　条件格式设置

TIP：条件格式拓展

条件设置还有其他好用的功能，介绍如下：

（1）显示重复值

这个功能能够帮你在众多的数据中快速识别重复的值。选中数据区域，依次选择开始→条件格式→突出显示单元格规则→重复值，设置格式。打开素材文件夹下的"条件格式拓展素材.xlsx"中的"显示重复值"工作表练习设置重复值。

（2）用数据条展示数据

如果我们单元格内都是数字，怎么才能快速区分哪些数值大，哪些数值小？这就需要我们用到图表来进行展示。但这里我们不需要构建一个数据图表，我们利用条件格式，即可生成一个微型的图表，可以直接放在单元格里面。选中数据区域后，依次选择开始→条件格式→数据条。那么就能给我们的表格添加上数据条，这样哪些数字比较大，哪些数字比较小，就一目了然了。打开素材文件夹下的"条件格式拓展素材.xlsx"中的"用数据条展示数据"工作表中的数据练习设置数据条。

（3）利用色阶展示数据

除了用条形图的方式来展现数据的大小之外，我们还可以通过颜色来呈现数据的大小。选中数据后，依次选择开始→条件格式→色阶。如选择绿—黄—红色阶，红色表示数值比较小的，绿色表示的就是数值比较大的。当然，这个颜色也是可以自己进行设计的。打开素材文件夹下的"条件格式拓展素材.xlsx"中的"利用色阶展示数据"工作表中的数据练习设置色阶。

（4）利用图标集展示数据

我们可以给每个数据旁边添加一个小图标，以图标来代替所选单元格的值。如选择"三向箭头（彩色）"，绿色向上的箭头表示数据值较大，红色向下的箭头表示数据值偏小。打开素材文件夹下的"条件格式拓展素材.xlsx"中的"利用图标集展示数据"工作表中的数据练习设置图标集展示数据。

3.1.6 工作表的操作

1.工作表的更名

默认情况下,工作表的名称为 Sheet1、Sheet2、Sheet3 等,但这样不便于直观地了解该工作表的用途。为了更好地了解工作表的内容,可以为工作表指定一个更加恰当的名称。

操作要求:

将"病历库.xlsx"工作簿中的工作表"Sheet1"更名为"病历简库"。

操作步骤:

①选中工作表标签"Sheet1",单击鼠标右键,在快捷菜单中选择"重命名"命令。

②输入新的工作表名称"病历简库",按 Enter 键确认。

2.工作表的移动或复制

在电子表格软件中可以通过移动和复制工作簿中的工作表,来重新调整工作表之间的顺序或备份比较重要的工作表数据,从而更方便、有效地进行管理。

(1)工作表的移动

同一张工作簿中的移动:鼠标指向要移动的工作表名称的位置后,拖动工作表标签,当小三角箭头到达新的位置后释放鼠标按键即可。

不同工作簿之间的移动:用鼠标右键单击要移动的工作表名称,在弹出的快捷菜单中选择"移动或复制"命令,弹出"移动或复制工作表"对话框,设置好目的工作簿的目的位置,不勾选"建立副本"复选框,单击"确定"命令按钮后即可实现移动。

(2)工作表的复制

同一工作簿中复制工作表,按 Ctrl 键,同时拖动工作表标签,到达目标位置后,释放鼠标和 Ctrl 键即可。

不同工作簿之间的复制:用鼠标右键单击要复制的工作表名称,在弹出的快捷菜单中选择"移动或复制"命令,弹出"移动或复制工作表"对话框,设置好目的工作簿的目的位置,勾选"建立副本"复选框,单击"确定"命令按钮后即可实现复制。

操作要求:

将"住院费用.xlsx"工作簿中的"费用情况"工作表,复制到"病历库.xlsx"工作簿中"病历简库"工作表之后,并为其套用表格格式"表样式浅色 14"。

操作步骤:

①打开"住院费用.xlsx"工作簿,选中"费用情况"工作表标签。单击鼠标右键,在快捷菜单中选择"移动或复制工作表"命令,打开"移动或复制工作表"对话框。

②在对话框的"工作簿"下拉列表框中选择"病历库.xlsx",在"下列选定工作表之前"列表框中选择"疗效",同时选中"建立副本"复选框,单击"确定"按钮,如图 3-1-16 所示。

③单击表格数据区域中任一单元格,在"开始"选项卡中选择"表格样式"命令,从下拉列表中选择"表样式浅色 14"。

④在打开的"套用表格样式"对话框中,确认表数据的来源区域是否正确。选定"仅套

图 3-1-16　"移动或复制工作表"对话框

用表格样式"，如图 3-1-17 所示，单击"确定"按钮。

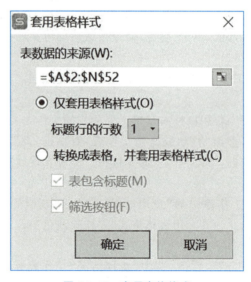

图 3-1-17　套用表格格式

TIP：

　　当使用"套用表格格式"中的表样式时，会将普通的数据区域转换为电子表格软件的表格形式。电子表格软件表格是具有一定结构的数据区域，表格中的数据可以进行独立管理和分析。电子表格软件需遵循表 3-1-2 中的要求。

表 3-1-2　电子表格软件对数据表的要求

序号	要求
1	数据表由标题行和数据部分组成
2	第1行是表的列表题(字段名),列标题不能重复,同一列只放同一种关系的数据
3	第2行起是数据部分,每一行称为一个记录,且不能有空白行和空白列
4	数据表中不能有合并单元格存在
5	数据表与其他数据之间应该留出至少一个空白行和一个空白列

3.工作表的删除

操作要求:

删除"病历库.xlsx"工作簿中的工作表"Sheet2""Sheet3"。

操作步骤:

①选中工作表标签"Sheet2",按 Ctrl 键,同时再次选中工作表标签"Sheet3"。

②单击鼠标右键,在快捷菜单中选择"删除"命令。

TIP:

多张工作表标签的选择方法与多单元格的选择方法相同。

工作表的删除操作也可使用"开始"选项卡中"行和列"实现。

4.工作表窗口的拆分与冻结

(1)工作表的冻结

当处理的数据表格有很多行或列时,向下查看数据或向右查看数据时,表格上方的标题行或左端的列将会不可见,使得每列或每行的数据含义不清晰。此时,可以冻结工作表列或行标题,使其位置固定不变,这样当浏览各列或行数据时,数据的含义更加明了。冻结窗口分三种情况,冻结拆分窗格、冻结首行、冻结首列。

冻结拆分窗格,这个功能可以冻结当前单元格所在位置之上的所有行和其左边的所有列。如冻结第1行和第1列:可将当前单元格位于 B2 的位置。

冻结首行,当上下滚动工作表其余部分时,保持首行可见。

冻结首列,当左右滚动工作表其余部分时,保持首列可见。

如果要取消对工作表的冻结,在"视图"选项卡的"窗口"功能组中选择"冻结窗格→取消冻结窗格"命令。

操作要求:

将"病历简库"工作表的第1、2行冻结。

操作步骤:

①选中单元格 A3。

②在"视图"选项卡的"窗口"功能组中单击"冻结窗口"命令右边的下拉按钮,在弹出的菜单中选择"冻结至第2行"命令,此时在第2行的下方会出现一条单实线,这条线称作

为"冻结区的标志线"。

（2）拆分

查看大规模数据表时，经常会遇到数据在表格中无法完整显示的情况，对于这类表格数据，可以通过拆分窗口的方式来查看数据。拆分工作表将当前工作表拆分成两个或四个窗格，每一个窗格显示的都是独立完整的表格信息，利用滚动条显示工作表的任一部分，用户可以通过多个窗口查看数据信息。

"拆分"窗口的命令位置在"视图"选项卡中。如果选中工作表中任意一行，单击"拆分"命令，可拆分成上下两个窗口，这两个窗口里的内容是一样的。如果选中任意一个单元格，单击"拆分"命令，可以将界面拆分成四个窗口，这四个窗口的内容是一样的，可以通过滚动条上下、左右翻动。

3.1.7 工作簿及工作表的保护

在 WPS 中对工作簿和工作表进行保护非常重要，它不仅可以防止未授权的人看到或修改数据，还可以防止已授权人误删数据。工作表的删除是不可逆的操作，因此对工作表进行保护十分必要，可以防止操作不当误删工作表。

1.对工作簿的保护

防止其他用户对工作簿的结构进行修改，如移动、删除、添加工作表。工作簿的保护通过"审阅"选项卡中"保护工作簿"命令来实现。如果要取消对工作簿的保护，可再次单击"保护工作簿"命令，通过输入保护密码取消对工作簿的保护。

操作要求：

对"病历库.xlsx"工作簿进行保护，使操作者无法删除工作表。

操作步骤：

①打开"病历库.xlsx"工作簿，用鼠标单击工作簿中任意工作表中的任意单元格。

②单击"审阅"选项卡中"保护工作簿"命令按钮，打开"保护工作簿"对话框，如图 3-1-18 所示。

③输入密码为"123456"，单击"确定"按钮。

④在"确认密码"对话框中重新输入密码"123456"，单击"确定"按钮。此时用鼠标右键单击任一个工作表标签，发现"删除"及"插入"命令选项不可用。

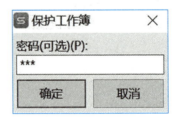

图 3-1-18 "保护工作簿"对话框

2.工作表的保护

通过限定其他用户的编辑操作,来防止他们对工作表进行不必要的修改,如删除行或列,设置单元格格式等。工作表的保护通过"审阅"选项卡"中"保护工作表"命令实现。如果要取消对工作表的保护,可再次单击"保护工作表"命令,通过输入保护密码取消对工作表的保护。

操作要求:

对"病历库.xlsx"工作簿中的"病历简库"工作表进行保护,使用户只能浏览数据,不能更改数据。

操作步骤:

①单击"病历简库"工作表中任意单元格。

②在"审阅"选项卡中单击"保护工作表"按钮。

③在打开的"保护工作表"对话框中的"密码"框中输入"111",在"允许此工作表的所有用户进行"列表框中取消所有选项,如图 3-1-19 所示。最后单击"确定"按钮。此时单击工作表中任意单元格,发现鼠标无法选中任意单元格。

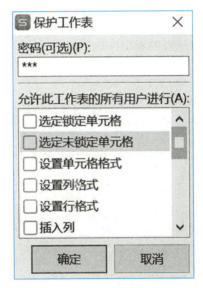

图 3-1-19　"保护工作表"对话框

TIP:

一旦使用密码保护工作表或工作簿元素时,记住密码至关重要。如果没有密码,就无法取消对工作簿或工作表的保护。

3.2 公式与函数

电子表格软件除了进行表格制作与编辑外，还具有强大的数据计算功能。通过公式和函数可以对工作表中的数据进行快速计算，并且当数据源发生变化时，公式和函数计算结果会自动更改。

3.2.1 公式

1.公式的定义及运算符

在电子表格软件中，公式是以等号"＝"开头，等号后面是由数据（常量、单元格引用、函数）、括号、运算符组成的表达式。需要注意的是公式中的数据一般用数字所在的单元格地址来表示，而不用具体的数值，因为在电子表格软件中，用公式进行自动计算时，公式中的单元格引用都会被替换成相应的数值进行计算，即使对公式进行复制后，公式中的单元格引用也会自动调整，具有较强的通用性。

2.运算符

常见的运算符见表 3-2-1。

表 3-2-1　常见运算符类型及优先级

运算符类型	运算符	含义	范例	优先级	
引用	:	冒号：区域引用	C1:D2 表示 C1 为左上角，D2 为右下角的矩形区域中所有的单元格	高	公式中含多个运算符：①按运算符优先级由高到低的顺序计算②优先级相同，按从左到右顺序计算③使用小括号可以改变运算的优先级
	,	逗号	C1,F2 表示 C1、B2 两个单元格		
	空格	交叉引用	A3:B5 B4:C6（共有的单元格 B4、B5）		
算术	—	负号	—7		
	％	百分比	7％(0.07)		
	^	乘方	10^2(100)		
	＊和/	乘和除	8＊5　10/5		
	＋和—	加和减	8＋5　10—5		
文本	&	字符串连接	"Hello"&"2021"("Hello2021")		
比较	＝	等于	3＝2(FALSE)		
	＜和＞	小于或大于	3＞2(TRUE)5＜1(FALSE)		
	＜＝	小于等于	3＜＝5(TRUE)		
	＞＝	大于等于	3＞＝5(FALSE)		
	＜＞	不等于	7＜＞9(TRUE)	低	

3.单元格引用

在公式的使用中,需要引用单元格地址来指明运算的数据在工作表中的位置。单元格引用有三种形式,即绝对引用、相对引用和混合引用。在公式中使用单元格引用,可以通过函数、公式方便、快捷地进行数据的计算。单元格引用见表 3-2-2。

表 3-2-2　单元格引用

种类	含义	表示方法
相对引用	当公式在复制或移动时,公式中引用单元格的地址会随着移动的位置自动改变	E3
绝对引用	当公式在复制或移动时,公式中引用单元格的地址不会随着公式位置的移动而改变	＄E＄3
混合引用	当公式在复制或移动时,保持列不变而行变化	＄E3
	当公式在复制或移动时,保持行不变而列变化	E＄3

选中单元格地址,按 F4 键,可实现相对地址、绝对地址和混合地址之间的切换。

操作要求:

打开素材"病历库(公式与函数).xlsx",在"病历简库"工作表中计算各患者的总基本费用。计算规则:总基本费用＝材料＋床位＋护理＋化验＋检查。

操作步骤:

①选中 U3 单元格。

②输入公式＝I3＋J3＋K3＋L3＋M3。

③按 Enter 键确认,U3 单元格显示计算结果为 2883.97。

4.公式的复制

对于同一类数据其计算规则相同时,只需列出一个数据项的公式,其余的用填充柄复制即可。公式的复制,本质上是计算规则的复制。

操作要求:

用填充柄复制公式,计算其余患者的总基本费用。

操作步骤:

选中 U3 单元格,向下拖动填充柄至 U52 单元格,即实现其余患者总基本费用的计算。

TIP:

(1)拖动"公式单元格"的填充柄,相当于快速复制/粘贴公式。

(2)双击"公式单元格"的填充柄,可以自动复制/粘贴公式,直到遇到空格停止复制。

(3)公式中的数据类型只能是数值型数据,若出现文本型数据,则出现错误提示。

3.2.2 函数

函数是电子表格软件中预先定义的公式,按照一定的规则进行数据计算。其一般形式为：

函数名（[参数1]，[参数2]，[…]）

参数可以是单元格引用、公式、函数、常量等。电子表格软件中提供了财务、统计、信息和工程等多种类别，以满足不同用户的运算需求，用户可以通过以下3种方式插入函数。

①单击"开始"选项卡中的"求和函数"按钮选择相应函数。

②单击"公式"选项卡选择相应函数。

③单击编辑栏左边的"插入函数"命令按钮，打开"插入函数"对话框选择相应函数。

1.求和函数 SUM

SUM 函数的功能：计算单元格区域中所有数值的和。

语法结构：SUM(数值1，数值2，…)

微课
求和函数

其中"数值1，数值2，…"是1到255个待求和的数值。单元格中的逻辑值和文本值将被忽略。但如果作为参数键入时，则逻辑值和文本值有效。

操作要求：

打开素材文件"病历库（公式与函数）.xlsx"在"费用统计表1"工作表中计算患者总费用，操作步骤如下。

①选中 U3 单元格，在"开始"选项卡中选择"求和"，出现公式＝SUM(I3：T3)，虚线框内的单元格区域就是函数的参数，如图3-2-1所示，按 Enter 键确认。

②鼠标指向 U3 单元格右下角的填充柄，向下拖至 U52 单元格，获得其余患者总费用。

③选中 U52，单击单元右下角的"自动填充选项"的下拉按钮，选择"不带格式填充"。如图3-2-2所示。

材料	床位	护理	化验	检查	麻醉	其它	膳食	手术	药品	血费	治疗	总费用
343.97	210.00	81.00	809.00	1440.00	无	27.00	42.20	无	5085.67	无		=SUM(I3:T3)

图 3-2-1　自动求和

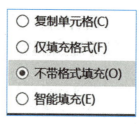

图 3-2-2　自动填充选项

TIP：

在电子表格软件中进行公式或函数计算时，可能会因为某些原因无法得到正确结果，而返回一个错误值。电子表格软件会根据不同的错误类型给出不同的错误提示，便于用户检查和排除错误。电子表格软件中函数公式常见的错误类型见表3-2-3。

表 3-2-3　电子表格软件中公式函数常见的错误提示、出错原因和处理方法

错误提示	出错原因	处理方法
♯DIV/0!	一个数除以零或不包含任何值的单元格	将除数改为非零数
♯N/A	公式函数中引用的数据源不正确或不能使用	删除公式中不可用的函数或公式
♯NAME?	电子表格软件无法识别公式中的文本	检查公式中的函数或字符名称是否正确
♯NUM!	公式或函数中包含无效数值	删除公式或函数中无效数据
♯REF!	单元格引用无效	检查是否删除了公式所引用的单元格
♯VALUE!	使用了错误的参数或应用对象	确认公式或函数中所需的参数或运算符是否正确,并确认公式引用的单元格是否有效
♯♯♯♯	列宽不足以显示所有内容或在单元格中使用了负日期或时间	适当增加单元格列宽,检查单元格中日期时间数据是否正确

2.平均值函数 AVERAGE

AVERAGE 函数的功能:返回参数的算术平均值。

语法结构:AVERAGE(数值 1,数值 2,…)

其中参数可以是数值或包含数值的名称、数组或引用。

操作要求:

打开素材文件"病历库(公式与函数).xlsx",在"费用统计表 2"工作表中计算每类费用的平均值。

操作步骤:

①选中 R3 单元格,在"公式"选项卡中选择"自动求和→平均值",如图 3-2-3 所示。

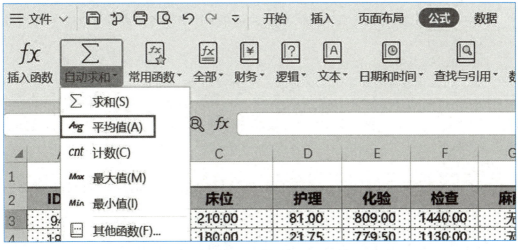

图 3-2-3　利用"公式"选项卡选择"平均值"函数

②将光标定位在 Average 的参数处即括号内，拖动鼠标选择正确的计算区域 B3：B52，按 Enter 键确认，R3 单元格显示计算结果。

③鼠标指向 R3 单元格右下角的填充柄，向右拖至 AC3 单元格，计算出其余每类费用平均值。

3.最大值函数 MAX 和最小值函数 MIN

（1）MAX 函数的功能：返回一组值中的最大值。

语法结构：MAX(数值1,数值2,…)

其中"数值1,数值2,…"是准备从中求取最大值的 1 到 255 个数值、空单元格、逻辑值或文本数值。

（2）MIN 函数的功能：返回一组值中的最小值。语法和参数设置同 MAX 函数。

操作要求：

打开素材文件"病历库（公式与函数）.xlsx"，在"费用统计表 2"工作表中计算每类费用的最大值和最小值。

操作步骤：

①选中 R4 单元格，在"公式"选项卡中选择"自动求和→最大值"。

②将光标定位在 Max 的参数处即括号内，拖动鼠标选择正确的计算区域 B3：B52，按 Enter 键确认，R4 单元格显示计算结果。

③鼠标指向 R4 单元格右下角的填充柄，向右拖至 AC4 单元格，计算出其余每类费用的最大值。

④用相同的方法计算出每类费用的最小值，这里不再赘述。

4.Count 函数家族

（1）COUNT 函数

COUNT 函数是用来计算包含数字的单元格的个数。

语法结构：COUNT(值1,值2,…)

其中"值1,值2,…"是 1 到 255 个参数，可以包含或引用各种类型的数据，但只对数字型数据进行计数。

（2）COUNTA 函数

COUNTA 函数是用来计算区域中非空单元格的个数。

语法结构：COUNTA(值1,值2,…)

其中"值1,值2,…"是 1 到 255 个参数，代表要进行计数的值或单元格，值可以是任意类型的数据。

微课
计数函数
COUNT 与
COUNTA

操作要求：

打开素材文件"病历库（公式与函数）.xlsx"，在"费用统计表 2"工作表中统计"患者总人数"和每类费用的"有费用人数"。

操作步骤：

①选中 R6 单元格，在"开始"选项卡中选择"求和→其他函数"。

②打开"插入函数"对话框，通过"查找函数"功能查找 COUNTA 函数，在"选择函数"列表框中选择"COUNTA"函数，如图 3-2-4 所示，单击"确定"。

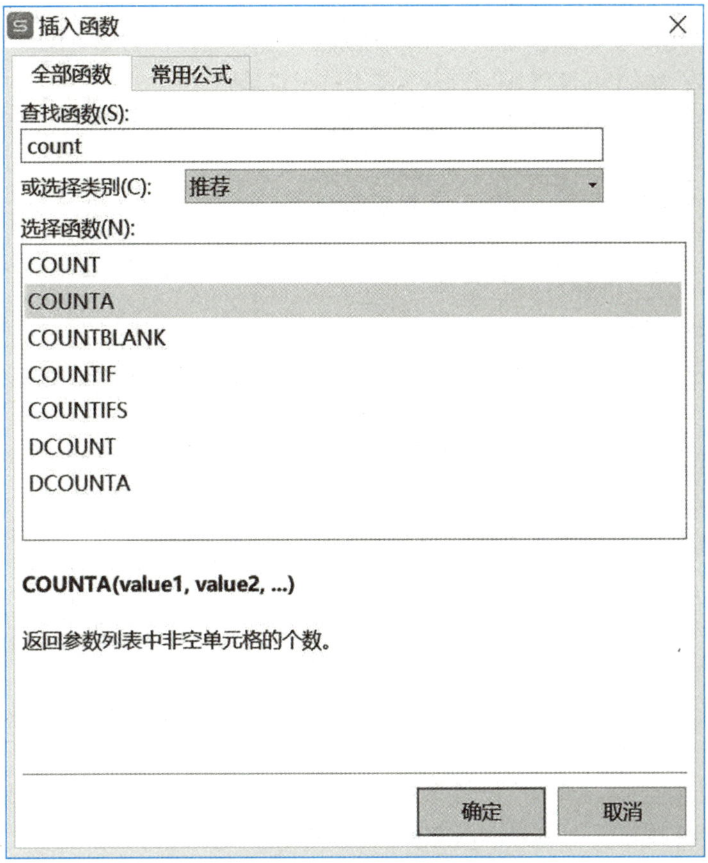

图 3-2-4　"插入函数"对话框

③在打开的"函数参数"对话框中，设置参数为"A3：A52"，如图 3-2-5 所示，单击"确定"命令按钮，计算出患者总人数。

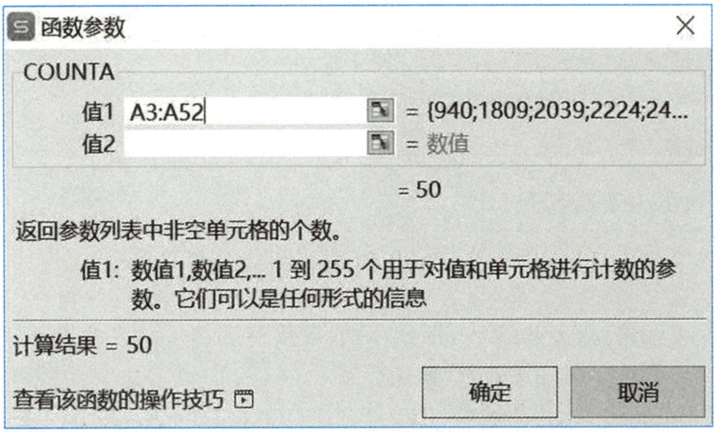

图 3-2-5　函数 COUNTA 参数设置对话框

④选中 R7 单元格,在"开始"选项卡中选择"求和→计数"。

⑤在 R7 单元格中用鼠标拖动的方式重新选择参数的范围为 B3:B52 单元格区域,此时编辑栏中函数为"COUNT(B3:B52)",按 Enter 键确认。

⑥选中单元格 R7,用鼠标向右拖动填充柄至 AC7 单元格,计算其余每类费用有费用人数。

微课
条件统计函数
COUNTIF 与
COUNTIFS

（3）条件统计函数 COUNTIF

COUNTIF 函数的功能:计算区域中满足给定条件的单元格个数。

语法结构:COUNTIF(区域,条件)

区域指要统计的单元格区域。

条件指设定的条件,其形式可以为数字、表达式或文本,文本必须使用双引号,也可以使用通配符。

COUNTIF 函数只设定一个条件。

操作要求:

在"费用统计表 2"工作表中计算每类费用的 0 费用人数、"8000 元以上"费用段人数和"0~1999 元"费用段人数。

操作步骤:

①选中 R8 单元格。

②在"公式"选项卡"函数库"功能组中选择"其他函数→统计→COUNTIF",打开"函数参数"对话框。

③在"函数参数"对话框中,设置参数区域为"B3:B52",参数条件为"无",如图 3-2-6所示,单击"确定"按钮。向右拖动填充柄,得到其他费用的无费用人数。

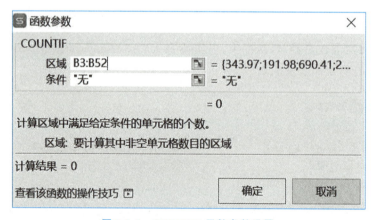

图 3-2-6　COUNTIF 函数参数设置

④选中 R9 单元格,重复步骤②,打开"函数参数"对话框,设置参数区域为"B3:B52",参数条件为">=8000",,单击"确定"按钮。

⑤选中 R13 单元格,输入公式"=COUNTIF(B3:B52,"<2000"),"按 Enter 键确认。

⑥使用填充柄复制公式,计算其余每类费用的费用段人数。

（4）COUNTIFS 函数的功能:统计一组给定条件所指定的单元格数。

语法结构：COUNTIFS(区域 1,条件 1,[区域 2,条件 2]……)

其中区域 1 指定计算关联条件的第一个区域,条件 1 指定第一个条件,是必需的;[区域 2,条件 2]……为可选项,可指定第二个区域及条件,最多允许 127 个区域/条件对。

操作要求：

在"费用统计表"工作表中计算每类费用的"6000～7999""4000～5999""2000～3999"费用段内人数。

操作步骤：

①选中 R10 单元格。

②在"公式"选项卡中选择"其他函数→统计→COUNTIFS",打开"函数参数"对话框。

③在打开"函数参数"对话框中输入两组单元格区域和条件,如图 3-2-7 所示,单击"确定"按钮。向右拖动填充柄,计算其他费用在这些费用段的人数。

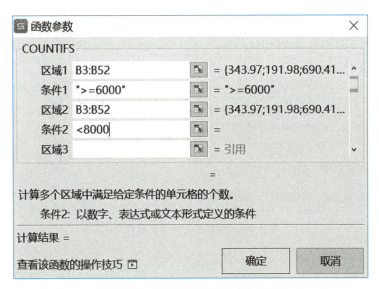

图 3-2-7　COUNTIFS 函数参数设置

④分别选中 R11 和 R12 单元格。重复上述步骤,计算出"4000～5999""2000～3999"费用段内人数。

TIP：

在公式或函数中使用文本型常量时(如"无"),需要用双引号标记。

参数中所使用的标点符号、运算符都是英文状态下的标点符号。

5.排名函数 RANK.EQ

RANK.EQ 函数的功能:返回一个数字在数字列表中相对其他数值的大小排名,如果多个数值排名相同,则返回该组数值的最高排名。

语法结构:RANK.EQ(数值,引用,排位方式)。

数值为指定要排名的数字。

微课
排序函数
RANK.EQ

引用为一组数或对一个数据列表的引用，非数字值将被忽略。

排位方式为指定排名方式，如果为 0 或忽略不计则降序排列，反之升序排列。

操作要求：

在"费用统计表 1"工作表中计算每位患者总费用的排名情况。

操作步骤：

①选中 V3 单元格。

②在"公式"选项卡中选择"其他函数→统计→RANK.EQ"，打开"函数参数"对话框。

③在打开"函数参数"对话框中设置参数数值和引用，如图 3-2-8 所示，单击"确定"按钮。

④选中 V3 单元格，双击填充柄，获得其他患者总费用的排名情况。

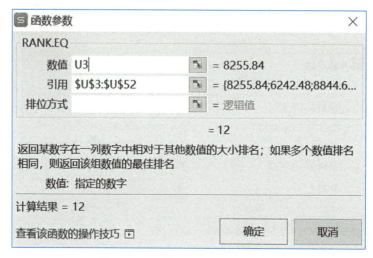

图 3-2-8　设置 RANK.EQ 函数参数

微课
IF 函数

TIP：

在设置 Ref 参数时，单元格区域范围要使用绝对地址，因为这个单元格区域中所有的数字都在固定的这个区域进行排序。

6.逻辑判断函数 IF

IF 函数的功能：判断是否满足某个条件，如果满足条件返回一个值，如果不满足则返回另一个值。

语法结构：IF(测试条件，真值，假值)

测试条件指所设置的条件。

真值为满足条件时返回的值。

假值为不满足条件时返回的值。

操作要求：

若规定总费用为超过 8000 元为"超高费用"，6000～7999 元为"高费用"，其他患者标识为"一般费用"。在"费用统计表 1"工作表中利用 IF 函数标识患者的费用。

操作步骤：

①单击 W3 单元格。点击编辑栏左边的"插入函数"按钮，利用查找函数查找 IF 函数，在"选择函数"列表框中选择"IF"函数，单击"确定"按钮。

②打开"函数参数"对话框设置参数"测试条件"和"真值"，如图 3-2-9 所示。

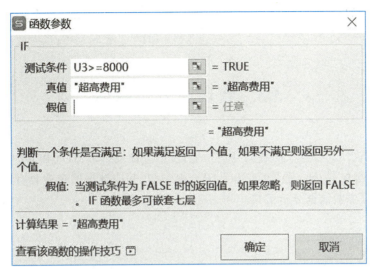

图 3-2-9　设置 IF 函数参数

③将光标定位在"假值"编辑框中，单击"名称框"中的"IF"函数，第 2 次打开"函数参数"对话框，在"测试条件"文本框中输入"U3＞＝6000"，在"真值"文本框中输入"高费用"，再将插入点定位在第 3 个参数"假值"的文本框中，输入"一般费用"。如图 3-2-10 所示。

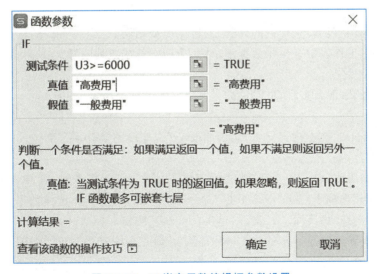

图 3-2-10　IF 嵌套函数编辑框参数设置

④单击"确定"按钮。在 W3 单元格编辑栏中可以看到公式为＝IF(U3＞＝8000,"超高费用"),IF(U3＞＝6000,"高费用","一般费用")。

⑤选中 W3 单元格,双击填充柄获得其他患者费用标识信息。

TIP：

在使用函数的过程中,如果函数中的参数是某函数的计算结果,则称为函数嵌套,IF函数可以实现多层嵌套,以便实现一次性判断多个条件。

3.3 管理和分析数据

电子表格软件具有强大的数据处理功能,可以方便地组织、管理和分析数据。常见的分析工具包括排序、筛选、分类汇总和数据透视表等,其中数据透视表具有超强的分组统计功能,是最重要的数据分析工具。

3.3.1 数据处理

电子表格软件数据的来源主要有两种:人工录入数据和导入外部数据。导入的外部数据在大多情况下并非电子表格软件的数据清单,因此需要对数据进行整理,将数据转化为标准的电子表格软件数据清单,才能进行正确、有效的数据计算。电子表格软件中的数据清单符合一定条件的连续区域,也可称作数据库或数据表。数据清单应遵循以下规则:

(1)是一个二维表,行表示记录,列表示字段,第 1 行为字段名。

(2)数据清单中无空行、空列。

(3)每一行的数据是唯一的。

(4)每一列(字段名)是唯一的,同列的数据类型相同。

(5)当一张工作表中有多张数据清单时,应用空行或空列隔开。

1.导入外部数据

外部数据的来源有多种,最常见的来源有文本和网站数据。

操作要求：

将"病历库.txt"文本内容导入"病历库.xlsx"工作簿的"病历库"工作表中。

操作步骤：

①打开"病历库.xlsx"工作簿,将光标定位在"病历库"工作表的 A1 单元格中。

②在"数据"选项卡点击"导入数据"命令按钮,打开"第一步 选择数据源"对话框,在素材文件夹下选择"病历库.txt"文件,单击"下一步"按钮。

③在"文本导入向导-3 步骤之 1"对话框中,选中"分隔符号"选项,如图 3-3-1 所示,单击"下一步"按钮。

④在"文本导入向导-3 步骤之 2"对话框中,选中分隔符号"Tab 键"复选项,如图 3-3-2 所示,单击"下一步"按钮。

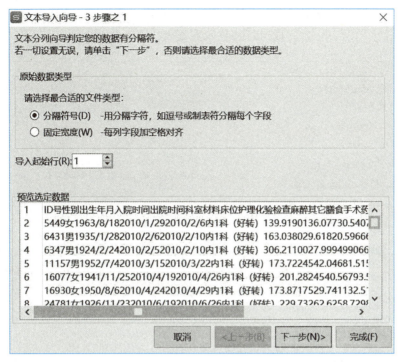

图 3-3-1　文本导入向导-3 步骤之 1

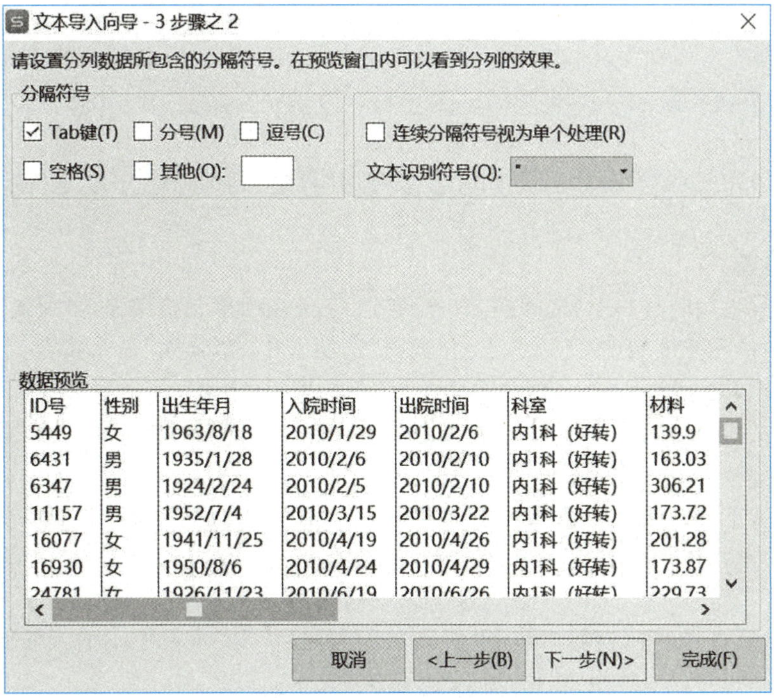

图 3-3-2　文本导入向导-3 步骤之 2

⑤在"文本导入向导-3 步骤之 3"对话框中，选中"ID 号"列，设置列数据格式为"常规"，如图 3-3-3 所示，单击"完成"按钮，导入数据成功。

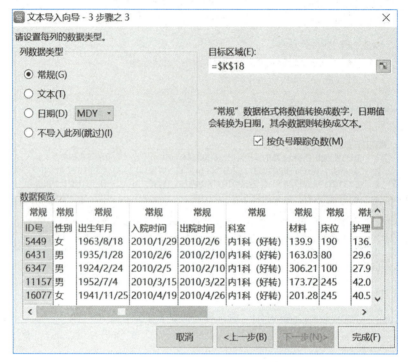

图 3-3-3　文本导入向导-3 步骤之 3

2.分列整理数据

操作要求：

在"病历库.xlsx"文件，"病历库"工作表中将"科室"列的信息分为"科室""疗效"两列显示。

操作步骤：

①在"科室"和"材料"列之间插入一个空白列，在 G1 单元格中输入"疗效"。

②选中单元格区域 F2:F416，点击"数据"选项卡中的"分列"命令按钮，打开"文本分列向导-3 步骤之 1"对话框。选择"分隔符号"单选按钮，单击"下一步"按钮。

③在"文本分列向导-3 步骤之 2"对话框中，选择分隔符号"其他"复选项，并设置为"（"，如图 3-3-4 所示。单击"下一步"按钮。

④在"文本分列向导-3 步骤之 3"对话框中，保持默认值不变，单击"完成"按钮。

⑤选中单元格区域 G2:G416，在"开始"选项卡单击"查找→替换"，打开"替换"对话框。

⑥在对话框中，将"查找内容"设置为"）"，"替换为"文本框中不输入任何字符，如图 3-3-5 所示，单击"全部替换"按钮，所有"）"消失。

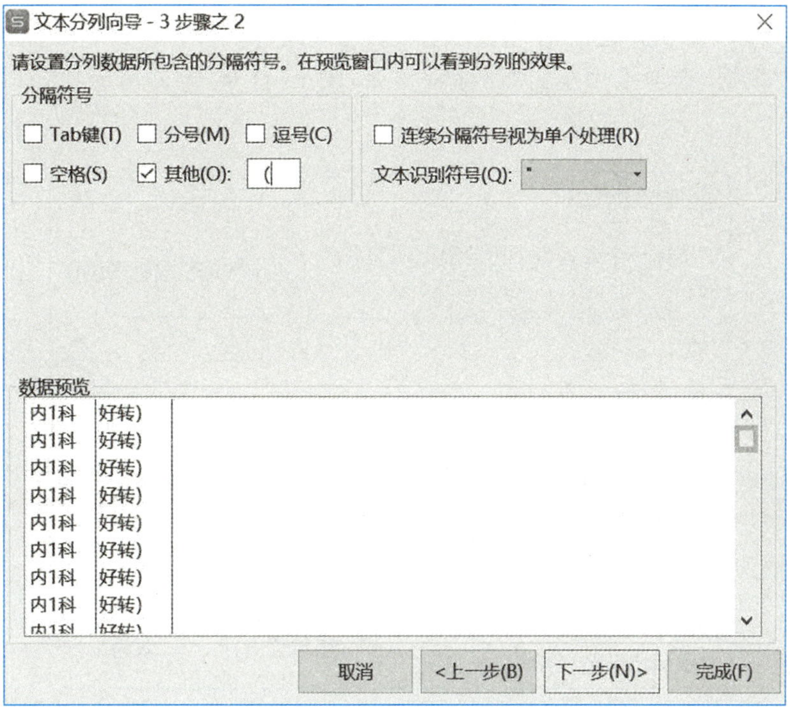

图 3-3-4　文本分列向导-3 步骤之 2

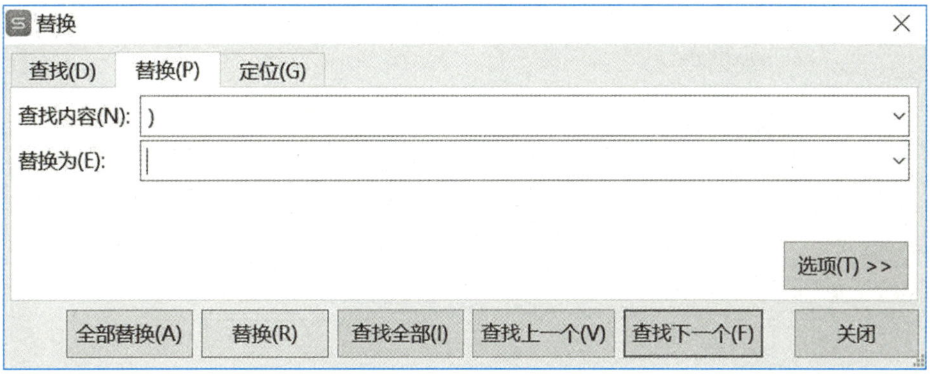

图 3-3-5　"替换"对话框设置

TIP：

在查找和替换中注意输入符号的中英文区别，此案例中的括号是中文标点的括号。

3.清除重复数据

若表格中的原始数据有重复记录，此时可以使用"数据"选项卡中"删除重复项"命令，快速将相同数据删除。

操作要求：

将"病历库"工作表中重复的记录删除。

操作步骤：

(1)在"病历库"工作表中，单击任一有效数据单元格。

(2)在"数据"选项卡中单击"删除重复项"按钮，打开"删除重复项"对话框。如图 3-3-6所示。

图 3-3-6　删除重复项对话框设置

(3)默认为全部选中，单击"确定"按钮，删除了重复值。如图 3-3-7 所示。

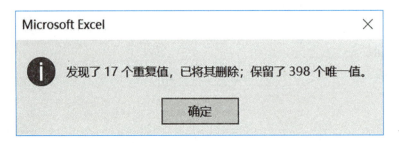

图 3-3-7　删除重复项提示

TIP：

删除重复数据的方法有很多种，常用的有两种。除了上述利用"删除重复项"按钮实现外，还可以通过条件格式标注重复项，然后手工实现删除。

3.3.2 数据排序

排序是指按指定的字段值重新调整记录的顺序，这个指定的字段称为排序关键字。对数据进行排序有助于快速直观地显示数据并更好地理解数据。

排序方式有升序和降序两种。按升序排序时，数字按从小到大、文本按拼音字母顺序、日期按从早到晚排序;降序排序时,除了空白单元格总是在最后外,其他的排序相反。

　　对某列进行排序时,只需单击该列中任一单元格,而不用全选该列。否则,排序将只发生在选定列,其他列数据保持不变,这样可能会破坏原始工作表的数据结构,造成数据错行。

1.单关键字排序

操作要求:

在"病历库.xlsx"文件"单关键字排序"工作表中,按出院时间进行升序排列。

操作步骤:

①在"单关键字排序"工作表中,单击"出院时间"列任意单元格。

②在"数据"选项卡中单击"升序"按钮 ↓。

微课
数据的
排序

2.多关键字排序

多关键字排序是指按照两个以上的关键字排序,对选定的数据区域进行排序的方法。需要打开"排序"对话框进行设置。

多个关键字进行排序时,先按主要关键字排序,对于主要关键字相同的记录,再按次要关键字排序,依此类推。

操作要求:

在"病历库.xlsx"文件,"多关键字排序"工作表中,以"科室"列作为主要关键字升序排序,"总费用"列作为次要关键字降序排序。

操作步骤:

①在"多关键字排序"工作表中,单击数据区域的任意单元格。

②在"数据"选项卡中单击"排序"命令按钮,打开"排序"对话框。

③在"主要关键字"下拉列表框中选择"科室",在"次序"下拉列表框中选择"升序"。

④单击"添加条件"按钮,添加次要关键字,在"次要关键字"下拉列表框中选择"总费用",在"次序"下拉列表框中选择"降序",如图 3-3-8 所示。单击"确定"按钮。

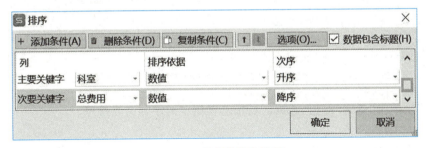

图 3-3-8　排序关键字设置

3.自定义排序

自定义排序是指对选定的数据区域按用户定义的顺序进行排序。

操作要求:

在"自定义排序"工作表中,将"疗效"列接指定次序"治愈、好转、无效、其它"排序。

操作步骤：

①在"自定义排序"工作表中，单击数据区域任一单元格。

②在"数据"选项卡中单击"排序"命令按钮，打开"排序"对话框。在"主要关键字"下拉列表框中选择"疗效"，在"次序"下拉列表框中选择"自定义序列"选项，打开"自定义序列"对话框。

③在"输入序列"列表框中输入排序序列。每输入一行完成后按 Enter 键确认，输入结束后单击"添加"按钮，序列被添加到"自定义序列"列表框中。如图 3-3-9 所示。

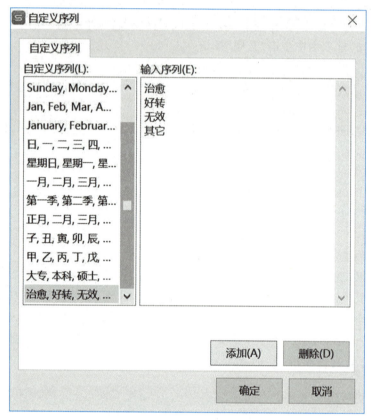

图 3-3-9 自定义序列添加

④依次单击"确定"按钮，数据区域按上述指定的序列完成排序。

3.3.3 数据筛选

数据筛选是指暂时把不需要的数据隐藏起来，只显示符合条件的数据。电子表格软件提供了自动筛选和高级筛选两种功能，可以快速地从大量数据中找出需要的信息。筛选的过程中存在着两种逻辑关系：与和或。

与：用英文单词 and 表示，可以理解为"而且"，如 A、B 为两个条件，A 与 B，则表示 A 和 B 两个条件同时满足。举一个通俗的例子，同学想让你去楼下代买水果，她这样对你说：“我要梨与苹果”，则表示她梨和苹果都想要。

　　或：用英文单词 or 表示，可以理解为“或者”，如 A、B 为两个条件，A 或 B，则表示只 A 条件成立或只 B 条件成立，再或者 A 和 B 两个条件同时成立，再如上述买水果的例子，如果同学这样对你说：“我想要梨或苹果”，则表示她只要梨也可以，只要苹果也可以，或者梨和苹果都要也可以。“自动筛选”筛选多个条件时，这多个条件之间的关系是“与”关系。而在高级筛选中即可以实现与关系，也可以实现或关系。

1.自动筛选

操作要求：

在“自动筛选”工作表中，筛选“男”“总费用大于 9000”的患者记录。

操作步骤：

①在“自动筛选”工作表中，单击数据区域任意单元格。

②在“数据”选项卡中单击“自动筛选”按钮，表格中的每个列标题的右边将显示“自动筛选箭头”按钮。

③单击“性别”字段名右侧的“自动筛选箭头”按钮，从下拉列表中撤销选中“全选”复选框，并选中“男”复选框，如图 3-3-10 所示。单击“确定”按钮。

图 3-3-10　设置自动筛选条件

④单击"总费用"字段名右侧的"自动筛选箭头"按钮，从下拉列表中选择"数字筛选→大于"，打开"自定义自动筛选方式"对话框。设置总费用"大于""9000"，如图 3-3-11 所示。单击"确定"按钮，获得符合条件的数据。

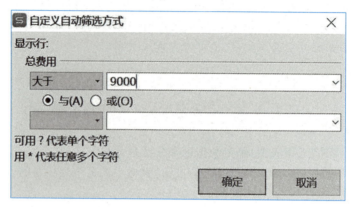

图 3-3-11　自定义自动筛选方式

TIP：

如果要取消对某一列的筛选，只要单击该列旁的筛选按钮，在弹出的下拉菜单中选择"从'××××'中清除筛选"命令（其中"××××"为列标题）。

如果要退出自动筛选状态，只要在"数据"选项卡中单击"自动筛选"按钮即可。

微课
数据的高
级筛选

2.高级筛选

自动筛选能对某列数据进行"与"和"或"条件的筛选，不同列之间进行的是"与"关系的筛选，不能进行"或"关系的筛选，而高级筛选可实现同列之间的多条件及不同列之间的"或"关系的筛选。

高级筛选涉及三个区域：数据区域、条件区域及结果区域。数据区域，即列表区域，是被筛选数据的区域，即高级筛选的数据源；结果区域为筛选结果存放的数据区域，在"高级筛选"对话框的"复制到"文本框中进行设置；条件区域是筛选条件放置的区域。建立高级筛选的条件区域要注意以下几点：

（1）条件区域和数据区域要有空行或者空列进行间隔。

（2）条件区域中使用的列标题必须与数据区域中的列标题完全相同，最好从数据区域复制得到。

（3）对于复合条件，遵循的原则为在同一行表示条件之间的逻辑"与"关系，在不同行表示逻辑"或"关系。

高级筛选步骤如下：

步骤1：建立条件区域；

步骤2：执行"高级筛选"命令。

操作要求：

用"高级筛选"筛选出 2010 年 2 月前入院就诊的女患者和 2010 年 11 月后入院就诊的男患者的信息。并将结果复制到以 V8 开始的单元格区域中。

条件分析：在进行高级筛选时，我们要先对条件进行分析，主要分析哪些条件之间是"与"关系，哪些条件之间是"或"关系，这样，我们在设置条件区域时，与关系的条件写在同一行，或关系的条件写在不同行。在这个题目中，有 4 个条件，它们之间的关系如图 3-3-12所示。

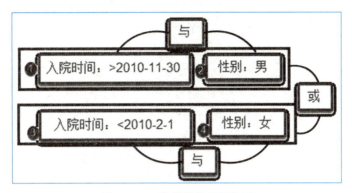

图 3-3-12　条件间关系的分析

操作步骤：
①在"高级筛选"工作表 V2：W4 区域中建立筛选条件，如图 3-3-13 所示。

性别	入院时间
男	>2010-11-30
女	<2010-2-1

图 3-3-13　指定高级筛选条件

②单击数据区域的任一单元格，在"数据"选项卡中单击"筛选"功能组右下角的对话框启动器（更高的 WPS Office 版本中选择"筛选"命令右边的下拉按钮，在弹出的菜单中，选择"高级筛选"命令），可弹出"高级筛选"对话框

③在"方式"中选择"将筛选结果复制到其他位置"选项，在"列表区域"框中，自动指定进行高级筛选的区域"＄A＄1：＄T＄399"。

④将光标定位在"条件区域"框中，拖动鼠标选择条件区域"＄V＄2：＄W＄4"。

⑤将光标定位在"复制到"框中，鼠标单击"高级筛选"工作表中的"＄V＄8"单元格，如图 3-3-14 所示。

⑥单击"确定"按钮，筛选结果将显示在 V8 开头的单元格区域中。筛选结果可参考"病历库—样文.xlsx"。

TIP：

在"高级筛选"对话框中，如果选中"在原有区域显示筛选结果"，则筛选结果显示在原有区域。

选择不重复的记录：这个选项默认是取消勾选的状态，如果勾选这个复选框，则剔除重复值。

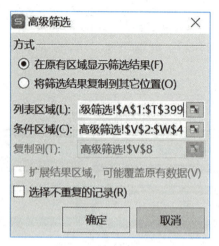

图 3-3-14　高级筛选对话框

微课
分类汇总

3.3.4 分类汇总

分类汇总是指按数据的某一类别以指定的方式进行统计,进而快速将大型表格中的数据进行汇总与分析,获得所需的统计结果。其本质是分组统计。

分类汇总步骤如下:

步骤 1:排序(主要目的是对数据进行分类)。

步骤 2:执行"分类汇总"命令。

操作要求:

在"分类汇总"工作表中,对各科室患者的总费用进行平均值汇总。

操作步骤:

①在"分类汇总"工作表中,单击"科室"列任意单元格。

②对表格中的记录按照科室的升序进行排序。

③在"数据"选项卡中单击"分类汇总"按钮,打开"分类汇总"对话框。

④设置分类字段为"科室",汇总方式为"平均值",选定汇总项为"总费用",如图 3-3-15 所示,单击"确定"按钮。

单击屏幕左边的显示级别"2"按钮,显示分类汇总结果,如图 3-3-16 所示。

TIP:

显示级别中的"1"指的是显示总汇总项,不显示分类汇总和明细;"2"指的是显示分类汇总,不显示明细;"3"指的是显示全部内容。

删除分类汇总:将光标置于数据区域的任意单元格,单击"数据"选项卡"分级显示"功能组中"分类汇总"按钮,打开"分类汇总"对话框,单击"全部删除"按钮。该操作是不可逆的,无法通过"撤销"命令来恢复。

复制分类汇总的结果:通过分级显示按钮,仅显示需要复制的结果。按 F5 键,打开"定位"对话框,单击"定位条件"命令按钮,打开"定位条件"对话框,选中"可见单元格"单

图 3-3-15　分类汇总对话框

ID号	性别	出生年月	入院时间	出院时间	科室	疗效	材料	床位	护理	化验	检查	麻醉	其它	膳食	手术	药品	血费	治疗	总费用
					内1科 平均值														7673.03
					内2科 平均值														6009.746
					内3科 平均值														5187.494
					外1科 平均值														5827.801
					外2科 平均值														6310.069
					外3科 平均值														7671.119
					总平均值														6710.924

图 3-3-16　科室平均总费用分类汇总结果

选按钮后,单击"确定"命令按钮,此时,可见数据处于选中状态。按 Ctrl＋C 组合键将其复制到剪贴板中,在目标区域中按 Ctrl＋V 组合键完成粘贴操作。

3.3.5 数据透视表

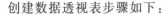

数据透视表有机综合了数据排序、筛选、分类汇总等数据处理分析功能,仅靠鼠标拖动字段位置,就能变换出各种类型的分析报表,实现快速分类汇总,是电子表格软件中功能最强的数据分析工具。

创建数据透视表步骤如下:

步骤 1:选择要分析的数据。

步骤 2:选择要放置数据表的位置。

步骤 3:拖动字段进行数据分析。

操作要求:

以"数据透视表"工作表中的数据为基础,在新工作表中使用数据透视表统计各科室

微课
数据透
视表

中不同性别患者的平均总费用。

操作步骤：

（1）单击"数据透视表"工作表数据区域的任一单元格，在"数据"选项卡中单击"数据透视表"命令按钮，打开"创建数据透视表"对话框。

（2）电子表格软件自动选中"选择一个表或区域"单选按钮，并在"表/区域"文本框中自动填入数据区域。在"请选择放置数据透视表的位置"中点击"新工作表"单选按钮，如图 3-3-17 所示。

图 3-3-17　创建数据透视表

　　(3)单击"确定"按钮,进入透视表设计环境。从"选择要添加到报表的字段"列表框中,将"科室"字段拖动到"行标签"框中,将"性别"字段拖动到"列标签"框中,将"总费用"字段拖动到"数值"框中,如图 3-3-18 所示。

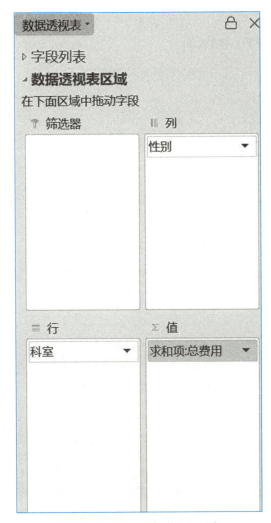

图 3-3-18　数据透视表字段列表

　　(4)单击"值"框中的"求和项:总费用",在菜单中选择"值字段设置"命令,打开"值字段设置"对话框,从"汇总方式"列表框中选择"平均值"选项,单击"确定"按钮。如图 3-3-19所示。

　　(5)单击"确定"按钮,透视表创建如图 3-3-20 所示。

TIP:

　　在创建数据透视表后,将光标定位在数据透视表中,即可看到电子表格软件的功能区出现了浮动的选项卡"分析"与"设计"选项卡。利用这两个选项卡中的命令,可以完成对数据透视表的各种相关操作。

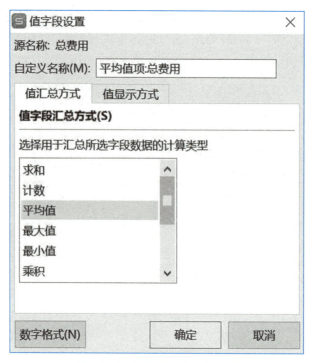

图 3-3-19　值字段汇总方式设置

平均值项:总费用	性别		
科室	男	女	总计
内1科	8052.8268	7241.443182	7673.030213
内2科	6005.311154	6017.697931	6009.745926
内3科	5210.927727	5113.844286	5187.493793
外1科	5670.987115	6099.613	5827.801463
外2科	6161.165	6496.19875	6310.068889
外3科	7593.968548	7731.668101	7671.119362
总计	6527.203094	6945.038057	6710.924497

图 3-3-20　用透视表统计各科室不同性别平均总费用

1."分析"选项卡（如图 3-3-21 所示）

图 3-3-21　"数据透视表工具/分析"选项卡

（1）可以调出"数据透视表选项"对话框，可以设置分页显示报表筛选页。

（2）可以对活动字段进行展开和折叠操作，可以调出"字段设置"对话框进行相关设置。

（3）可以对数据透视表进行手动分组的操作，可以取消数据透视表中存在的组合项，可以对日期或数字字段进行自动组合。

（4）可以对所选内容进行升序或降序排序，可以调出"排序"对话框进行设置，还可以调出"切片器"对话框使用切片器功能。

（5）可以进行刷新数据透视表和更改数据透视表数据源的操作。

（6）可以清除数据透视表字段和已经设置好的报表筛选，可以选择数据透视表中的数据，还可以改变数据透视表在工作簿中的位置。

（7）可以设置数据透视表数据区域字段值的汇总方式和显示方式，还可以插入计算字段、计算项和集管理。

（8）可以创建数据透视图。

（9）可以开启或关闭"数据透视表字段列表"对话框，可以展开或折叠数据透视表中的项目，还可以设置显示或隐藏数据透视表行、列字段标题。

2."设计"选项卡（如图 3-3-22 所示）

（1）可设置分类汇总的显示位置或将其关闭；开启或关闭行、列的总计；设置数据透视表的显示方式；在每个项目后插入或删除空行等。

图 3-3-22　"数据透视表工具/设计"选项卡

（2）可设置将行字段标题和列字段标题显示为特殊样式，可对数据透视表中的奇偶行和奇偶列应用不同颜色相间的样式。

（3）可对数据透视表应用内置样式，可自定义数据透视表样式，还可以清除已经应用的数据透视表样式。

3.4　图表制作

使用图表可以更加清晰、直观和生动地展现表格中各个数据之间的复杂关系，更易于理解和交流，也起到美化表格的作用。图表的操作包括了创建图表、编辑图表和美化图表。

3.4.1 图表的类型和组成

1.图表类型

电子表格软件中提供了 15 种以上类型的图表，每种图表类型中又提供了包含二维、三维在内的若干子类型。表 3-4-1 是常见图表类型，不同的图表类型展示了不同的数据间的关系。

表 3-4-1　常用图表类型

图表名	形状	反映的数据关系
柱形图		显示一段时间内的数据变化或者显示各项之间的比较情况。
饼图		显示各部分在整体中的构成，每一个扇区表示一个数据系列，扇区面积越大，表示占比越高。使用饼图时需要注意选取的数值应没有负值和零值。
折线图		适用于显示某段时间内数据走势或变化趋势。
条形图		用于反映不同项目之间的对比情况。与柱形图相比，条形图更适合于展现排名或用于分类名称较长的数据。

2.图表的组成

虽然图表的种类有多种，但每一种图表绝大多数的组件都是相同的。完整的图表包含图表区、绘图区、图表标题、图例、数据系列、水平(类别)轴、垂直(数值)轴等，如图 3-4-1 所示。

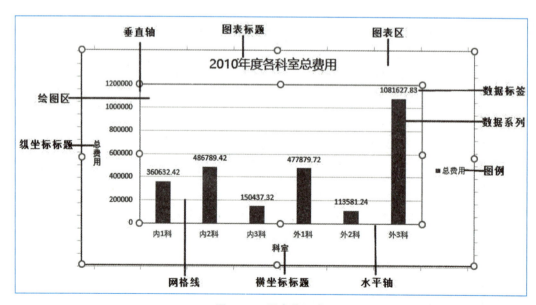

图 3-4-1　图表的组成

(1)图表区：放置图表及其他元素的大背景，主要包括所有的数据信息以及图表说明信息。

（2）绘图区：以坐标轴为界的矩形区域，包含网格线、数据系列和坐标轴等，它是图表最重要的部分。

（3）图表标题：用来说明图表内容的文本。

（4）图例：图表中代表着不同数据系列的标识。

（5）数据系列：图表中绘制的相关数据点，这些数据源于表格的行或列，当图表中一个数据系列有多个数据时，数据系列以不同的颜色和图案加以区别。

（6）坐标轴：电子表格软件中坐标轴分为水平轴（类别轴）和垂直轴（数值轴）。

（7）网格线：图表中从坐标轴刻度线延伸开来并贯穿整个绘图区的可选线条系列。

3.4.2 图表创建

微课
制作饼图
和柱形图

图表是数据的直观反映，因此选择合适的数据和图表类型是绘制图表的关键。不同的图表类型可以展示不同的数据关系。选取图表类型时，要先分析数据之间的关系，再选择合适的图表类型。

操作要求：

在"绘制图表.xlsx"工作簿的"各科室总费用"工作表中，根据各科室的总费用分别制作相应的柱形图和饼图。

操作步骤：

①在"各科室总费用"工作表中，选中数据区域 A3∶B9。

②在"插入"选项卡"图表"功能组中选择"插入柱形图"右侧的下拉按钮，选择"簇状柱形图"创建图表，如图 3-4-2 所示。

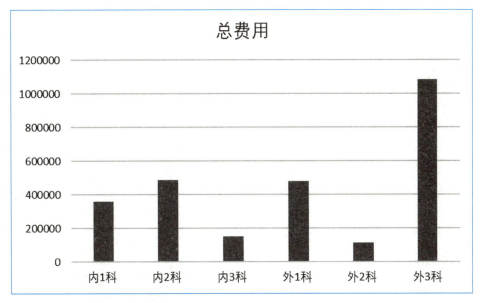

图 3-4-2　默认生成的"簇状柱形图"

③再次选中数据区域 A3：B9。在"插入"选项卡"图表"功能组中选择"饼图或圆环图"右侧的下拉按钮，选择"二维饼图"中的"饼图"，创建饼图图表，如图 3-4-3 所示。

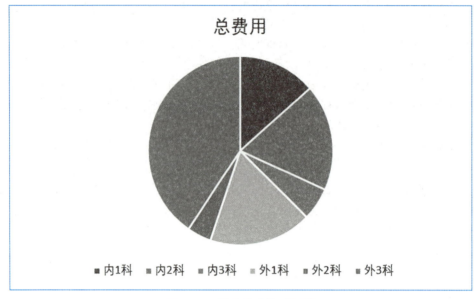

图 3-4-3　默认生成的"饼图"

比较图 3-4-2 和图 3-4-3 可以发现，柱形图能较清晰地表现各科室总费用的对比关系；而饼图能更清晰地表现出各科室总费用在全部门中所占的比例。

TIP：

（1）数据区域的选择应包含数据项及其对应的列标题。

（2）为图表选择数据源时，如果选择不连续区域，应该在选择的同时按 Ctrl 键。

微课
图表元素
的编辑

3.4.3 图表各元素编辑

图表创建完成后，需要增加或删除图表的元素，使其更加美观完善。图表的元素的编辑主要通过"图表工具→添加元素"来实现。如图 3-4-4 所示。对各个元素进行更加详尽的编辑可通过"图表工具→图表元素"功能组中的相关命令实现（图 3-4-5）。比如设置垂直轴的格式，可单击"图表元素"命令右侧的下拉按钮，在弹出的列表框中选择"垂直（值）轴"，再单击"设置所选内容格式"命令，在窗口的右侧分弹出"设置坐标轴格式"窗格进行相应的设置。

1.图表的大小及位置调整

操作要求：

将上述所生成的簇状柱形图及饼图适当调整大小，分别放置在适当的位置。

操作步骤：

①选中柱形图，将鼠标移至图表边框或图表空白处，当鼠标形状变为四向箭头 ✛ 时按鼠标左键拖动，调整图表位置至适当的位置。

图 3-4-4　"添加元素"命令

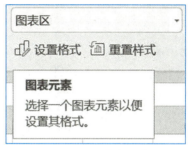

图 3-4-5　设置各元素

②选中图表区,将鼠标移至图表右下角边框的控制点上,当鼠标变成双向箭头时,拖动鼠标调整图表大小。

③饼图大小及位置调整参照步骤①②。

TIP:

移动图表位置分为在当前工作表中移动和在工作表之间移动两种情况。如果在当前工作表内移动,只要单击图表区并按住鼠标左键进行拖曳。如果要将图表从工作表 Sheet1 移动到 Sheet2,则选中图表,在图表工具选项卡中单击"移动图表"按钮,打开"移动图表"对话框,在对话框的"选择放置图表的位置"的"对象位于"下拉列表框中选择 "Sheet2",如图 3-4-6 所示,单击"确定"按钮。

图 3-4-6　移动图表对话框

2.图表元素的设置

操作要求：

将柱形图表的标题修改为"2010 年度各科室总费用"，并添加横坐标标题"科室"和纵坐标标题"总费用"，并将"总费用"的文字方向设置为"竖排"；再为图表添加右侧图例。如图 3-4-7 所示。

操作步骤：

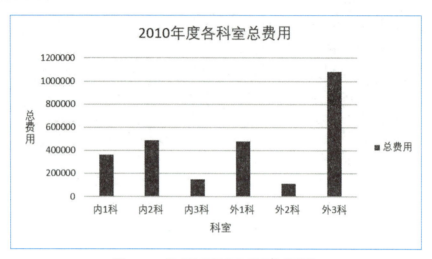

图 3-4-7　修改柱形图各标题元素的效果

①选中图表标题，在文本框中输入"2010 年度各科室总费用"。

②在"图表工具"选项卡中，单击"添加元素"命令的下拉按钮，在弹出的下拉菜单中选择"轴标题→主要横坐标轴"，在文本框中输入"科室"。

③在"图表工具"选项卡中，单击"添加元素"命令的下拉按钮，在弹出的下拉菜单中选择"轴标题→主要纵坐标轴"，在文本框中输入"总费用"。

④在"图表工具→图表元素"中，单击"图表元素"命令右侧的下拉按钮，在弹出的下拉菜单中选择"垂直（值）轴标题"。此时"总费用"处于选中状态，接下来单击"设置格式"命令，在窗口的右侧弹出"属性"窗格，依次选择"文本选项→文本框→对齐方式→文字方向→竖排"。如图 3-4-8 所示。

⑤在"图表工具"选项卡中，单击"添加元素"命令的下拉按钮，在弹出的下拉菜单中选择"图例→右侧"。

TIP：

选中"总费用"文本框，当鼠标变为四向箭头时双击左键，可直接弹出"属性"窗格。

操作要求：

将饼图的标题修改为"2010 年度各科室总费用分布"、取消图例，以百分比的形式显示数据标签及类别名称并显示引导线，效果如图 3-4-9 所示。

操作步骤：

①单击图表标题"总费用"，修改为"2010 年度各科室总费用分布"。

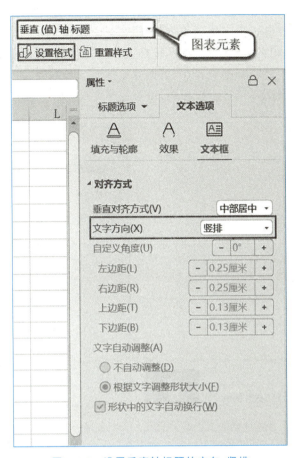

图 3-4-8　设置垂直轴标题的方向：竖排

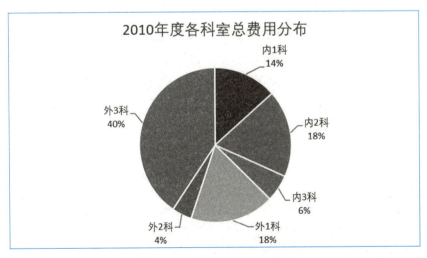

图 3-4-9　修改饼图元素的效果

②选中饼图图表,在"图表工具"选项卡中,单击"添加元素"命令的下拉按钮,在弹出的菜单中选择"数据标签→更多选项……"如图 3-4-10 所示。

③在窗口右侧弹出的"属性"窗格中,选择"标签",如图 3-4-11 所示。分别勾选:类别名称、百分比、显示引导线;标签位置在"数据标签外"。

④适当拖动数据标签,可显示引导线,设置完毕之后,关闭"设置数据标签"窗格。

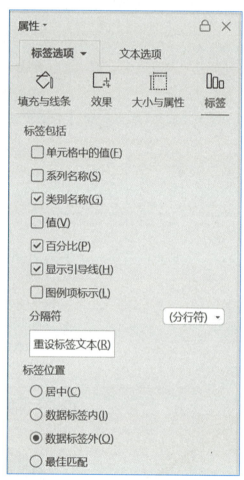

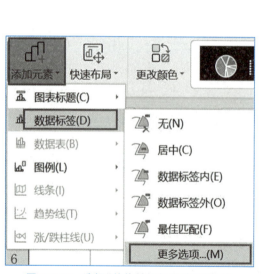

图 3-4-10　选择"其他数据标签选项"命令　　　图 3-4-11　"设置数据标签格式"窗格

⑤单击"添加元素"命令的下拉按钮,在弹出的菜单中选择"图例→无"。

3.坐标轴格式设置

操作要求:

将垂直轴的线型设置为实线;修改柱形图图表垂直轴的数字的主要刻度为 300000,刻度线类型为"外部",将垂直轴上的数字格式设置为数字类型,小数位数 2 位。水平轴的线型设置为实线;绘图区的边框设置为实线;取消横网格线。效果如图 3-4-12 所示。

操作步骤:

①选中柱形图图表中的垂直轴,并双击垂直轴,在窗口右侧弹出"属性"窗格,在这个

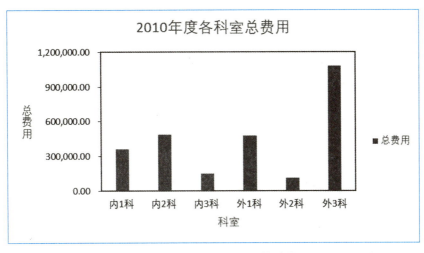

图 3-4-12　修改柱形图坐标轴的效果

窗格中依次选择"坐标轴选项→填充与线条→线条→实线",并将线图颜色设置为黑色。
如图 3-4-13 所示。

图 3-4-13　设置垂直轴的线型

②选中水平轴依照步骤(1)的方法设置水平轴的线型。

③在"设置坐标轴格式"窗格中,依次选择"坐标轴选项→坐标轴选项→数字",将"单位"中的"主要"设置为"300000";在"刻度线"的"主要类型"中选择"外部":在数字类别中设置为"数字",小数位数为2位。如图3-4-14所示。

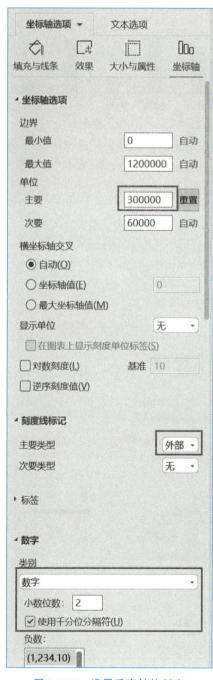

图 3-4-14　设置垂直轴的刻度

④选中绘图区，当鼠标指针变为 ↖ 形状时，双击鼠标，在窗口右侧弹出"属性"窗格，依次选择"绘图区选项→填充与线条→线条→实线"，并将线条色设置为黑色。

⑤在"图表工具"选项卡中单击"添加元素"命令右侧的下拉按钮，在弹出的下拉菜单中选择"网格线"命令，取消"主轴主要水平网络线"的选中状态。

3.4.4 图表的美化

微课
图表的美化

图表的美化可以在图表各元素的"属性"窗格中完成。对图表的美化应以简洁为主，忌过多的花哨修饰。

图表美化的主要命令介绍：

(1)图表样式：已设置好图表各个元素的格式，根据需要应用即可。

(2)切换行列：交换坐标轴上的数据，标在 X 轴的上数据将移动到 Y 轴上，反之亦然。

(3)选择数据：更改图表中包含的数据区域。

(4)更改类型：将当前的图表类型更改为其他图表类型。

(5)移动图表：将当前图表移动到其他工作表中。

图表工具还可对图表中选中的元素进行线型、填充色、文本等格式的设置。

操作要求：

将柱形图图表的标题、纵坐标、横坐标的文字字体设置为"微软雅黑"。为图表设置"细微效果—浅绿，强调文字颜色 6"的形状样式；将数据系列的填充色设置为"巧克力黄，着色 2"。效果如图 3-4-15 所示。

操作步骤：

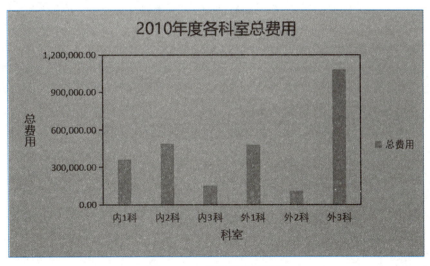

图 3-4-15　美化后的柱形图

①选中图表标题，在"开始"选项卡的"字体"功能组中选择字体为"微软雅黑"。用相同的方法分别设置横坐标及纵坐标标题。

②选中图表区，在"绘图工具"选项卡中的"形状样式"命令中，单击 ▼ 按钮，在弹出的列表框中，选择"细微效果—浅绿，强调文字颜色6"的形状样式。

③选中图表中的数据系列，在"绘图工具"选项卡的"填充"命令中，单击"填充"的下拉按钮，选择"巧克力黄，着色2"。

操作要求：

将饼图表标题设置为"黑体"；应用形状样式：彩色轮廓—浅绿，强调颜色6；形状效果为：阴影→外部→右下斜偏移，三维旋转→透视→前透视。效果如图3-4-16所示。

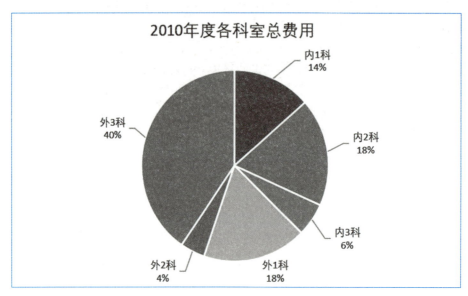

图3-4-16　美化后的饼图

①选中图表标题，在"开始"选项卡的"字体"功能组中选择字体为"黑体"。

②选中图表，在"绘图工具"选项卡，应用"形状样式"中的"彩色轮廓—绿色，强调颜色6"。

③选中图表，在"绘图工具"选项卡，单击"形状效果"右侧的下拉按钮，在弹出的下拉菜单中设置阴影效果及三维旋转效果。

3.4.5 迷你图表

在电子表格软件中，我们可以把一行的数据生成一个图表放在一个单元格中，这种图表就叫迷你图。迷你图可以对一行中一系列的数据进行数据比较和趋势分析，类型包括折线图、柱形图和盈亏图。

操作要求：

在"绘制图表.xlsx"中的"迷你图表"工作表中，根据各科室药品、膳食、化验、护理、材料、床位等费用情况创建迷你图表。

操作步骤：

①在"迷你图表"工作表中，将当前单元格定位在H4单元格。

②选择"插入"选项卡,在"迷你图"右边下拉按钮弹出的菜单中,单击"折线图"命令,弹出"创建迷你图"对话框,设置参数如图 3-4-17 所示。单击"确定"命令按钮。

③在"迷你图工具→标记颜色→标记"中选择标准色红色。

④拖动 H4 单元格右下角的填充柄,完成其余迷你图表的设置。如图 3-4-18 所示。

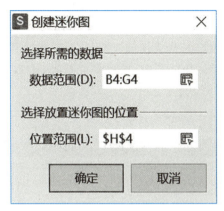

图 3-4-17　"创建迷你图"对话框

各科室常用费用使用情况						
	内1科	内2科	内3科	外1科	外2科	外3科	
药品	241134.09	294837.3	104885	197569.8	49131.71	218934	
膳食	3897.54	2578.06	744.67	3995.77	1335.83	5932.05	
化验	38424.5	54266	22655	46035	10939	71990	
护理	3131.75	3637.96	1178.8	3211.68	2982.76	5312.82	
材料	9760.82	22458.83	3449.18	42538.89	11003.72	469630.5	
床位	11468.69	10326.44	2201.52	19329.77	3470.04	15638.47	

图 3-4-18　迷你图表设置样表

> **TIP:**
>
> 若想删除迷你图表,选择"迷你图工具"选项卡的清除命令中的相应选项。

3.5　其他常用函数简介

1.VLOOKUP 函数

VLOOKUP 函数是一个在工作中比较常用的函数,是一种查找函数,可以大大提高工作的效率,接下来对它的功能以及四个参数进行介绍。

功能:在表格的首列查找指定的数值,并返回表格当前行中指定列处的数值。

语法规则:VLOOKUP(查找值,数据表,列序数,匹配条件)。

微课
VLOOKUP
函数

解释：VLOOKUP（找谁，在哪里找，第几列，0 或 1）。

查找值：比如根据【学号】来查找【班级】，【学号】就是查找值，且在选定的数据表中要位于第一列。

数据表：查找的数据区域，建议设置为绝对引用，在选定区域后按 F4 键就可以快速切换，就是在行平均列的前面添加 $ 符号，拖动公式时，区域就不会发生改变。

列序数：也就是返回的结果在数据表中位于第几列，包含隐藏的列。

匹配条件：若为 0 或 FALSE 代表精确匹配，1 或 TRUE 代表模糊匹配。

注意：查找值在数据表中多次出现，导致多个结果，函数仅仅会返回第一个找到的结果。

◢	A	B	C	D	E
1	姓名	计算机	英语	数学	总分
2	刘雨	67	90	68	225
3	马强	85	77	67	229
4	王亮	95	65	75	235
5	张芳	76	85	81	242
6	赵艳	81	79	73	233
7	林妹	69	86	69	224
8					
9					
10	姓名	英语			
11	张芳	85			
12	公式：=VLOOKUP(A11, $A$1:$E$7, 3, 0)				

图 3-5-1　VLOOKUP 函数计算示例

微课
SUMIF
函数

2.SUMIF 函数

功能：单条件求和函数，等于是求和函数 SUM 和条件函数 IF 的组合。

语法规则：SUMIF（条件区域，求和条件，求和区域）。

条件区域：用于条件计算的单元格数据区域。每个区域中的单元格都必须是数字或名称、数组或包含数字的引用。空值和文本值将被忽略，需设置绝对引用。

求和条件：用于确定对哪些单元格求和的条件，其形式可以为数字、表达式、单元格引用、文本或函数。例如，条件可以表示为 32、">32"、B5、"苹果"或 TODAY()。

注意：任何文本条件或任何含有逻辑或数学符号的条件都必须使用双引号括起来。如果条件为数字，则无需使用双引号。另外，比较运算符中的"＝"常省略不写。

求和区域：求和的实际单元格区域，需设置绝对引用。

微课
AVER-
AGEIF
函数

3.AVERAGEIF 函数

功能：单条件求平均函数，等于是求平均函数 AVERAGEIF 和函数 IF 的组合装。

语法规则：AVERAGEIF（条件区域，求平均条件，求平均区域）。

条件区域：用于条件计算的单元格区域。每个区域中的单元格都必须是数字或名称、

	A	B	C	D	E	F
1	序号	销售额		小于2000以下的销售额求和		
2	1	1389		5935		
3	2	2400				
4	3	2560		公式=SUMIF($B$2:$B$13,"<2000",$B$2:$B$13)		
5	4	3456				
6	5	4589				
7	6	2367				
8	7	2100				
9	8	3478				
10	9	7894				
11	10	1301				
12	11	1456				
13	12	1789				

图 3-5-2　SUMIF 函数计算示例

数组或包含数字的引用。空值和文本值将被忽略，需设置绝对引用。

求平均条件：用于确定对哪些单元格求平均的条件，其形式可以为数字、表达式、单元格引用、文本或函数。例如，条件可以表示为 32、“>32”、B5、“苹果”或 TODAY()。

注意：任何文本条件或任何含有逻辑或数学符号的条件都必须使用双引号括起来。如果条件为数字，则无需使用双引号。另外，比较运算符中的“=”常省略不写。

求平均区域：求平均的实际单元格区域，需设置绝对引用。

	A	B	C
1	性别	销量	女员工销量的平均值
2	男	1134	5410.666667
3	女	3210	
4	男	3241	
5	女	3211	
6	女	9811	
7	公式=AVERAGEIF(A2:A6,"女",B2:B6)		

图 3-5-3　AVERAGEIF 函数示例

4.SUMIFS 函数

功能：对满足多个条件的函数进行求和。

语法规则：

SUMIFS(求和区域，条件区域 1，条件 1，条件区域 2，条件 2……条件区域 n，条件 n)

5.ABS 函数

功能：返回一个数的绝对值。

语法规则：ABS(求绝对值的表达式或值)

◢	A	B	C	D	E
1	姓名	性别	部门	工资	药学系女教师的工资
2	刘雨	男	药学系	8621	
3	马强	女	药学系	8946	
4	王亮	男	药学系	8159	17426
5	张芳	女	护理系	9778	
6	赵艳	男	检验系	9132	
7	林妹	女	药学系	8480	
8					
9	sumifs函数=SUMIFS(D2:D7,C2:C7,C2,B2:B7,B3)				
10					

图 3-5-4　SUMIFS 函数计算示例

◢	A	B	C	D
1	刘红身高	王玲身高	身高差	
2	171	163	8	
3	公式=ABS(A2-B2)			
4				

图 3-5-5　ABS 函数计算示例

6.IF＋AND＋OR 函数

AND(条件 1,条件 2,…,条件 n),所有的条件都为真时才返回真,当在 IF 函数中作为一个条件时,为真时取第一个值,否则取第二个值。

OR(条件 1,条件 2,…,条件 n),所有条件为假时才返回假,只要有一个条件为真则返回真。当在 if 函数中作为一个条件时,为真是取第一个值,否则取第二个值。

◢	A	B	C	D	E	F
1	姓名	生理	解剖	if	and	or
2	刘雨	67	90	及格	及格	及格
3	马强	85	77	及格	及格	及格
4	王亮	55	59	补考	补考	补考
5	张芳	76	58	及格	补考	及格
6	赵艳	81	79	及格	及格	及格
7	林妹	69	86	及格	及格	及格
8	if函数=IF(B2>=60,"及格","补考")					
9	and函数=IF(AND(B2>=60,C2>=60),"及格","补考")					
10	or函数==IF(OR(B2>=60,C2>=60),"及格","补考")					

图 3-5-6　AND、OR 函数计算示例

7.TEXT 函数

功能：将指定的数字转化为特定格式的文本。

语法规则：TEXT(字符串，转化的格式)

◢	A	B	C	D	E	F
1	日期	年	月	日		
2	1956-10-23	1956	10	23		
3	1968-9-25	1968	09	25		
4	1983-11-24	1983	11	24		
5	2010-3-15	2010	03	15		
6		公式=TEXT(A2,″yyyy″)	公式=TEXT(A2,″mm″)	公式=TEXT(A2,″d″)		
7		yyyy表示取4位年分	mm:年分用2位表示	d:表示日的意思		
8		yy表示取年份后两位	m:年份用1位表示			
9	日期	星期	星期（英文）	年月日-星期		
10	1956-10-23	星期二	Tuesday	1956年10月23日星期二		
11	1968-9-25	星期三	Wednesday	1968年9月25日星期三		
12	1983-11-24	星期四	Thursday	1983年11月24日星期四		
13	2010-3-15	星期一	Monday	2010年3月15日星期一		
14		公式=TEXT(A2,″aaaa″)	公式=TEXT(A2,″dddd″)	公式=TEXT(A10,″yyyy年m月d日aaaa″)		
15		aaaa是中文星期的意思	dddd是中文星期的意思			

图 3-5-7　TEXT 函数计算示例

3.6　本章小结

本章以工作表的制作、表中数据的计算、数据的管理与分析以及数据的图表化展示为顺序，介绍了电子表格软件的基本概念、操作方法和技巧。

在电子表格软件中有很多快速输入数据的技巧，如填充柄的使用，熟练掌握这些技巧可以提高输入速度。对制作好的表格可以进行各种格式化操作使之更加美观，包括：字体格式、对齐方式、各种类型数据格式化、表格边框与底纹、行高列宽、表格样式设置等。

在电子表格软件中经常会涉及大量的数据计算，利用公式和函数可以快速获得计算结果。公式必须以"＝"开始。常用函数有 SUM、AVERAGE、MAX、MIN、COUNT、COUNTA、COUNTIF、COUNTIFS、IF 等。涉及单元格引用时，要注意区分绝对引用、相对引用和混合引用使用的场合。

在电子表格软件中数据分析工具包括排序、筛选、分类汇总和数据透视表等，其中数据透视表具有超强的分组统计功能，是最重要的数据分析工具。

图表可以清晰、直观、生动地表现数据之间的关系及数据变化趋势。常见的图表类型有柱形图、折线图、饼图、条形图等，选择合适的图表是数据展示的关键。对图表的操作主要包括：图表创建、图表修改与美化。

3.7 课后实训

3.7.1 美化工作表

（1）打开单元 3 素材文件夹下的"美化工作表.xlsx"，中的 sheet1 工作表做如下操作：

①设置标题行高为 30。

②删除空列"E"列。

③在第 5 行下插入：草莓 76.56　1　0.2　7.1。

④设置 C、D、E、F 列的列宽为 10。

⑤将单元格 B2:F2 合并，并设置单元格对齐方式为居中；设置字体为方正姚体，字号为 18 磅，底纹设置为主题颜色中的紫色。

⑥将单元格区域 B3:F9 的对齐方式设置为居中。

⑦将表格的数字保留 1 位小数位数。

⑧将单元格区域 B3:F3 的底纹设置为橙色。

⑨将单元格区域 B4:C9 的底纹设置为浅绿色。

⑩将单元格区域 D4:F9 的底纹设置为橙色，着色 3，浅色 80％。

⑪将单元格 B2 的下框线设置为黑色粗实线。

⑫将单元格区域 B4:F9 的外侧框线设置为黑色粗实线，内部框线设置为黑色实线。

样表如图 3-7-1 所示。

常食水果营养成分				
食物名称	水份	蛋白质	脂肪	碳水化合物
番茄	95.9	0.8	0.3	2.3
蜜橘	88.4	0.7	0.1	10.0
草莓	76.6	1.0	0.2	7.1
苹果	84.6	0.5	0.6	13.1
香蕉	87.1	1.3	0.6	19.6
梨	91.3	0.6	0.4	15.1

图 3-7-1　样表

（2）打开单元 3 素材文件夹下的"美化工作表.xlsx"，中的 sheet2 工作表做如下操作：

①标题行下方插入一行，设置行高为 8。

②将 7003 一行移到 7002 一行的下方。

③删除 7007 一行上方的一行空行。

④调整第"C"列的宽度为 12。

⑤将单元格区域 B2：G2 合并居中；设置字体为方正姚体，字号为 20 号，字体颜色为钢蓝、着色 1、深色 25%。

⑥将单元格区域 D6：G13 应用货币符号￥，小数位数设置为两位，负数格式为"（￥1，234.10）（红色）"。

⑦分别将单元格区域 B4：C4、E4：G4、B13：C13 合并，并设置单元格对齐方式为居中。

⑧将单元格区域 B4：G13 的对齐方式设置为居中，为单元格区域 B4：C13 设置标准色橙色底纹，为单元格区域 D4：G13 设置浅绿色底纹。

⑨将单元格区域 B4：G12 的外框设置为深蓝色的双实线，内框设置为蓝色细实线。

样表如图 3-7-2 所示。

某学校2020年各项目支出表					
		2019年	2020年		
项目号	项目	实支出	预支出	下发拨款	差额
7001	教师工资	￥204,186.00	￥260,000.00	￥250,000.00	￥10,000.00
7002	各种保险费用	￥75,000.00	￥79,000.00	￥85,000.00	（￥6,000.00）
7003	实验设备费用	￥38,000.00	￥40,000.00	￥42,000.00	（￥2,000.00）
7004	通讯费	￥19,000.00	￥22,000.00	￥24,000.00	（￥2,000.00）
7005	差旅费	￥7,800.00	￥8,100.00	￥10,000.00	（￥900.00）
7006	办公费用	￥5,600.00	￥6,800.00	￥8,500.00	（￥1,700.00）
7007	水电费	￥1,600.00	￥5,300.00	￥5,500.00	（￥200.00）
总和		￥351,186.00	￥421,200.00	￥425,000.00	

图 3-7-2 样表

3.7.2 公式与函数

(1)在素材文件夹下打开"公式与函数.xlsx"，在"身体素质统计表"中做如下操作：

①用公式计算 BMI 指数＝体重(kg)/(身高(m)×身高(m))，计算结果保留一位小数位数。

②计算全班的平均身高、最高身高及最低身高。

③用 COUNTIFS 函数分别统计身高在 150～160 的人数、161～170 的人数、171～180 的人数。

④用 COUNTIF 分别统计体形"过轻""正常""超重""肥胖"的人数。

⑤用 COUNTA 统计全班人数。

⑥用 IF 函数计算每个学生的体形：过轻、正常、超重及肥胖。(BMI<18.5 过轻；BMI 在 18.5 至 23.9 之间为正常；BMI 在 24 至 27.9 之间为超重；BMI 大于 28 为肥胖。)

样表在素材文件夹下。

（2）在素材文件夹下打开"公式与函数.xlsx"，在"成绩统计表"中做如下操作：

①用 SUM 函数计算每位同学的总分。

②用 AVERAGE 函数计算每门课程的平均分。

③用 MAX 函数及 MIN 函数分别计算每门课程的最高分和最低分。

④用 COUNTA 函数计算每门课的应考人数。

⑤用 COUNT 函数计算每门课的参考人数。

⑥用 COUNTIF 函数计算每门课的缺考人数。

⑦用 COUNTIFS 函数计算每门课的不同分数段的人数。

⑧用 RANK.EQ 函数计算每位同学的排名。

⑨用 IF 函数计算奖学金的等级（第 1 名为一等奖学金；第 2、3 名为二等奖学金；第 4、5、6 名为三等奖学金）。

样表在素材文件夹下。

3.7.3 数据的分析

打开素材文件夹下的"数据分析.xlsx"，做如下操作：

①在"单关键字排序"的工作表中，按"入职时间"进行升序排列。

②在"多关键字排序"工作表中，以"部门"列作为主要关键字升序排序，"工资"列作为次要关键字降序排序。

③在"自定义排序"工作表中，以"博士、硕士、本科、大专"的顺序进行排序。

④在"自动筛选"工作表中，筛选"研发部""小于 30 岁"的员工记录。

⑤用"高级筛选"筛选出 2012 年后入职的女员工和 2000 年前入职的男员工的信息。

⑥在"分类汇总"工作表中，对各部门员工的工资进行平均值汇总。

⑦以"数据透视表"工作表中的数据为基础，在新工作表中使用数据透视表统计各部门中不同学历员工的平均工资。

样表在素材文件夹下。

3.7.4 图表练习

打开素材文件夹下的"图表练习.xlsx"分别制作"折线图""柱形图""饼图"。操作要求及样表在"图表练习.xlsx"文件中。

3.7.5 综合练习

打开文件夹"素材文件"中的工作簿"综合练习.xlsx"，完成以下操作并保存。

①在工作表 Sheet1 中，将单元格区域 A1：I1 合并居中，并设置表格标题字体格式为"方正姚体，22"；单元格区域 A2：I2 字体格式加粗，水平垂直居中对齐。表格列标题区域

A3:I3 设置为"加粗、白色,背景 1、底纹为橙色、强调文字颜色 6";单元格区域 A3:I28 居中对齐;设置第 2 行行高为"25",各列自动调整列宽。

②在工作表 Sheet1 中,计算产品"金额"列内容(金额＝单价×入库数量),并应用人民币符号,保留一位小数;计算合计金额,结果填入 I2 单元格中。

③在工作表 Sheet2 中,将产品入库明细按照主要关键字为"供货商编号",次要关键字为"类别"进行升序排序。

④在工作表 Sheet3 中,筛选出 7 月 5 日入库的产品明细。

⑤在工作表 Sheet4 中,筛选出 7 月 5 日入库的书写工具或 7 月 15 日入库的白板系列。

⑥在工作表 Sheet5 中,根据供应商编号对金额进行求和汇总。

⑦利用工作表 Sheet6 中的数据创建数据透视表,行标签为"供应商编号",列标签为"类别",求和项为"金额",并置于现工作表的 K3:R12 区域中。

样表在素材文件夹下。

单元 4　WPS Office 演示文稿处理

WPS 演示文稿具有广泛的应用场景，主要应用在教育与培训、会议与报告、市场和营销、个人展示与简历等方面，可以实现高效的信息传达和展示。演示文稿中可包含文字、图片、图表、动画、声音、视频等。在播放时可以自由控制，产生生动的展示效果。本单元通过案例"大学生健康习惯及建议"的制作，来介绍 WPS 演示文稿的工作窗口、视图方式、演示文稿的编辑、幻灯片的静态制作、美化幻灯片、动态幻灯片的制作、打印及打包幻灯片等。

 学习目标

1. 了解 WPS Office 演示文稿窗口布局。
2. 掌握对幻灯片的基本操作：幻灯片的新建、插入、删除、复制、移动。
3. 掌握通过主题、背景及母版美化幻灯片。
4. 掌握为演示文稿添加动画及幻灯片的切换方式。
5. 掌握在幻灯片中创建超级链接的方法。
6. 了解在幻灯片中"分节符"的作用及相关的操作。

4.1　演示文稿与幻灯片

4.1.1　视图方式

WPS 演示文稿提供了四种视图模式，分别为普通视图、幻灯片浏览视图、备注页视图和阅读视图模式，用户可根据自己的阅读需要选择不同的视图模式。如图 4-1-1 所示。

1. 普通视图

普通视图是 WPS 演示文稿的默认视图模式，多数用户是在普通视图下对幻灯片进

微课
四种视图
模式

图 4-1-1　WPS 演示文稿视图栏

行操作。该视图下共包含幻灯片窗格、大纲浏览窗格和备注窗格三种窗格。拖动窗格边框可调整不同窗格的大小。

其中在大纲浏览窗格中可以看到演示文稿中每一张幻灯片的缩略图，在幻灯片窗格中，可以对选中的幻灯片进行具体的编辑，如在幻灯片中添加文本、段落编辑、插入对象（图片、表格、图表、音频、视频等），用户可以使用备注窗格添加与观众共享的演说者备注或信息。

2.幻灯片浏览视图

在幻灯片浏览视图中，可以在屏幕上同时看到演示文稿中的所有幻灯片，这些幻灯片是以缩略图方式整齐地显示在同一窗口中。

在该视图中可以看到改变幻灯片的背景设计、配色方案或更换模板后文稿发生的整体变化，可以检查各个幻灯片是否前后协调、图标的位置是否合适等问题；同时在该视图中也可以很容易地添加、删除幻灯片和移动幻灯片的前后顺序以及选择幻灯片之间的动画切换效果。

3.备注页视图

备注页视图主要用于为演示文稿中的幻灯片添加备注内容或对备注内容进行编辑修改，在该视图模式下无法对幻灯片的内容进行编辑。

切换到备注页视图后，页面上方显示当前幻灯片的内容缩览图，下方显示备注内容占位符。单击该占位符，向占位符中输入内容，即可为幻灯片添加备注内容。

4.阅读视图

在创建演示文稿的任何时候，用户都可以通过单击"幻灯片放映"按钮启动幻灯片放映和预览演示文稿。

阅读视图并不是显示单个的静止画面，而是以动态的形式显示演示文稿中各个幻灯片。阅读视图是演示文稿的最终效果，所以当演示文稿创建到一个段落时，可以利用该视图来检查，从而可以对不满意的地方进行及时修改。

4.1.2 演示文稿的编辑

演示文稿的基本操作主要有：新建、保存、插入、删除、选择、复制、移动、重用等操作方式。

1.新建演示文稿

打开 WPS Office 的主界面，单击"新建"命令。在右侧的窗口中选择"演示"如图 4-1-2 所示。

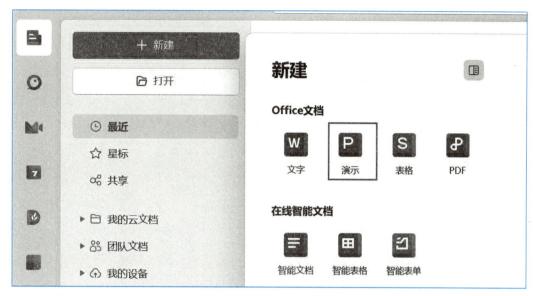

图 4-1-2　新建演示文稿

2.保存演示文稿

保存的操作方法与 WPS 文字处理及表格处理相同,这里不再赘述。

3.插入幻灯片

实现插入新幻灯片主要有两种方式:

(1)在普通视图下,选中左侧大纲视图,将光标定位在幻灯片插入的目标位置,单击"开始"选项卡,单击"新建幻灯片"命令。

(2)在普通视图下,选中左侧大纲视图中,将光标定位在幻灯片插入的目标位置,在键盘上敲 Enter 键,可实现快速插入幻灯片。

微课
幻灯片的
基本操作

4.复制或移动幻灯片

复制:选中幻灯片,将光标定位在复制的目标位置,单击鼠标右键选择"复制幻灯片"选项

移动:使用剪切或拖动实现幻灯片的移动。

5.删除幻灯片

删除幻灯片主要有两种方法:

(1)在普通视图下,选中左侧大纲视图中选择要删除的幻灯片,单击右键,在弹出的快捷菜单中选择"删除幻灯片"。

(2)在普通视图下,在左侧大纲视图中选择要删除的幻灯片,在键盘上敲 Delete 键

6.幻灯片重用

重用幻灯片指将已有演示文稿的幻灯片插入当前演示文稿中。单击"开始"→"新建幻灯片"右侧的下拉按钮,在弹出的下拉列表中选择"重用幻灯片"命令,会在窗口右侧弹出"重用幻灯片"窗格,点击"浏览"可选择"幻灯片库"和"浏览文件",此时选择"浏览文件"命令,在弹出的浏览窗口中选择需要的幻灯片插入当前演示文稿中。如用户选中"保留源

格式"命令,则插入的幻灯片保留原来的格式。如图 4-1-3 所示。

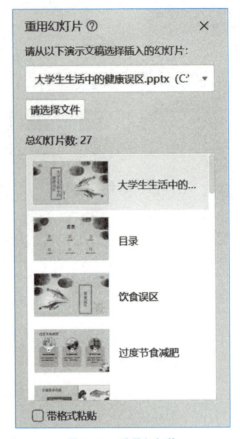

图 4-1-3　重用幻灯片

4.2　幻灯片的制作

4.2.1 幻灯片的静态制作

1.相关知识点介绍

（1）版式和占位符

幻灯片版式是演示文稿中的一种常规排版的格式,通过幻灯片版式的应用可以对文字、图片等进行更加合理简洁的布局,版式有标题幻灯片、标题和内容版式、两栏内容版式、比较版式等。利用这些版式可以轻松完成幻灯片版面布局的设置。

设置版式的方法主要有两种:在演示文稿中,选中要修改版式的幻灯片,单击"开始"选项卡,选择"版式"命令右侧的下拉按钮,在弹出的下拉列表中选择用户所需版式。如

图 4-2-1 所示。

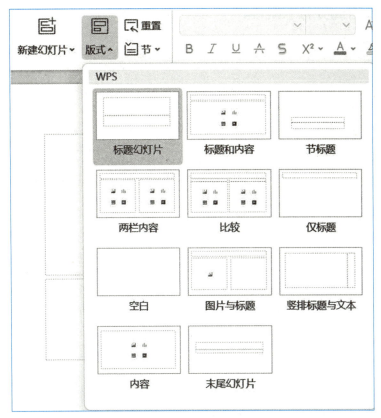

图 4-2-1　幻灯片版式

占位符是指幻灯片中一种带有虚线的矩形框,占位符的类型有标题占位符和内容占位符。每张幻灯片可包含一个或多个占位符。标题占位符中可添加每一张幻灯片中的标题,在演示文稿的首页有正标题占位符和副标题占位符。内容占位符可以向其中添加文本、图片、图表、表格、音频、视频对象。幻灯片中的占位符可移动、删除。占位符示意见图4-2-2。

（2）文本输入

在普通视图下,如幻灯片中占位符显示"单击此处添加标题"或"单击此处添加文本"等字样,单击占位符文字,出现闪动的插入点,即可输入文本。在占位符以外输入文本,可以使用文本框或者其他能够添加文本的图形,单击"插入",选择"文本框",在下拉菜单中可选择"横排文本框"和"竖排文本框",鼠标指针呈十字状后,在幻灯片中按下鼠标左键拖到合适的大小,即可形成一个文本框,在文本框中输入文字信息即可。

在输入的同时在"开始"选项卡中的"字体"功能组中可以进行字体、字体大小、颜色、加粗、斜体、下划线等设置。当文字编辑输入完成之后可以设置段落格式,选择"开始"选项卡中"段落"功能组中右下角的对话框启动器 ↘ ,在打开的对话框中设置"缩进和间距""中文版式"等段落内容。

图 4-2-2　占位符

（3）插入图片

在"插入"选项卡中选择"图片"命令下方的下拉按钮，在弹出的下拉菜单中选择"本地图片"。弹出"插入图片"对话框，如图 4-2-3 所示。选择需要插入的图片，单击"插入"按钮。

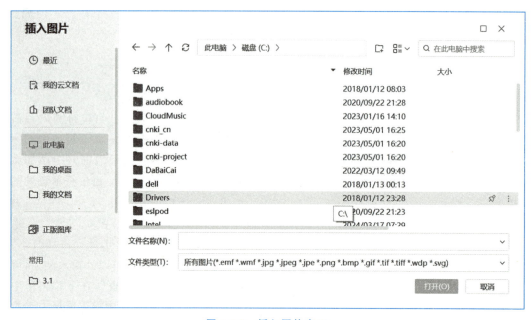

图 4-2-3　插入图片窗口

（4）添加智能图形

在"插入"选项卡中选择"智能图形"命令按钮，在打开的对话框中选择需要插图的图形。点击"确定"，如图 4-2-4 所示。

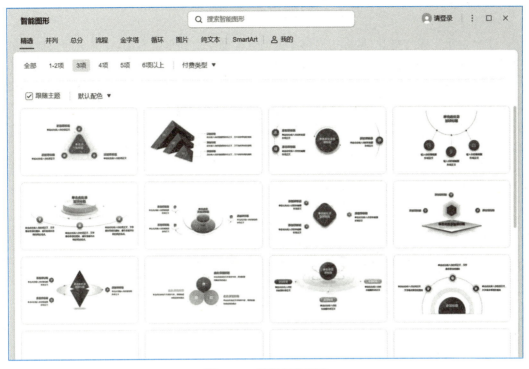

图 4-2-4　选择智能图形

2.项目实现

本案例以制作"大学生健康习惯现状及建议"演示文稿为例,介绍演示文稿和幻灯片的创建、幻灯片版式的修改、文本输入、格式设置、图片插入以及插入智能图形的具体操作。

(1)文本的输入

准备工作:

①新建演示文稿"大学生健康习惯现状及建议.pptx"。

②新建 11 张幻灯片

操作步骤:

①启动 WPS 演示文稿,单击快速访问工具栏中的"保存"按钮,打开"保存此文件"对话框,在文件名中输入"大学生健康习惯现状及建议",并在"选择位置"中选择正确的文件保存位置。

②利用"开始"→"幻灯片"功能组的"新建幻灯片"命令,新建 10 张幻灯片。此时演示文稿中共 11 张幻灯片。

设置第 1 张幻灯片:

操作要求:

版式:空白

标题:应用艺术字样式为第 1 行第 3 列。即填充—金色,着色 2,轮廓—着色 2;字体:

微软雅黑,字号:72,字形:加粗,阴影。

操作步骤:

①单击第1张幻灯片,鼠标指向第1张幻灯片的空白处单击右键,在弹出的快捷菜单中选择"版式",在弹出的列表框中选择"空白"版式。

②选择"插入→ 艺术字"命令,单击它右侧的下拉按钮,在弹出的列表框中选择第1行第3列艺术字样式,即:填充—金色,着色2,轮廓—着色2。

③将文字修改为"大学生健康现状与建议",设置字体格式:微软雅黑,72,加粗,阴影。如图4-2-5所示。

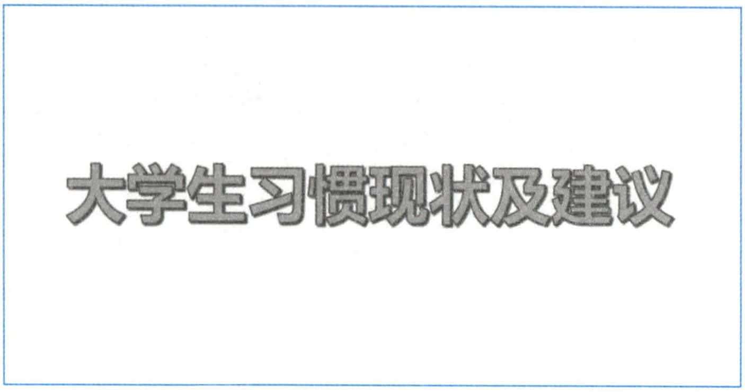

图 4-2-5　第 1 张幻灯片的制作

设置第2张幻灯片:

操作要求:

版式:"空白"版式。

文本框:插入横排的文本框。

文字:微软雅黑,20;段落格式:首行缩进,1.5倍行距。

操作步骤:

①单击第2张幻灯片,鼠标指向第2张幻灯片的空白处单击右键,在弹出的快捷菜单中选择"版式",在弹出的列表框中选择"空白"版式。

②选择"插入"选项卡,单击 "文本框"命令的下拉按钮,在弹出的下拉菜单中选择"横排的文本框",在幻灯片中绘制文本框,并从幻灯片文字素材中将"随着社会的发展……内在的要求"这段文字复制到文本框中。

③选中文本,在"开始"→"字体"功能组中设置字体"微软雅黑",字号20,单击"开始"→"段落"右下角 ↘ ,弹出"段落"对话框,将特殊格式设置为"首行",行距设置为1.5倍。如图4-2-6所示。

设置第3张幻灯片:

操作要求:

版式:两栏内容

文字:"目录"字体为微软雅黑,36;"饮食习惯"等字体为微软雅黑,28。

图 4-2-6　"段落"对话框

操作步骤：

①单击第 3 张幻灯片，鼠标指向第 3 张幻灯片的空白处单击右键，在弹出的快捷菜单中选择"版式"，在弹出的列表框中选择"两栏内容"版式。

②在标题占位符中输入"目录"两个字，并将字体设置为微软雅黑，36 号。

③如图 4-2-7，在内容占位符中输入饮食习惯、睡眠情况、体育锻炼、健康建议，并将字体设置为微软雅黑，28 号。

图 4-2-7　第 3 张幻灯片文本设置效果

设置第 4 张幻灯片：

操作要求：

版式："比较"版式。

文字：标题"饮食习惯"字体为微软雅黑，36；副标题"早餐"字体为幼圆，32；文字"有一半同学……"字体为微软雅黑，20。

段落：取消项目符号和编号，首行缩进，行距 1.5 倍。

操作步骤：

①单击第 4 张幻灯片，鼠标指向第 4 张幻灯片的空白处单击右键，在弹出的快捷菜单中选择"版式"，在弹出的列表框中选择"比较"版式。

②按"操作要求"设置相应的文字的字体、字号及段落格式。

③用 Delete 键删除多余数的占位符。

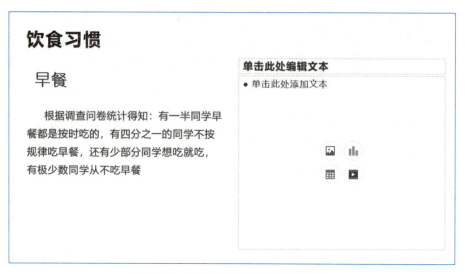

图 4-2-8　第 4 张幻灯片文本设置效果

设置第 5 张幻灯片：

操作要求与操作步骤与设置第 4 张幻灯片相同，如图 4-2-9 所示，这里不再赘述。

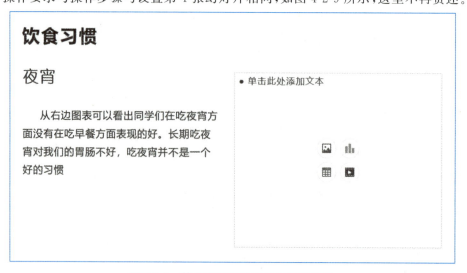

图 4-2-9　第 5 张幻灯片的文本设置效果

设置第 6 张幻灯片：

操作要求：

版式：两栏内容。

文字：标题"睡眠情况"字体为微软雅黑，36；文字"从调查结果来看，同学们的熬夜情况是比较严重的。"字体为微软雅黑，20。行距为 1.5 倍行距。文字方向：堆积。

操作步骤：

①单击第 6 张幻灯片，鼠标指向第 6 张幻灯片的空白处单击右键，在弹出的快捷菜单中选择"版式"，在弹出的列表框中选择"两栏内容"版式。

②按"操作要求"设置相应的文字的字体、字号。

③选中左侧的占位符，选择"开始"选项卡，在"段落"功能组中单击"文字方向"命令的下拉按钮，在弹出的下拉菜单中选择"堆积"。

④调整左侧占位符的大小及位置。最终效果如图 4-2-10 所示。

图 4-2-10　第 6 张幻灯片文本设置效果

设置第 7 张幻灯片：

操作要求：

版式：标题和内容。

文字：标题"体育锻炼"字体设置为微软雅黑，36 号。

操作步骤与设置第 6 张幻灯片相同，这里不再赘述。

设置第 8 张幻灯片：

操作要求：

版式：比较。

文字：标题"健康建议"字体为微软雅黑，36；文字"良好的饮食习惯"字体为微软雅黑，24，加粗；文字"早晨喝杯温开水……"等，字体为微软雅黑，20。行距为 1.5 倍行距。

操作步骤：

①单击第 8 张幻灯片，鼠标指向第 8 张幻灯片的空白处单击右键，在弹出的快捷菜单中选择"版式"，在弹出的列表框中选择"比较"版式。

②按"操作要求"设置相应的文字的字体，字号及段落格式。

③用 Delete 键删除多余数的占位符，并调整相应占位符的大小。如图 4-2-11 所示。

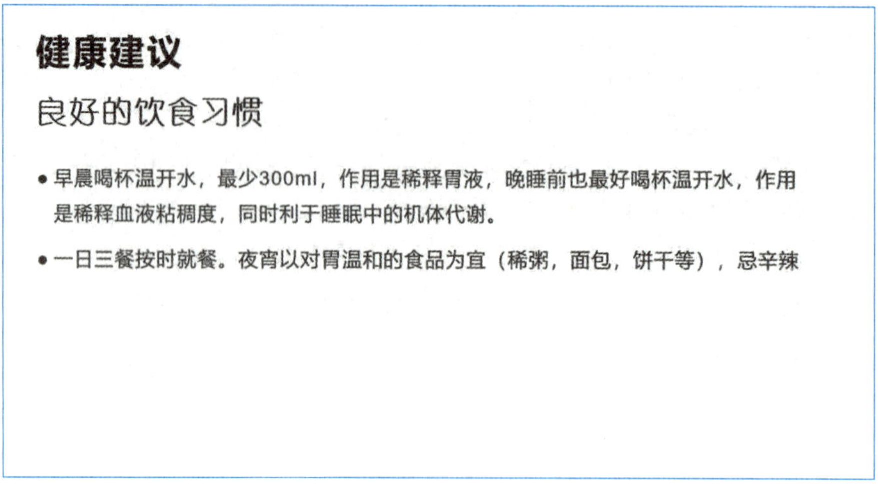

健康建议

良好的饮食习惯

- 早晨喝杯温开水，最少300ml，作用是稀释胃液，晚睡前也最好喝杯温开水，作用是稀释血液粘稠度，同时利于睡眠中的机体代谢。
- 一日三餐按时就餐。夜宵以对胃温和的食品为宜（稀粥，面包，饼干等），忌辛辣

图 4-2-11　第 8 张幻灯片文本设置效果

设置第 9、10 张幻灯片：

操作要求与操作步骤与设置第 8 张幻灯片相同，这里不再赘述。

设置第 11 张幻灯片：

操作要求：

版式：空白。

文字：应用艺术字样式为第 1 行第 5 列。即填充：浅绿，着色 4，软边缘；文字内容为"谢谢观看"；字体：微软雅黑，字号：88，字形：加粗，阴影。

操作步骤不再赘述。

（2）插入图片

每张幻灯片插入图片的操作大体相同，这里只阐述第 2、3 张幻灯片插入图片的操作方法，其他幻灯片只列出操作要求。

设置第 2 张幻灯片：

操作要求：

在第 2 张幻灯片中插入图片"不吃早餐.jpg""低头族.jpg""熬夜.jpg""不爱运动.jpg"。

图片的边框线：

颜色：黑色；粗细：0.25 磅；图片"低头族.jpg""不爱运动.jpg"裁剪为椭圆形。

操作步骤：

①选中第 2 张幻灯片，选择"插入"选项卡，单击"图片"命令的下拉按钮，在弹出的菜单中选择"本地图片"，在相应的素材文件夹下分别选择"不吃早餐.jpg""低头族.jpg""熬

夜.jpg""不爱运动.jpg"。

②调整这些图片的大小并做适当的裁剪。以裁剪图片"不爱运动.jpg"为例,选中插入的这张图片,出现"图片工具"→选项卡中,单击"裁剪"命令,裁剪掉图片中的黑色边框,并适当调整大小。

③单击"裁剪"命令的下拉按钮,在弹出的菜单中选择"裁剪→裁剪→基本形状:椭圆"。

④在"图片工具"选项卡,单击"边框→线型",将边框线的粗细设置为 0.25 磅。

⑤其他图片的裁剪操作方法可重复上述操作步骤②、③、④。设置效果如图 4-2-12 所示。

随着社会的发展,社会各种生活设施的越来越便利,大学生中绝大多数人是处于亚健康状态。大学生正处于迅速走向成熟又未完全成熟的过渡时期,各种心理活动十分活跃,充满矛盾,而自我调节能力还不完善,加之大学生独特的社会地位和生活环境等因素影响,大学生存在着很多不良的生活习惯,如: 不吃早餐,缺乏运动,熬夜,低头一族等问题。因此,保持健康的身体成为大学生健康成长的内在要求。

图 4-2-12　第 2 张幻灯片插入效果

其他幻灯片的图片设置:

第 1 张幻灯片:插入图片"营养美食.jpg",调整大小和位置。

第 4 张幻灯片:在右侧占位符中插入图片"营养早餐.jpg",调整大小和位置。

第 8 张幻灯片:在相应的位置分别插入图片"卡通营养早餐.jpg""蔬菜.jpg""水果.jpg""面条.jpg",其中前 3 张分别裁剪为:五边形、椭圆、爱心;第 4 张设置透明色。

第 9 张幻灯片:在相应的位置分别插入图片"睡眠 1.jpg""睡眠 2.jpg"。调整大小和位置。其中"睡眠 2.jpg"裁剪为"泪滴形",并将图片设置透明色。

第 10 张幻灯片:在相应的位置分别插入图片"跳舞.jpg""骑车 2.jpg"。调整大小和位置,并将图片设置透明色。

所有图片插入的效果如图 4-2-13 所示。

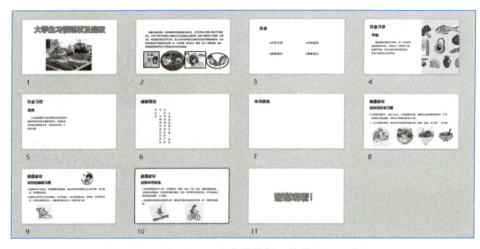

图 4-2-13　所有图片插入的效果

4.2.2 美化幻灯片

1.相关知识点介绍

（1）主题

幻灯片的主题,也叫幻灯片的模板,它包含了定义幻灯片的背景、图案、色彩搭配、字体样式、项目符号等格式。为了给演示文稿设置统一的风格,用户可以直接使用内置主题,也可以通过自定义的方式修改主题的颜色、字体、背景等,形成自定义主题。WPS 提供了多种内置主题供用户制作演示文稿使用,单击"设计→更多设计"命令按钮。在弹出的主题列表里选择所列主题,单击即可应用该主题。

微课
主题和
母版

（2）母版

母版控制了文本的字体格式、项目符号、幻灯片背景、占位符格式和页脚等。通过母版设置,可以更改所有幻灯片的格式,为幻灯片设置统一的风格。单击"视图→幻灯片母版"命令按钮,可以打开幻灯片母版视图,如果这一组幻灯片使用的是同一个主题,左侧窗格中显示同主题的总母版和其他版式的母版的幻灯片母版缩略图,右侧的幻灯片母版中的编辑操作直接影响同主题下幻灯片的格式。如果这一组幻灯片使用的是两种以上的主题,那么在母版视图左侧窗格中会显示不同主题的总母版和各自主题的不同版式的母版缩略图。如图 4-2-14 所示,为同主题下的总母版及其不同版式的母版。

（3）页眉页脚

页眉和页脚的设置包括对"幻灯片"和"备注和讲义"两种文件类型的设置。在"幻灯片"的页眉页脚设置中,包含对"幻灯片内容"和"幻灯片标题"的页眉页脚设置。在"幻灯片内容"的页眉页脚设置中,包括以下几个选项:

①"日期和时间"选项。如果选择"自动更新"单选按钮,则幻灯片中的日期与系统时钟的日期一致;如果选择"固定"单选按钮,并输入日期,则幻灯片中显示的是用户输入的固定日期。

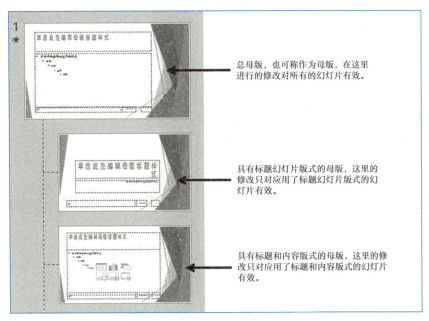

图 4-2-14　幻灯片母版的分类

②"幻灯片编号"选项。如果选中"幻灯片编号"复选框,可以对幻灯片进行编号,当删除或增加幻灯片时,编号会自动更新。

③"页脚"选项。如果选中"页脚"复选框,则幻灯片每页会有新的页脚。

在"幻灯片内容"的页眉页脚设置中,如果选中"标题幻灯片中不显示"复选框,则幻灯片版式为"标题幻灯片"的幻灯片中不会添加页眉页脚。"页眉和页脚"选项卡如图 4-2-15 所示。

图 4-2-15　"页眉和页脚"对话框

对于"备注和讲义"的页眉页脚设置选项和"幻灯片"设置类似，这里不再赘述。

2.项目实现

（1）为幻灯片设置页眉页脚

操作要求：

将本项目的幻灯片分成三节，第 1 张为第 1 节，节名称为"标题"；第 2～10 张为第 2 节，节名称为"正文"；第 11 张为第 3 节，节名称为"结束"。

为幻灯片添加编号：

操作步骤：

①在普通视图下，在左侧窗格中选中第 2 张幻灯片，选择"开始"选项卡，"节"命令右侧的下拉按钮，在弹出的菜单中选择"新增节"。同时弹出"重命名节"对话框，将节名改为"正文"。

②在普通视图下，在左侧窗格中选中第 11 张幻灯片，选择"开始"选项卡，单击"节"命令右侧的下拉按钮，在弹出的菜单中选择"新增节"。同时弹出"重命名节"对话框，将节名改为"结束"。

③右键单击第 1 张幻灯片上的"默认节"，在弹出的快捷菜单中选择"重命名节"命令，将节名改为"标题"。

④将视图方式切换为"幻灯片浏览"视图，可看到分节的结果。如图 4-2-16 所示。

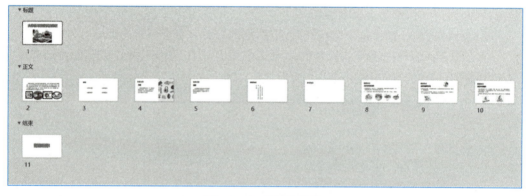

图 4-2-16　分节的效果

⑤在"普通视图"或"幻灯片浏览"视图下，单击"正文"节名称，选中第 2～10 张幻灯片。

⑥选择"插入"选项卡，单击"页眉和页脚"命令，弹出"页眉和页脚"对话框，在此对话框中勾选"幻灯片编号"。单击"应用"命令按钮。如图 4-2-17 所示。

（2）应用母版视图，为幻灯片设置统一格式

操作要求：

运用母版视图，将幻灯片编号的字体格式设置为微软雅黑、16 号、加粗；为总母版插入素材文件夹下的"背景.jpg"的图片。

操作步骤：

①选择"视图"选项卡，单击"幻灯片母版"命令，此时，幻灯片进入了母版视图编辑状态。

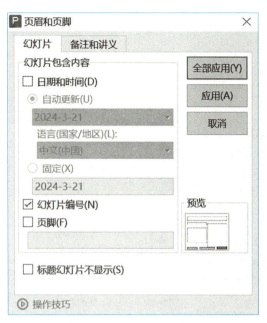

图 4-2-17　设置"幻灯片编号"

②在母版视图左侧的窗格中,找到总母版,选中总母版视图右下角的"＜♯＞"符号,将其字体设置为微软雅黑、16 号、加粗。如图 4-2-18 所示。

③在总母版中插入"背景.jpg"图片,并调整图片的大小。

④幻灯片母版设置好之后,选择"幻灯片母版→关闭→关闭母版视图"。

图 4-2-18　总母版视图

TIP：

＜＃＞符号是表示编号的域，域是一个变量，随着幻灯片的变化，编号自动发生变化。

幻灯片的编号如果是从 0 开始，设置的命令位置为："设计→幻灯片大小→自定义幻灯片大小"，弹出"页面设置"对话框，在此对话框中将"幻灯片编号起始值"改为"0"，如图 4-2-19 所示。

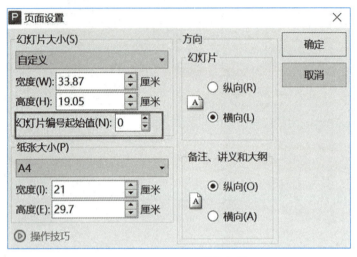

图 4-2-19 "页面设置"对话框

微课
插入图表

（3）为幻灯片添加图表

利用内容占位符的"插入图表"命令也可以为幻灯片插入图表。

操作要求：

使用素材文件夹下的表格"夜宵统计情况.xlsx"在第 5 张幻灯片中插入"饼图"。

操作步骤：

①选中第 5 张幻灯片，单击幻灯片中右侧的内容占位符，单击"插入图表"命令，弹出"插入图表"对话框。

②在"插入图表"对话框中选择"饼图"。如图 4-2-20 所示。单击"确定"命令按钮。在"图表工具"中单击选择工具，用"夜宵统计情况.xlsx"中的数据对现有的数据进行替换，如图 4-2-21 所示。

③选中插入的图表，在"图表工具→图表样式"中，选择"图表样式 3"，将图表标题修改为"夜宵统计情况"，并显示百分比及类别名称，字体为微软雅黑、14。效果如图 4-2-22 所示。

（4）插入表

操作要求：

将熬夜数据以表格的形式呈现。

操作步骤：

①选中第 6 张幻灯片中的右侧占位符。

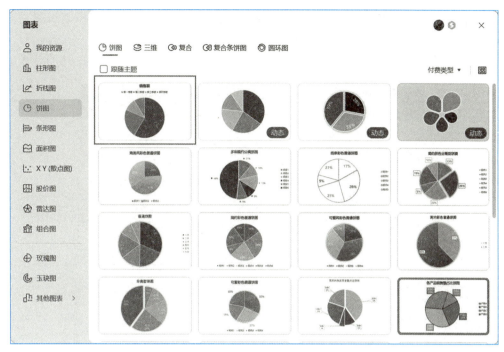

图 4-2-20　"插入图表"对话框

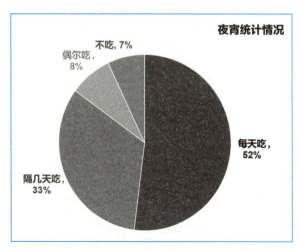

图 4-2-21　Excel 数据表

图 4-2-22　"夜宵统计情况"饼图

②单击内容占位符的"插入表格"命令，插入列数为 2，行数为 5 的表格。按图 4-2-23 输入相应的数据，调整表格的行高和列宽。

③设置表格中的字体均为微软雅黑、18 号，文字对齐方式为：垂直居中、水平居中。

睡眠时间点（晚上）	占比（%）
10点前	7
10—11点	36
11—12点	43
12点后	14

图 4-2-23　插入的表格

微课
添加
SmartArt
图形

（5）插入 SmartArt 图形

操作要求：

应用 SmartArt 图形，在第 7 张幻灯片中插入"流程"中的"垂直 V 型列表"。

操作步骤：

①选中第 7 张幻灯片中的内容占位符，单击"插入→智能图形→SmartArt"命令，弹出"插入 SmartArt 图形"对话框。如图 4-2-24 所示。

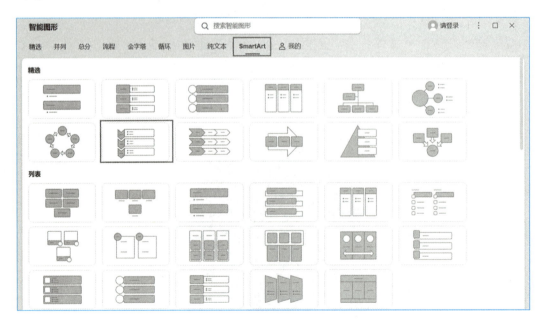

图 4-2-24　选择 SmartArt 图形—垂直 V 形列表

②在对话框中选择"精选→垂直 V 型列表"。在相应的位置填入文本(文本可以素材文件夹下的文字素材.txt 中复制得到)。如图 4-2-25 所示。

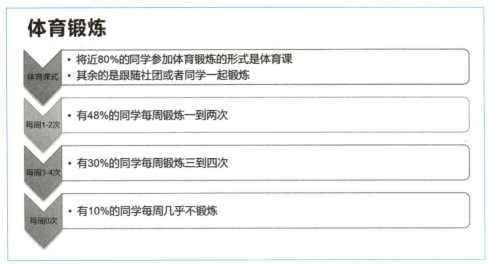

图 4-2-25　垂直 V 形列表的效果图

4.2.3 动态幻灯片的制作

1.相关知识点介绍

(1)切换效果

幻灯片的切换效果是指演示文稿放映时,幻灯片进入和离开放映画面时的整体视觉效果,设置目的是使幻灯片放映过程衔接更加自然、生动。

①如果要为演示文稿中的所有幻灯片设置相同的切换效果,可以先设置任意一张幻灯片的切换动画,然后在"切换"选项卡的"计时"功能组中单击"全部应用"命令按钮。

②换片方式分为手动换片和自动换片两种。如果选中"点击鼠标时"复选框,则在幻灯片放映过程中,不论这张幻灯片已放映了多长时间,只有单击鼠标时才换到下一页。如果选中"设置自动换片时间"复选框,并输入具体的秒数,如输入 2 秒,那么在幻灯片放映时,每隔两秒就会自动换到下一页,同时。如果同时选中两个复选框,那么"单击鼠标时"的换片方式也会自动失效。如图 4-2-26 所示。

图 4-2-26　设置切换效果

（2）自定义动画

在 WPS 中不仅可以为文本、图片、SmartArt 图形、图表等多种对象设置动画，还可以对其动画的开始方式、运行方式、播放速度、声音效果、放映顺序等细节进行设置，从而为用户提供了更大的想象空间，便于做出精美的演示文稿。

如图 4-2-27 所示，在选择"动画效果"列表框中共包含四类预置动画效果：进入、强调、退出、动作路径。前三种类型的动画效果分为基本型、细微型、温和型以及华丽型，"动作路径"动画效果分为基本、直线和曲线、特殊三种细分类型。

图 4-2-27　动画效果

①动画效果有四种：进入、强调、退出及动作路径

A.进入：如果使文本或对象以某种效果进入幻灯片，可以选择"进入"动画效果。

B.强调：如果要使幻灯片的文本或对象在放映中起到强调作用，可以选择"强调"动画效果。

C.退出：如果要使文本或对象在某一时刻从幻灯片中离开，可以选择"退出"动画效果。

D.动作路径：如果使文本或对象按照指定的路径移动，可以选择"动作路径"动画效果。

②动画触发的方式及计时

A.单击时：单击鼠标播放对象的动画效果。

B.与上一动画同时：与上一个动画同时播放动画效果，如果是幻灯片中第 1 个出现的对象设置为该触发方式,则与幻灯片同时出现。

C.上一动画之后:上一个动画播放完之后即开始播放该动画的效果。

D.持续时间:指动画播放的时长,以秒为单位,可单击上、下微调命令按钮或输入数字进行调整。

E.延迟:经过几秒后播放动画

③动画窗格

在"动画"选项卡中单击"动画窗格"按钮,在窗口的右侧出现动画窗格。如图 4-2-28 所示。

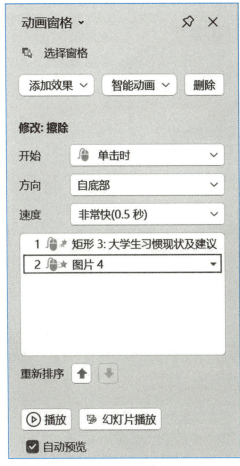

图 4-2-28 动画窗格

A.利用动画窗格可以方便地预览动画、调整动画顺序、设置动画的效果选项等。

B.在动画窗格中单击"播放"按钮,可以预览当前幻灯片中的动画效果。

C.单击向上或向下按钮 重新排序 ⬆ ⬇ ,可以将选中对象的动画播放顺序向上或向下移动。

D.单击对象右侧的下拉按钮,弹出下拉菜单,选择"效果选项……"命令,在弹出的对话框中可对动画效果相关的详细参数，如动画的方向、动画持续的时间，动画出现时伴随的声音等进行设置。如图 4-2-29、图 4-2-30 所示。

E.如果要删除选定对象的动画，可以单击动画对象右侧的下拉按钮，在弹出的下拉菜单中选择"删除"命令。

图 4-2-29　设置动画"效果"

图 4-2-30　设置动画属性"计时"

④动画刷

"动画刷"命令在"动画"选项卡中，该命令的作用可将其他对象的动画效果设置为与已有对象相同的动画效果。

⑤添加动画

"添加动画"命令在"动画窗格"中的"添加效果"命令里，其功能是为对象添加多个动画效果。

（3）超链接

超链接可为图片、形状、图表等对象添加超链接，通过点击这个超链接来实现界面的跳转，从而展示超链接内的内容。在 WPS 演示文稿中最常见的就是为文字和图形添加超链接。如图 4-2-31 所示。

具有超链接的文本是按主题指定的颜色显示的。如果改变默认的超链接文本颜色，可以在"设计"选项卡的"主题"组中单击"颜色"按钮，打开"主题颜色"下拉菜单，选择"新建主题颜色"命令，可以重新设置超链接文本颜色。

超链接在放映幻灯片时才会激活，如果要在编辑状态下测试跳转情况，可以在所选文本上右击，在弹出的快捷菜单中选择"打开超链接"命令。

在 WPS 演示文稿中，不仅可以添加演示文稿内部的超链接，还可以添加演示文稿外部的超链接，如其他演示文稿、网页、电子邮件、文件等，利用"插入超链接"对话框和"动作设置"对话框就可以方便地实现。

要想删除某个超链接，可以选定设置了超链接的对象，然后右击，在弹出的快捷菜单中选择"取消超链接"命令。

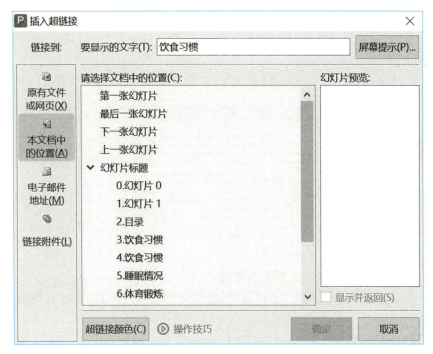

图 4-2-31　"插入超链接"对话框

（4）插入音频

为了更好地凸显文档的设计效果，通常加入背景音乐进行渲染，可通过"插入"选项卡中的"媒体"功能组中的"音频"命令插入音频。如图 4-2-32 所示。

图 4-2-32　插入音频

2.项目实现

（1）设置切换效果

操作要求：

第 1 张幻灯片的切换方式为开门，自动换片时间为 5 秒。

"正文"节的切换方式设置为剥离，自动换片时间为 6 秒。

第 11 张幻灯片的切换方式为旋转，自动换片时间为 1 秒。

操作步骤：

以设置"正文"节切换方式为例。

①在 WPS 演示文稿窗口左侧的幻灯片浏览窗格中单击"正文"节名称，选中了正文节中的 9 张幻灯片。

②在"切换"选项卡中选择"剥离"切换效果。

③在"计时"功能组中将"换片方式"设置为"设置自动换片方式"，时间为 3 秒。如图 4-2-33 所示。

④第 1、11 张的设置方式与设置"正文"节切换方式相同，这里不再赘述。

图 4-2-33　选择切换效果

微课
设置动画

（2）插入动画

设置第 8 张幻灯片（正文第 7 张幻灯片）

操作要求：

在第 8 张幻灯片中对象进入动画的设置：

标题"健康建议"设置"擦除"动画效果，计时为"中速 2 秒"；触发方式为与上一动画同时。

副标题"良好的饮食习惯"设置为"轮子"动画效果；计时为"中速 2 秒"；触发发式为上一动画之后。

正文内容一、二段设置为"百叶窗"动画效果，方向：垂直；持续时间 1 秒；触发方式为上一动画之后。

幻灯片下方图片从左起第 1～4 张的动画效果分别设置为"渐变式缩放"、"伸展"、"压缩"（持续时间 1 秒）、"棋盘"（方向下）。

操作步骤：

①选择第 8 张幻灯片，选中标题"健康建议"，在"动画"选项卡中选择进入的"擦除"效果。在"计时"功能组中，将触发方式设置为"与上一动画同时"，持续时间设置为 2 秒。

②选择副标题"良好的饮食习惯"，选择进入效果"轮子"，设置持续时间 2 秒；触发方式设置为"上一动画之后"。

③选择正文内容的占位符，单击"动画效果"列表中的"百叶窗"效果；并单击"动画属性"，在弹出的下拉列表中选择方向为垂直。如图 4-2-34 所示。

图 4-2-34　动画属性的设置

④从左向右依次选中幻灯片下方的图片,进入动画效果分别设置为"渐变式缩放"、"伸展"、"压缩"(持续时间 1 秒)、"棋盘"(方向下)。最终设置的效果如图 4-2-35 所示。

图 4-2-35　第 8 张幻灯片最终设置的效果

其他幻灯片的动画设置:

第 1 张幻灯片:标题进入效果设置为"缩放"动画效果,持续时间为 1 秒;图片设置为"飞入"动画效果。动画开始方式均为"上一动画之后"。

第 2 张幻灯片:文字进入效果设置为"阶梯状"动画效果,方向:右下;开始方式为"与上一动画同时"。下方图片的进入动画效果依次设置为"轮子"(8 轮幅图案)、"圆形扩燕尾服(方向:外)"、"劈裂(方向:中央左右展开)"、"向内溶解"。上述图片的动画开始方式均为在上一动画之后。

第 3 张幻灯片:标题的进入效果设置为"擦除"动画效果,方向为自左侧;持续时间为 1 秒,动画开始方式为与上一动画同时。"饮食习惯"等文字内容进入动画效果设置"缩放",持续时间为 1 秒,动画开始方式为在上一动画之后。

第 4 张幻灯片:标题的进入效果设置为"擦除"动画效果,方向为自左侧;持续时间为 1 秒;动画开始方式为与上一动画同时;副标题进入效果设置参数与标题一致,动画开始方式为在上一动画之后;文本内容的进入动画效果为"扇形展开",持续时间为 1 秒;动画开始方式为在上一动画之后。

第 5 张幻灯片,标题、副标题及文本内容与第 4 张幻灯片的设置参数一致。图表的进入动画效果设置为"翻转式由远及近"。动画开始方式为在上一动画之后。

第 6 张幻灯片:标题与第 4 张幻灯片的设置参数一致。表格的进入动画效果设置为"翻转式由远及近"。动画开始方式为在上一动画之后。文本内容的进入动画效果设置为随机线条,上一动画之后;文本内容的强调动画效果为画笔颜色,颜色为自定义:RGB:255,0,102;播放后的颜色为黑色。(提示:强调动画效果在"效果选项"中设置)。

第 7 张幻灯片:标题与第 4 张幻灯片的设置参数一致。SmartArt 图形的进入动画效果是渐入,动画开始方式为在上一动画之后。

第 9 张幻灯片:标题、副标题及文本内容与第 8 张幻灯片的设置参数一致。幻灯片上方图片的进入动画效果为弹跳。下方图片的进入动画效果为玩具风车。两张图片动画的开始方式均为在上一动画之后。

第 10 张幻灯片:标题、副标题及文本内容与第 8 张幻灯片的设置参数一致。第一张图片进入动画效果设置为"旋转",第二张图片的动画进入效果设置为"弹跳"。

第 11 张幻灯片:文字设置进入动画效果为"展开",开始方式为与上一动画同时。

（3）插入超链接

操作要求:

将第 3 张幻灯片(即"目录"幻灯片)中的"饮食习惯"等文字内容设置超级链接:

①"饮食习惯"链接的幻灯片为第 4 张幻灯片。

②"睡眠情况"链接的幻灯片为第 6 张幻灯片。

③"体育锻炼"链接的幻灯片为第 7 张幻灯片。

④"健康建议"链接的幻灯片为第 8 张幻灯片。

操作步骤:

为"目录"幻灯片的文字内容设置超级链接:

①选中第 3 张幻灯片,选择"饮食习惯"文字内容,鼠标指向选中的区域单击右键,在弹出的快捷菜单中选择"超链接……"命令,在弹出的"插入超链接"对话框中选择"链接到→本文档中的位置→4.饮食习惯"幻灯片。如图 4-2-36 所示。

②单击"确定"命令按钮,完成设置。

③为"睡眠情况""体育锻炼""健康建议"添加超级链接的方法可参照上述操作步骤①②。

TIP:

如果想取消超链接,选中超链接的文字并单击右键,在弹出的快捷菜单中选择"取消超链接"命令。

操作要求:

在第 4~10 张的幻灯片右下角放置"返回"按钮,单击该按钮能返回"目录"页。

操作步骤:

①选中第 4 张幻灯片,选择"插入→形状→动作按钮→动作按钮:第一张"。

②此时,鼠标变成"十字形",以对角线的方面在幻灯片右下角拖动为一个合适大小的矩形,松开鼠标时弹出"操作设置"对话框,在对话框中选择"单击鼠标时的动作→超链接

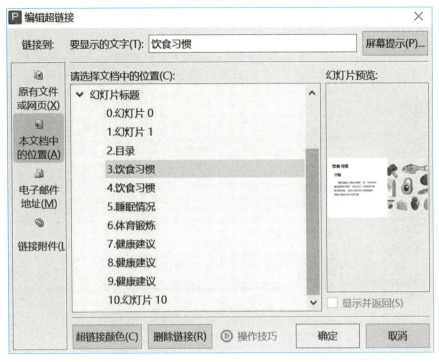

图 4-2-36　"编辑超链接"对话框

到→幻灯片→目录"幻灯片。如图 4-2-37 所示。

图 4-2-37　"动作设置"对话框

③选中插入的动作按钮，并单击"右键"，在弹出的快捷菜单中选择"超链接→编辑超链接"命令。此时，弹出"超链接"对话框，单击命令按钮"屏幕提示……"，在弹出的窗口中输入"返回目录"，依次单击"确定"命令返回。如图 4-2-38 所示。

④将该按钮分别复制到 5～10 张幻灯片的右下角，并调整位置与大小。

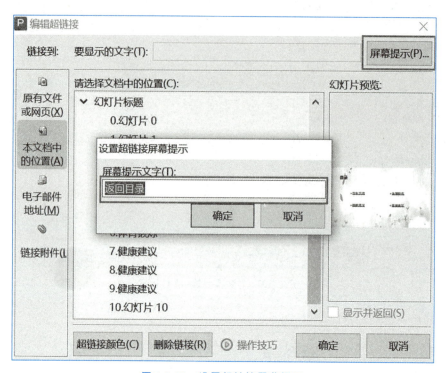

图 4-2-38　设置超链接屏幕提示

（4）插入音频

操作要求：

在第 1 张幻灯片中插入素材文件夹下的"Sleep Coming.mp3"音频文件，可在后台进行播放。

操作步骤：

①选择第 1 张幻灯片，点击"插入→音频→嵌入背景音乐"命令，打开"插入音频"对话框，如图 4-2-39 所示。

②选择"Sleep Coming.mp3"音频文件，点击"打开"命令按钮，此时幻灯片中出现一个"小喇叭"的图标。

③选中"小喇叭"图标，显示"音频工具"选项卡的内容，如图 4-2-40 所示。将"小喇叭"图标移动到适当的位置。

④将幻灯片从第一张开始放映，可以在幻灯片播放的同时欣赏背景音乐。

图 4-2-39　插入音频

图 4-2-40　设置音频样式

 4.2.4 幻灯片的放映

1.幻灯片放映

演示文稿创建完成后,或者创建过程中为了查看整体效果,用户需要放映演示文稿。常见的幻灯片放映有以下几种方法。

(1)单击"幻灯片放映"选项卡中的"开始放映幻灯片组"中"从头开始"/"从当前幻灯片开始"命令按钮。

(2)单击状态栏右侧的视图切换按钮中的"幻灯片放映"按钮 ▶ ,从当前幻灯片开始放映。

(3)键盘操作方法:按 F5 键从头开始放映,按 Shift+F5 键从当前幻灯片开始放映。

在幻灯片放映过程中,对一些重点内容,演讲者可以在幻灯片做勾画以引起观看者的注意,提供了"画笔"功能。放映时鼠标在幻灯片上单击鼠标右键,在弹出的快捷菜单中选择"指针选项"命令,在弹出菜单中选择所需要的画笔,如图 4-2-41 所示。

图 4-2-41　画笔功能

关于墨迹画笔的命令介绍如下：

（1）荧光笔：为文字涂上荧光，突出显示。

（2）绘制形状：可以绘制不同形状的线条。

（3）墨迹颜色：改变画笔颜色。

（4）橡皮擦：清除画笔颜色线。

（5）擦除幻灯片上的所有墨迹：清除当前幻灯片上的所有画笔颜色线，恢复幻灯片原样。

2.放映方式

设置幻灯片放映的高级选项，如展台模式。命令位置在"放映→放映设置→放映设置"，弹出设置放映方式对话框，如图 4-2-42 所示。

演示文稿放映类型主要有两种：

（1）演讲者放映（全屏幕）：全屏形式显示，由播放者控制幻灯片放映的进度、速度和动画出现的效果，可以实现手动或者自动换片。

（2）展台自动循环放映（全屏幕）：全屏形式展台播放。自动循环放映，按 Esc 键退出放映。只保留鼠标指针，适合无人看管的场合。

放映选项主要有两种情况：

（1）循环放映，按 ESC 终止：放映演示文稿时，最后一张幻灯片放映后，自动回到第一张幻灯片重新放映，直到按 Esc 结束。

（2）放映不加动画：放映过程中，设置的动画将不播放。

一个演示文稿中有多张幻灯片，在如图 4-2-42 中所示的放映幻灯片功能组中可以设置哪些幻灯片需要进行播放，如用户可以选择全部幻灯片、从第几张开始到第几张结束或者选择自定义放映。

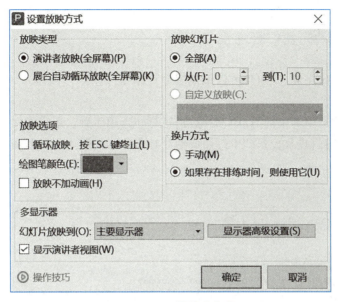

图 4-2-42 设置放映方式

演示文稿放映的换片方式可以选择"手动"或者"排练计时"中的一种形式。在幻灯片放映时，经常用到"排练计时"方式设置幻灯片自动放映。"排练计时"时提前排练记录每张幻灯片的显示时间，在正式放映时按照排练时间自动放映。单击"放映"选项卡中的"排练计时"命令按钮，在演示文稿播放的同时显示"预演"工具栏，如图 4-2-43 所示。

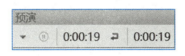

图 4-2-43 "预演"工具栏

用户需要自行放映幻灯片，"录制"工具栏中显示当前幻灯片的录制时间和已经录制的总时长，用户可以利用工具栏对放映时间进行控制，放映完成后，弹出如图 4-2-44 所示的对话框，提示是否保存本次排练时间。单击"是"按钮后，演示文稿切换到"幻灯片"浏览视图，在每张幻灯片下方显示排练时间。

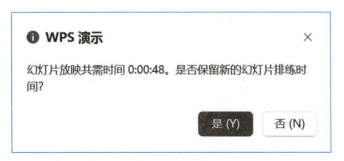

图 4-2-44 保留幻灯片计时设置

4.2.5 打印及打包幻灯片

演示文稿制作完成后，用户可以根据需要打印和打包。

1.打印幻灯片

选择"文件"选项卡中的"打印"命令，进行打印选项设置。用户可以选择打印份数，打印的内容、打印的版式及一张纸中打印的幻灯片张数。如图 4-2-45 所示。

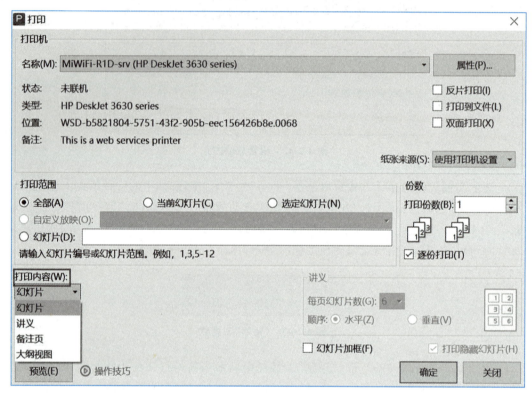

图 4-2-45　打印幻灯片

2.打包演示文稿

选择"文件"菜单中的"文件打包"命令，可将演示文稿文件打包成一个文件夹或压缩包，便于整体演示文稿文件的存放，避免其中的音频与视频文件的丢失。如图 4-2-46 所示。

图 4-2-46　打包幻灯片

TIP：

"文件"菜单中的"另存为"命令中，还可将演示文稿文件保存为下列格式：

视频格式：可将当前文件转换成 WebM 格式的视频文件。

pps 格式：当文件保存为该模式，可以在没有安装 WPS 演示文稿程序的环境下直接放映。

4.3　知识拓展——制作高质量的要素

要素 1　排版要统一

根据二八原则，工作量只占 20％的排版在美化中占 80％的作用。对于没有美术基础的人，记住一个词就够了：统一。统一不代表完全一样，是同一类别的东西一样。比如统一字体（但不意味着只用一种字体，可以标题用醒目点的，正文用另一种）、统一母版、统一行间距、统一颜色、统一标题页、统一符号、统一各种格式等。统一不一定能让你的文稿变得漂亮，但一定可以防止它变得混乱和丑陋。

要素 2　图片要给力

要想吸引人，图片一定要高清。模糊的图片会立马让人对你的文稿失去兴趣。可以用 PS 或 WPS 演示文稿自带的处理功能调整一下，或者上网搜集。总之，一定要放令人赏心悦目的美图。

要素 3　动画要合适

过多过杂而且没有意义的动画会分散观众的注意力。使用动画时记住一条：别让观众和你自己等待动画！动画尽量在较短的时间内完成。

要素 4　简约而不简单

如果没有很好的设计美感，没有很强的排版能力，没有强大的动画技术，那就试试简约风格吧！选择一种清晰明了的字体（推荐雅黑），选择白色为主的背景，选择黑色等较深的字体颜色，选择最常用的动画效果，不求光彩照人，但求让人身心愉悦。

4.4　本章小结

本案例要求制作一个名为"大学生健康习惯及建议.pptx"的演示文稿，如图 4-4-1 所示。本案例包含了幻灯片的静态制作、美化幻灯片、动态制作等。

静态制作主要包含的知识点有：占位符的概念、版式的设置、文本的输入、图片的插入。

美化幻灯片的知识点主要有：主题的设置、母版的设置、页眉页脚的设置、为幻灯片分节、图片、表格、SmartArt 图形的插入。

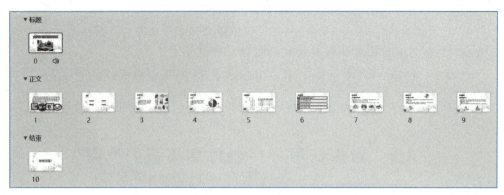

图 4-4-1 "大学生健康习惯及建议"演示文稿

动态幻灯片制作的知识点主要有：切换效果、动画设置、插入超级链接、插入音频及幻灯片放映方式的设置。

4.5 课后实训

4.5.1 基础练习

（1）打开单元 4 课后练习素材文件夹下的"数据库.pptx"文件，做如下操作：

使用任意主题修饰全文。

在第一张幻灯片前插入一张版式为"空白"的新幻灯片，在指定位置（水平：5.3 厘米，自：左上角，垂直：8.2 厘米，自：左上角）插入样式为"填充—白色，轮廓着色 5；阴影"的艺术字"数据库原理与技术"，文字效果为"转换—弯曲—双波形"。

第四张幻灯片的版式改为"两栏内容"，复制第五张幻灯片的左侧图片，以图片形式粘贴到第四张幻灯片右侧内容区。图片动画设置为"进入""旋转"。

复制第五张幻灯片的右侧图片，以图片形式粘贴到第二张幻灯片右侧内容区，第二张幻灯片主标题输入"数据模型"。

第三张幻灯片的文本设置为 27 磅字，并移动第二张幻灯片，使之成为第四张幻灯片，删除第五张幻灯片。

将全部幻灯片的切换方案设置成"擦除"（注意：所有幻灯片均需设置），效果选项为"自顶部"。

样文见素材文件夹下的"数据库样文.pptx"。

（2）打开单元 4 课后练习素材文件夹下的"Maxtor.pptx"文件，做如下操作：

最后一张幻灯片前插入一张版式为"仅标题"的新幻灯片，标题为"领先同行业的技术"，插入样式为"填充—钢蓝，着色 1；阴影"的艺术字"Maxtor Storage for the world"，且文字均居中对齐。

艺术字文字效果为"转换—跟随路径—上弯弧",艺术字宽度为 18 厘米。将该幻灯片向前移动,作为演示文稿的第一张幻灯片,并删除第五张幻灯片。将最后一张幻灯片的版式更换为"垂直排列标题与文本"。第二张幻灯片的内容区文本动画设置为"进入""飞入",效果选项为"自右侧"。

第一张幻灯片的背景设置为"有色纸 1"纹理,且隐藏背景图形。

全文幻灯片切换方案设置为"棋盘",效果选项为"自顶部"。

放映方式为"观众自行浏览"。

样文见素材文件夹下的"Maxtor 样文.pptx"。

(3)制作一份介绍第二次世界大战的演示文稿。参考课后练习素材文件中的"第二次世界大战样文.pdf"文件示例效果,完成演示文稿的制作。

①依据课后练习素材文件夹下的"文本内容.docx"文件中的文字创建共包含 14 张幻灯片的演示文稿,将其保存为"第二次世界大战.pptx"。

②为演示文稿应用课后练习素材文件夹中的自定义主题"历史主题.thmx",并按照表 4-4-1 的要求修改幻灯片版式。

表 4-4-1　幻灯片要求

幻灯片编号	幻灯片版式
幻灯片 1	标题幻灯片
幻灯片 2～5	标题和文本
幻灯片 6～9	标题和图片
幻灯片 10～14	标题和文本

③应用母版视图,将除标题幻灯片外的其他幻灯片的标题文本字体全部设置为微软雅黑、加粗;标题以外的内容文本字体全部设置为幼圆。

④输入标题文字"第二次世界大战",设置标题幻灯片中的标题文本字体为方正姚体,字号为 60;在副标题占位符中输入"过程和影响"文本,字体、字号为默认设置,对齐方式为左对齐。

⑤在第 2 张幻灯片中,插入课后练习素材文件下的"图片 1.png"图片,将其置于项目列表下方,并应用恰当的图片样式。

⑥在第 5 张幻灯片中,插入布局为"垂直框列表"的 SmartArt 图形,图形中的文字参考"文本内容.docx"文件;更改 SmartArt 图形的颜色为"彩色范围—个性色 5 至 6";为 SmartArt 图形添加"淡出"的动画效果,并设置为开始方式为单击鼠标时;效果选项设置为逐个播放,再将包含战场名称的 6 个形状的动画持续时间修改为 1 秒。

⑦在第 6～9 张幻灯片的图片占位符中,分别插入课后练习素材文件夹下的图片"图片 2.png"、"图片 3.png"、"图片 4.png"和"图片 5.png",并应用图片样式"复杂框架、黑色"样式,适当调整图片的大小和位置。并对图片的颜色设置为"重新着色—灰度"。

⑧适当调整第 10～14 张幻灯片中的文本字号;在第 11 张幻灯片文本的下方插入 2

个同样大小的"圆角矩形"形状，并将其设置为顶端对齐及横向均匀分布；在 2 个形状中分别输入文本"民族独立"和"两极阵营"，适当修改字体和颜色；然后为这 2 个形状插入超链接，分别链接到之后标题为"民族独立"和"两极阵营"的 2 张幻灯片；为这 2 个圆角矩形形状设置"劈裂"进入动画效果，并设置单击鼠标后从左到右逐个出现，每两个形状之间的动画延迟时间为 0.5 秒。

⑨在第 12～14 张幻灯片中，分别插入名为"第一张"的动作按钮，链接到第 11 张幻灯片；设置动作按钮的高度和宽度均为 2 厘米，距离幻灯片左上角水平 1.5 厘米，垂直 15 厘米，并设置为当鼠标单击该动作按钮时候，隐藏第 12～14 张幻灯片。

⑩除标题幻灯片外，为其余所有幻灯片添加幻灯片编号，编号值从 1 开始显示。

⑪为演示文稿中的全部幻灯片应用一种合适的切换效果，并将自动换片时间设置为 20 秒。

🖱 4.5.2 综合练习

建立一份至少含 6 张幻灯片的演示文稿"××竞赛活动推进会.pptx"。要求：

(1)第 1 张为总标题"××竞赛活动推进会"。

(2)第 2 张为目录页，使用项目符号的各子标题："××竞赛活动邀请函""××竞赛活动简介""竞赛内容""参赛要素，竞赛时间、地点、人员"。

(3)第 3～6 张分别对以上子标题进行介绍。

(4)第 3 张要求用文字处理软件做好"××竞赛活动邀请函"，以截图的形式插入文稿当中。

(5)第 4 张要求用图片、音乐、视频或超链接等形式展示。

(6)第 5 张要求设计表格，用表格插入形式清晰展示参赛要素，包括竞赛时间、地点、人员等。

(7)最后一张应简洁明了，让人印象深刻。

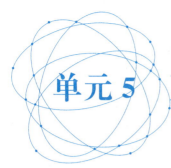

单元 5 互联网及其应用

随着信息技术的不断发展,计算机网络应用成为计算机应用的常用领域。计算机网络的功能是将计算机连入网络,然后共享网络中的资源并进行信息传输。计算机要连入网络必须具备相应的条件。现在最常用的网络是 Internet(互联网,又称因特网),它是一个全球性的网络,将全世界的计算机联系在一起,通过这个网络,用户可以实现多种功能。本单元主要介绍 Internet 基础知识、互联网信息安全基础知识,以及在 Internet 中进行信息浏览、信息检索、文件下载、邮件收发、即时通信以及流媒体文件的使用等。

 学习目标

1.认识 Internet 与万维网,了解 TCP/IP,认识 IP 地址和域名系统,掌握常见的 Internet操作,包括浏览器的使用、搜索信息、上传与下载资源、发送电子邮件、即时通信软件的使用和网上流媒体的使用等。

2.了解互联网信息安全的基本常识,认识互联网信息安全常见技术及防范措施,了解信息安全与社会责任。

3.掌握网络搜索引擎的检索技巧,学会使用搜索引擎快速、全面、准确地查询网络信息资源。

4.掌握常用中文网络数据库的各种检索方法,能按照检索要求独立地完成电子图书、电子期刊、论文、标准、专利等多种类型的信息资源的查询任务。

5.1 互联网简介

5.1.1 Internet

1.Internet 概述

因特网（Internet）俗称互联网，也称国际互联网，它是全球最大、连接能力最强、开放的由遍布全世界的众多大大小小的网络相互连接而成的计算机网络，是由美国军方的高级研究计划局的阿帕网（ARPANET）发展起来的。Internet 主要采用 TCP/IP 协议进行数据通信，把世界各地的计算机网络连接在一起，进行信息交换和资源共享。目前，Internet 通过全球的信息资源和覆盖五大洲的 160 多个国家的数百万个网点，提供数据、电话、广播、出版、软件分发、商业交易、视频会议以及视频节目点播等服务。Internet 在全球范围内提供了极为丰富的信息资源，在人们的工作、生活和社会活动中起着越来越重要的作用。

我国从 1994 年 4 月起正式加入 Internet，开通了 Internet 的全功能服务。目前国内各大计算机网络实现了同 Internet 的连接。中国教育科研网（CERNET）是由我国政府资助的第一个全国范围内的学术性计算机网络（http://www.edu.cn）。

微课
互联网的
发展历程

2.Internet 提供的主要信息服务

Internet 为用户获取信息提供了许多服务，其中最常见的有 WWW 服务、电子邮件、网络新闻、文件传输、远程登录、网络购物、网络社区、即时通信等。

WWW（World Wide Web，万维网）服务是建立在 Internet 上最典型的网络服务，是一种交互式、动态、多平台的分布式图形信息系统，它使用超文本语言，可以将图像、图形、动画、视频、声音集成到网页中。它使得用户可以通过 Web 浏览器实现信息的浏览。

电子邮件也称 E-mail，是 Internet 上使用最广泛的一种服务。用户只要能与 Internet 连接，具有能收发电子邮件的程序及个人的 E-mail 地址，就可以与 Internet 上具有电子邮件的所有用户方便、快速、经济地交换电子邮件。电子邮件可以在两个用户间交换，也可以向多个用户发送同一封邮件，或将收到的邮件转发给其他用户。电子邮件中除文本外，还可包含声音、图像、应用程序等各类计算机文件。此外，用户还可以邮件方式在网上订阅电子杂志、获取所需文件、参与有关的公告和讨论组，甚至还可浏览 WWW 资源。

文件传输服务又称为 FTP 服务，它是 Internet 中最早提供的服务功能之一，仍然在广泛使用。它典型的应用是文件的下载和上传。所谓下载就是用户将 FTP 服务器上的文件拷贝到本地计算机，而上传则恰好相反。

3.Internet 的接入方式

Internet 服务商(简称 ISP)是专门为用户提供 Internet 服务的公司或个人,用户可以借助于 ISP,通过电话线、局域网以及无线方式将计算机接入 Internet。

(1)通过电话拨号接入 Internet

拨号接入是个人用户接入 Internet 最早使用的方式之一。

(2)通过 ADSL、ISDN 专线入网

综合业务数字网(integrated services digital network,ISDN)是一种能够同时提供多种服务的综合性公用电信网络。

ADSL 是 DSL(数字用户环路)家族中最常用、最成熟的技术。ADSL 接入 Internet 有虚拟拨号和专线接入两种方式。

(3)通过局域网接入 Internet

由路由器将本地计算机局域网作为一个子网连接到 Internet 上,使得局域网的所有计算机都能够访问 Internet。这种连接的本地传输速率可达 100 Mb/s 以上,但访问 Internet 的速率要受到局域网出口(路由器)的速率和同时访问 Internet 的用户数的影响。

采用局域网接入非常简单,只要用户有一台电脑、一块网卡、一根双绞线,然后再去找网络管理员申请一个 IP 地址就可以了。

(4)以 DDN、X.25、帧中继等专线方式入网

许多种类的公共通信线路如 DDN、X.25、帧中继也支持 Internet 的接入方式,这些接入方式比较复杂、成本较昂贵,适合于公司、机构单位使用。采用这些接入方式时,需要在用户及 ISP 两端各加装支持 TCP/IP 协议的路由器,并向电信部门申请相应的数字专线,由用户独自使用。专线方式连接的最大优点是速度快、可靠性高。

(5)以无线方式入网

无线接入使用无线电波将移动终端系统(笔记本、PDA、手机等)和 ISP 的基站(base station)连接起来,基站又通过有线方式或卫星通信接入 Internet。

应用练习:

了解你电脑上网的接入方式是什么。

 5.1.2 Internet 的协议

1.TCP/IP 协议

每个计算机网络都需要制定一套全网共同遵守的网络协议,并要求网中每个主机系统配置相应的协议软件,以确保网中不同系统之间能够可靠、有效地通信和合作。"TCP/IP(transmission control protocol/internet protocol)"译为传输控制协议/互联协议,又名网络通信协议,是 Internet 使用的通信协议,通俗地讲,就是用户在 Internet 上通信时所遵守的语言规范。目前 TCP/IP 协议已经成为 Internet 中的"通用语言",图 5-1-1 为不同计算机群之间利用 TCP/IP 进行通信的示意图。

TCP 即传输控制协议,位于传输层,负责向应用层提供面向连接的服务,确保网上发送的数据包可以完整接收。如果发现传输有问题,TCP 会要求重新传输,直到所有数据

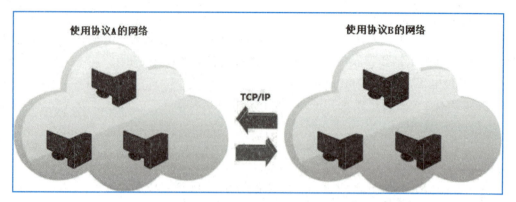

图 5-1-1 不同计算机群之间利用 TCP/IP 进行通信的示意图

安全正确地传输到目的地。IP 即网络协议，负责给 Internet 的每一台联网设备规定一个地址，即常说的 IP 地址。同时 IP 还有另一个重要的功能，即路由选择功能，用于选择从网上一个结点到另一个结点的传输路径。

TCP/IP 协议不仅仅指的是 TCP 和 IP 两个协议，而是指一个由 FTP、SMTP、TCP、UDP、IP 等协议构成的协议簇，只是因为在 TCP/IP 协议中，TCP 协议和 IP 协议最具代表性，所以被称为 TCP/IP 协议。

TCP/IP 协议遵守一个四层的概念模型，即网络接口层、互联网络层、传输层、应用层，如图 5-1-2 所示。

TELNET	FTP	SMTP	...	HTTP	应用层
TCP			UDP		传输层
IP					互联网络层
网络接口层					

图 5-1-2 TCP/IP 的四层协议

各层的主要功能是：

（1）网络接口层（host-to-network layer）。网络接口层用于规定数据包从一个设备的网络层传输到另一个设备的网络层的方法。

（2）互联网络层（internet layer）。互联网络层负责提供基本的数据封包传送功能，让每一块数据包都能够到达目的主机。该层使用因特网协议（internet protocol，IP）、网际网控制报文协议（ICMP）。

（3）传输层（transport layer）。传输层用于为两台联网设备之间提供端到端的通信，在这一层有传输控制协议（TCP）和用户数据报协议（UDP）。其中 TCP 是面向连接的协议，它提供可靠的报文传输和对上层应用的连接服务；UDP 是面向无连接的不可靠传输的协议，主要用于不需要 TCP 的排序和流量控制等功能的应用程序。

（4）应用层（application layer）。应用层包含所有的高层协议，用于处理特定的应用程序数据，为应用软件提供网络接口，包括文件传输协议（FTP）、电子邮件传输协议（SMTP）、域名服务（DNS）、网络新闻协议（NNTP）等。

2.分组与路由交换

在 Internet 这张巨网下,信息不再是点对点的整体传输,而是把不同规模的信息分切成一个个轻巧的碎片(数据的分组),让其在网状的通道里自由选择最快捷的路径,在到达目的地后自动组合汇聚,还原成完整信息。以上描述的就是分组与交换的基本思想。

 ## 5.1.3 万维网

WWW 简称 3W,WWW 由三部分组成:浏览器(browser)、Web 服务器(Web server)和超文本传送协议(HTTP protocol)。浏览器向 Web 服务器发出请求,Web 服务器向浏览器返回其所需的 WWW 文档,然后浏览器解释该文档并按照一定的格式将其显示在屏幕上,浏览器与 Web 服务器使用 HTTP 协议进行互相通信。

1.统一资源定位符 URL

统一资源定位符,又叫 URL(uniform resource locator),是专为标识 Internet 上资源位置而设置的一种编址方式,我们平时所说的网页地址指的即是 URL。互联网上的每个文件都有一个唯一的 URL,它包含的信息指出文件的位置以及浏览器应该怎么处理它。

标准的 URL 如图 5-1-3 所示:

图 5-1-3　URL 示例

这个例子表示:用户连接到名为 www.zol.com.cn 的主机上,采用 http 方式读取名为 index.html 的超文本文件。

2.超文本传输协议(HTTP)

超文本传输协议 HTTP(hyper text transfer protocol)是互联网上应用最为广泛的一种网络协议。万维网通过 HTTP 协议向用户提供多媒体信息。HTTP 协议采用请求/响应模型,详细规定了浏览器和万维网服务器之间互相通信的规则。

 ## 5.1.4 IP 地址和域名系统

微课
IP 地址
与域名

TCP/IP 协议是计算机网络所使用的默认网络协议。所谓网络协议就是在网络上发送信息时的规则和约定,即网络上的计算机彼此之间进行通信所使用的语言。TCP/IP 协议是目前网络通信中流行的协议。

根据 TCP/IP 协议的规定,必须给网络中的每台计算机上分配一个唯一的 IP 地址以示区别。

1.IP 地址

和电话用户有一个全世界范围内唯一的电话号码一样,所有 Internet 上的计算机都必须有一个唯一的编号作为其在 Internet 上的标识,用来解决计算机相互通信的寻址问题,这个编号称为 IP 地址。IPV4 规范的 IP 地址是一个 32 位二进制数,例如某台机器的 IP 地址为:11001011 01100001 10000001 01010111,这么长的地址,人们处理起来非常困难。于是,为了方便使用,将这 32 位数字每 8 位(即每个字节)为一组分别转换成十进制数,中间使用符号".."隔开。于是,上面的 IP 地址可以表示为"203.97.129.87",称为"点分十进制表示法"。

IP 地址通常可分成两部分。第一部分是网络号,第二部分是主机号,如图 5-1-4 所示。

图 5-1-4　IP 地址的组成

根据网络规模和应用的不同,IP 地址分为 A、B、C、D、E 这 5 类,其中常用的是 A、B、C 两类。IP 地址的详细结构见图 5-1-5。

网络类型	1~8 位		9~16 位	17~24 位	25~32 位
A 类	0	7 位	24 位主机地址		
B 类	10		14 位	16 位主机地址	
C 类	110		21 位		8 位主机地址

图 5-1-5　IP 地址结构

所有 IP 地址由国际组织 NIC 负责统一分配。其中,ENIC 负责欧洲地区,APNIC 负责亚太地区,InterNIC 负责美国及其他地区。

由于网络的迅速发展,当前 IPV4 地址已几乎耗尽。在这样的情况下,IETF(互联网工程任务组)设计了 IPV6 协议,以替代 IPV4 协议。在今后的一段时间内,IPV4 将和 IPV6 共存,并最终过渡到 IPV6。

IPV6 采用 128 位地址长度,几乎可以不受限制地提供地址。在 IPV6 中除解决了地址短缺问题以外,还解决了在 IPV4 中存在的其他问题,如端到端 IP 连接、服务质量(Quality of Service,QoS)、安全性、多播、移动性和即插即用等。IPV6 已成为新一代的网络协议标准。

IPV6 有 3 种表示方法,分别是冒号十六进制表示法、零压缩表示法和内嵌 IPV4 的 IPV6 表示法。

2.子网和子网掩码

在制定网络编码方案时,往往会遇到网络数量不够的问题,解决办法是将主机标识的部分地址作为子网编号,剩余的主机标识作为相应子网的主机标识部分。这样,IP 地址就划分为"网络—子网—主机"3 个部分。

要确定 IP 地址中哪个部分是子网地址,哪个部分是主机地址,就需要用子网掩码技术。子网掩码是一个与 IP 地址结构相同的 32 位二进制数字标识,也用点分十进制标识,作用是区分网络地址和主机地址。

每个独立的子网有一个子网掩码。默认情况下,A、B、C 三类网络的子网掩码分别是

255.0.0.0、255.255.0.0、255.255.255.0。

应用练习：

了解你电脑上网所设置的 IP 地址和子网掩码。

3.域名系统

IP 地址是访问 Internet 网络上某一主机所必需的标识，但是数字形式的 IP 地址难以记忆，故在实际使用时常采用字符形式来表示 IP 地址，即域名。例如 pconline.com.cn 是太平洋电脑网的域名。

(1)域名地址

为了便于管理并避免重名，域名由若干个不同层次的子域名构成，子域名之间用圆点"."来分隔。

域名的层次结构如下：

…三级子域名.二级子域名.顶级子域名

顶级域名分为组织机构和地理模式两大类。机构域名包括表示商业机构的.com、表示网络提供商的.net、表示教育机构的.edu 等。地理域名使用 ISO 3166 中指定的国家代码，例如中国是 cn，美国是 us。

二级域名是顶级域名之下的域名。在国际顶级域名下，它是指域名注册人的网上名称，例如 baidu、yahoo 等。在国家顶级域名下，它是表示注册企业类别的符号，例如 com、net、gov、edu 等。

三级域名用字母、数字和连接符(-)组成，长度不得超过 20 个字符。

(2)中文域名

中文域名是含有中文字符的域名，同英文域名一样，也是互联网上的门牌号。".中国"是在全球互联网上代表中国的中文顶级域名。目前，CNNIC 负责管理包含".CN"、".中国"、".公司"和".网络"结尾的中文域名体系。例如"清华大学.cn""北京大学.中国"是已注册的中文域名。

(3)域名解析

虽然域名便于记忆，但是机器之间只认 IP 地址，因此需要将域名转换为 IP 地址，这项工作由域名解析服务器 DNS(域名系统)来完成。每台 DNS 服务器中保存着自身网络内部所有主机的域名和对应的 IP 地址。

应用练习：

太平洋电脑网的网址是：https://www.pconline.com.cn/，你能获取到对应的 IP 地址吗？(提示：使用 ping 命令)根据域名了解组织、地理分层。

4.查看计算机的网络标识

操作要求：

利用对话框或命令，查看当前计算机在网络上的名称及工作组、IP 地址、网关、子网掩码等。

操作步骤：

(1)右击桌面上的"此电脑"图标，从快捷菜单中选择"属性"命令，打开"系统"窗口，其中显示了计算机在网络上的名称和所属的工作组，如图 5-1-6 所示。

图 5-1-6 "系统"窗口

（2）点击"开始"菜单→设置 ⚙ →网络和 Internet，进入"网络和 Internet"设置，点击"以太网"右侧的"网络和共享中心"进入查看活动网络，如图 5-1-7 所示。点击查看"查看网络活动"下的"以太网"，弹出"以太网状态"对话框，对本机的连接状态进行查看和重新配置。

图 5-1-7 "网络和共享中心"窗口

（3）同时按住 Win 键和 R 键，打开运行对话框。在对话框"打开"输入框中输入"cmd"，打开 MSDOS 界面。在窗口中输入"ipconfig"，按 Enter 键，可以查看计算机的 IP 地址、子网掩码和默认网关等信息，如图 5-1-8 所示。

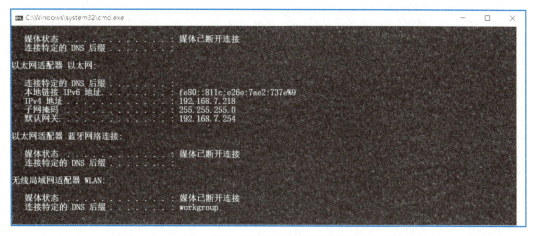

图 5-1-8　查看 IP 地址、子网掩码和默认网关等信息的窗口

5.1.5 互联网设备

网络互联时，必须解决如下问题：在物理上如何把两种网络连接起来。一种网络如何与另一种网络实现互访与通信，如何解决它们之间协议方面的差别，如何处理速率与带宽的差别，解决这些问题，协调、转换机制的部件就是中继器、网桥、路由器、接入设备和网关等。

一般讨论网络互联时都是指用交换机和路由器进行互联的网络(图 5-1-9)。

图 5-1-9　交换机与路由器产品

1.交换机

交换机(Switch)意为"开关"，也称为交换式集线器，是一种用于电(光)信号转发的网络设备。它可以为接入交换机的任意两个网络节点提供独享的电信号通路。最常见的交换机是以太网交换机。其他常见的还有电话语音交换机、光纤交换机等。

交换机是一种基于 MAC 地址识别，能完成封装转发数据包功能的网络设备。交换机可以"学习"MAC 地址，并把其存放在内部地址表中，通过在数据帧的始发站和目标接收者之间建立临时的交换路径，使数据帧直接由源地址到达目的地址。

目前的交换机功能越来越强，带网管功能的交换机可对每个端口的流量进行监控，设置每个端口的速率，关闭或打开端口连接。通过对交换机端口进行监测，便于控制网络业务流量和定位网络故障，提高网络的可管理性。

微课
上网参数
设置

2.路由器

路由器是连接两个或多个网络的硬件设备，在网络间起网关的作用，是读取每一个数据包中的地址然后决定如何传送的专用智能性的网络设备。它能够理解不同的协议，例如某个局域网使用的以太网协议，因特网使用的 TCP/IP 协议。这样，路由器可以分析各种不同类型网络传来的数据包的目的地址，把非 TCP/IP 网络的地址转换成 TCP/IP 地址，或者反之；再根据选定的路由算法把各数据包按最佳路线传送到指定位置。所以路由器可以把非 TCP/ IP 网络连接到因特网上。

目前家庭中广泛使用的 Wi-Fi 无线路由器，与上述所说的互联网路由器在功能和作用上有很大不同。家庭用 Wi-Fi 无线路由器实际上是一个转发器，它可以把接入家中的有线宽带信号（如 ADSL、小区宽带）转换成无线信号，这样就可以实现计算机、手机等 Wi-Fi 设备的无线上网。

应用练习：

了解你电脑上网的设备有哪些？

5.1.6 Internet 应用

Internet 可以实现的功能有很多，用户不仅可以进行信息的查看和搜索，还能进行资料的上传和下载、电子邮件的发送等。在信息化技术如此深入的今天，不管是工作还是日常生活，都离不开 Internet。我们需要掌握常见的 Internet 操作，包括浏览器的使用、搜索信息、上传与下载资料、发送电子邮件、即时通信软件的使用和网上流媒体的使用等。

1.使用 Edge 浏览器

浏览器又称 Web 客户端程序，用于浏览 Internet 中的信息。Internet 中的信息内容繁多，有文字、图像、多媒体，还有连接到其他网址的超链接。通过浏览器，用户可以迅速浏览各种信息，并可将用户反馈的信息转换为计算机能够识别的命令。在 Internet 中这些信息一般都集中在 HTML 格式的网页上显示。

浏览器的种类众多，一般常用的有 Edge 浏览器、IE 浏览器（Internet Explorer）、QQ 浏览器、火狐浏览器（Firefox）、谷歌浏览器、百度浏览器、搜狗浏览器、360 浏览器、UC 浏览器、遨游云浏览器和世界之窗浏览器等。

（1）认识 Microsoft Edge 浏览器窗口

Edge 浏览器是 Windows 10 系统内置的一款全新的浏览器，其取代了 IE 浏览器作为 Windows 10 系统默认的浏览器。

在 Windows 10 系统中单击"开始→Microsoft Edge"就可以启动 Edge 浏览器了,打开如图 5-1-10 所示的窗口。当然为了以后使用的方便,可以在这里的 Edge 浏览器上单击鼠标右键,选择"固定到任务栏",将 Edge 浏览器固定在任务栏上,这样以后会方便些。

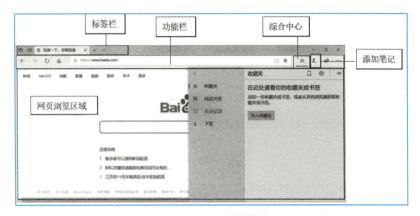

图 5-1-10　Edge 浏览器窗口

Microsoft Edge 浏览器由标签栏、功能栏、网页浏览区域三部分组成。Microsoft Edge 浏览器整体默认采用浅灰色的 Modern 设计风格,视觉上更加整洁、现代。

单击"综合中心"按钮 ☆≡ 可显示收藏的网页、阅读列表、历史记录和下载列表。

(2)使用 Microsoft Edge 浏览器

①网页标注功能

Edge 浏览器支持用户在网页上进行书写、涂鸦、标注、剪辑等操作,你可以选择将操作后的网页进行保存或者共享。你可以保存在三个位置:onenote、收藏夹、阅读列表,这样你就可以随时查看你的笔记了。单击"添加笔记"按钮,即可以进行网页标注,如图 5-1-11 所示。

图 5-1-11　Edge 浏览器的网页标注功能

②私密浏览功能

有了这个功能再也不怕别人查看自己的浏览记录了。使用 Edge 在 InPrivate(私密)模式下浏览时,将不会保存 Cookie、历史记录和下载内容。方法如下:打开 Edge 浏览器后,选择"新建 InPrivate 窗口"即可开启私密模式,如图 5-1-12、图 5-1-13 所示。

图 5-1-12　Edge 浏览器的私密浏览功能

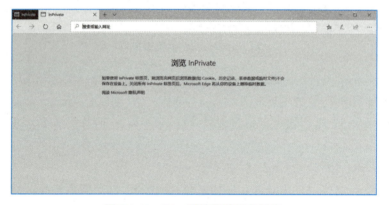

图 5-1-13　Edge 浏览器的私密模式

③扩展功能

Edge 浏览器新增了扩展插件功能。添加插件的方法如下：在 Edge 浏览器中，选中"扩展"功能，然后选中"从应用商店获取扩展"，即可从应用商店下载你需要的插件，如图 5-1-14 所示。

图 5-1-14　Edge 浏览器的扩展功能

④阅读模式

阅读模式可以帮助你更简单、更干净利落地在网上阅读文章,远离页面中烦人的广告和弹窗。但是有的页面是不支持阅读模式的。普通模式和阅读模式的对比图如图 5-1-15所示。

图 5-1-15　Edge 浏览器的普通模式和阅读模式的对比

2.收发电子邮件

电子邮件的收发是现代化办公中最基本的职业能力。电子邮件也称 E-mail,是一种用电子手段提供信息交换的通信方式,是互联网应用最广的服务。通过网络的电子邮件系统,用户可以以非常低廉的价格(不管发送到哪里,都只需负担网费)、非常快速的方式(几秒钟之内可以发送到世界上任何指定的目的地),与世界上任何一个角落的网络用户联系。电子邮件可以是文字、图像、声音等多种形式。同时,用户可以得到大量免费的新闻、专题邮件,并轻松实现信息搜索。

(1)常见电子邮箱和电子邮件处理软件

常见的电子邮箱有:Gmail(谷歌)、TOM 邮箱(TOM 集团)、QQ 邮箱(腾讯)、126 邮箱(网易)、163 邮箱(网易)、188 邮箱(网易)、Hotmail 邮箱(微软)、189 邮箱(电信)、139邮箱(移动)、新浪邮箱、搜狐闪电邮箱、21CN 邮箱(世纪龙)等。

常见的电子邮件处理软件有:Foxmail、Outlook、Dreammail、KooMail、IncrediMail 等。

(2)认识电子邮箱地址

E-mail 像普通的邮件一样,也需要地址,它与普通邮件的区别在于它的电子地址,且每个 E-mail 地址都是全球唯一的。邮件服务器就是根据这些地址，将每封电子邮件传送到用户电子邮箱中。

电子邮箱的格式是 user@mail.server.name，其中 user 是用户账号，mail.server.name 是电子邮件服务器名，@符号用于连接前后两部分。如一个邮箱地址为 acong2021@163.com，则其中 acong2021 为用户账号，163.com 是电子邮件服务器。

（3）电子邮件的专用名词

用户在撰写电子邮件的过程中，经常会使用一些专用名词，如收件人、抄送、密送、主题、附件和正文等，其含义如下：

①收件人。收件人指邮件的接收对象。

②主题。主题指邮件的名称。

③抄送。抄送是指将邮件同时发送给收信人以外的人，用户所写的邮件抄送一份给别人，对方可以看见该用户的 E-mail。

④密送。密送又称"盲抄送"，和抄送的唯一区别就是，密送能够让各个收件人只查看到邮件，而不能看到其他收件人的地址。密送是个很实用的功能，假如你一次向成百上千位收件人发送邮件，最好采用密送方式，这样一来可以保护各个收件人的地址不被其他人轻易获得，二来可以使收件人节省下收取大量抄送的 E-mail 地址的时间。

⑤附件。附件是跟电子邮件一同发出的附带文件，附件包括声音、视频、文档、图片等一系列允许发送的文件。但是 EXE 类文件是不允许发送的。

⑥正文。正文指电子邮件的主体部分，即邮件的详细内容。

（4）申请电子邮箱

目前很多网站都提供了免费邮箱服务，而且这些免费电子邮箱的容量也很大。基于此，我们在网易中申请一个免费的 163 邮箱：

①在浏览器中输入网易邮箱的网址"https://mail.163.com/"，打开网易 163 邮箱首页，单击其中的"注册网易邮箱"按钮。

②打开注册网页，根据提示输入电子邮箱的地址、密码、手机号码和验证码等信息，单击"立即注册"按钮，如图 5-1-16 所示，将在打开的网页中提示注册成功。

图 5-1-16　输入注册信息

（5）发送电子邮件

①在浏览器的地址栏目中输入"https://mail.163.com/"进入网易 163 邮箱首页,在"用户名"和"密码"文本框中输入用户名和密码,然后单击"登录"按钮进入电子邮箱。

②登录邮箱后,在邮箱窗口中单击"写信"按钮,进入邮件编辑窗口。

③在"收件人"文本框中输入收件人的邮箱地址,在"主题"文本框中输入邮件的主题,在正文文本框中编辑邮件的内容。

④电子邮件不仅可以是纯文本,还可以带有图像、声音、视频等附件信息。在邮件编辑窗口中单击"添加附件",在弹出的对话框中选择需要发送的图片等附件。书写完成后单击"发送"按钮,附件将随着邮件一起发送给收信人。

（6）接收并回复电子邮件

邮箱页面中会显示未读邮件的数量,可以据此判断是否有未读邮件。收到来信后,用户可以有选择地回复邮件。

①单击"收件箱"超链接,在页面右侧的窗格中可以查看接收到的邮件,如图 5-1-17 所示。单击接收到的邮件的主题,即可查看邮件的内容,如图 5-1-18 所示。

图 5-1-17　收件箱中收到的邮件

图 5-1-18　浏览接收到的邮件信息

②单击"回复"按钮，打开"写邮件"选项卡，原有的信件内容会出现在"正文"文本框中，在其中编辑要回复的内容，然后单击"发送"按钮发送邮件。

应用练习：

注册一个163免费邮箱。

练习与同学互相收发电子邮件。

3.从 WWW 网站下载文件

为了方便因特网用户下载资源，许多 WWW 网站专门提供各种软件的下载，还对它们进行分类整理，并附上必要的说明，如软件大小、运行环境、功能简介及其主页地址等，用户可以快速找到自己需要的软件并进行下载。

以下列出一些包含多类软件的网站：

①中关村在线：https://www.zol.com.cn/。

②天空下载：http://www.skycn.com/。

③华军软件园：https://www.onlinedown.net/。

④太平洋电脑网：https://www.pconline.com.cn/。

⑤多特软件站：https://www.duote.com/。

（1）常见的下载方式

①P2S 下载

P2S 下载方式分为 HTTP 与 FTP 两种类型，它们分别是 hyper text transportation protocol（超文本传输协议）与 file transportation protocol（文件传输协议）的缩写，它们是计算机之间交换数据的方式，也是两种最经典的下载方式。该下载方式原理非常简单，就是用户通过两种规则（协议）和提供文件的服务器取得联系并将文件搬到自己的计算机中来，从而实现下载的功能。IE 自带的下载软件采用的是 P2S 技术。

②P2P 下载

P2P（peer to peer）又称点对点技术。当用户用 HTTP 或 FTP 下载时，若同时下载的人数过多时，由于服务器的带宽问题，下载速度会减慢很多。而使用 P2P 技术则正好相反，当下载的人越多，下载的速度反而越快。P2P 下载模式不需要服务器，而是在用户机与用户机之间进行传播，也可以说每台用户机都是服务器，讲究"人人平等"的下载模式，每台用户机在自己下载其他用户机上文件的同时，还提供被其他用户机下载的作用，所以使用该种下载方式的用户越多，其下载速度就会越快。P2P 技术的发展归功于 BT 工具。BT（BitTorrent）中文全称"比特流"，又被人们戏称为"变态下载"。BT 工具的代表有 BitComet、eMule 等。

③P2SP 下载

P2SP（peer to server ＆ peer）是迅雷首创的一种下载技术，P2SP 是基于用户对服务器和用户机制，不同于 P2P，也不同于 P2S，P2SP 下载方式实际上是对 P2P 技术的延伸。它不但支持 P2P 技术，同时还通过检索数据库把服务器资源和 P2P 资源整合到了一起，用户下载某一个文件的时候，会自动搜索其他资源，选择合适的资源进行加速，这使得迅雷在下载的稳定性和下载的速度上，比传统的 P2P 有了非常大的提高。

（2）使用迅雷下载文件

使用迅雷下载文件的操作步骤如下：

①启动迅雷，显示迅雷窗口。单击窗口右上角的"关闭"按钮，这时 Windows 桌面上和任务栏中都显示迅雷图标，双击该图标可以再次打开其窗口。

②在浏览器页面中右击下载文件的链接，从快捷菜单中选择"使用迅雷下载"命令。此时屏幕上将弹出"新建任务"对话框。

③在"分类"下拉列表框中选择下载文件类型，然后单击"确定"按钮，开始下载文件。单击迅雷窗口管理窗格中的"正在下载项"，任务窗口中将显示正在下载文件的文件名、文件大小、完成百分比、用时等信息。

④下载完毕后，在任务栏上右击迅雷图标，从快捷菜单中选择"退出"命令，关闭迅雷。

4.即时通信

即时通信（IM）是指能够即时发送和接收互联网消息等的业务。常见的即时通信软件有 QQ、百度 hi、网易泡泡、盛大圈圈、淘宝旺旺等。即时通信不再是一个单纯的聊天工具，它已经发展成集交流、资讯、娱乐、搜索、电子商务、办公协作和企业客户服务等为一体的综合化信息平台。微软、腾讯、AOL、Yahoo 等重要即时通信提供商都提供通过手机接入互联网即时通信的业务，用户可以通过手机与其他已经安装了相应客户端软件的手机或电脑收发消息。

5.使用流媒体

流媒体（streaming media）是指将一连串的媒体数据压缩后，经过网上分段发送数据，在网上即时传输影音以供观赏的一种技术与过程。此技术使得数据包得以像流水一样发送；如果不使用此技术，就必须在使用前下载整个媒体文件。流式传输可传送现场影音或预存于服务器上的影片，当观看者在收看这些影音文件时，影音数据在送达观看者的计算机后立即由特定播放软件播放。

现在很多网站都提供了音频/视频在线播放服务，如优酷、爱奇艺等。它们的使用方法基本相同，只是每个网站中保存的音频/视频文件各有不同。采用流媒体技术的音视频文件主要有以下几种：

（1）微软的 ASF（advanced stream format）。这类文件的扩展名是.asf 和.wmv，与它对应的播放器是微软公司的 Media Player。用户可以将图形、声音和动画数据组合成一个 ASF 格式的文件，也可以将其他格式的视频和音频转换为 ASF 格式，而且用户还可以通过声卡和视频捕获卡将诸如麦克风、录像机等外设的数据保存为 ASF 格式。

（2）RealNetworks 公司的 RealMedia。它包括 RealAudio、RealVideo 和 RealFlash 三类文件，其中 RealAudio 用来传输接近 CD 音质的音频数据，RealVideo 用来传输不间断的视频数据，RealFlash 则是 RealNetworks 公司与 Macromedia 公司联合推出的一种高压缩比的动画格式，这类文件的扩展名是.rm、.ra、.rmvb，文件对应的播放器是 RealPlayer。

（3）苹果公司的 QuickTime。这类文件扩展名通常是.mov，它所对应的播放器是 QuickTime。

5.2 互联网信息安全

进入21世纪，全球迎来了新一轮信息技术革命，以互联网为核心的信息通信技术及其应用和服务正在发生质变。人类社会的信息化、网络化达到前所未有的程度，信息网络成了整个国家和社会的"神经中枢"。

近年来互联网信息安全问题已引起我国政府的高度重视，已从单纯的技术性问题变成事关国家安全的战略问题。信息安全保障对我国经济发展、社会稳定、国家安全、公众利益和个人隐私极其重要。

信息安全是一门涉及计算机科学、网络技术、通信技术、密码技术、信息安全技术、应用数学、数论、信息论等多种学科的综合性学科。

5.2.1 互联网信息安全基础知识

1.互联网信息安全基本概念

互联网信息安全是指信息网络的硬件、软件及其系统中数据受到保护，不受偶然的或者恶意的原因而遭到破坏、更换、泄露，系统连续可靠正常地运行，信息服务不中断。互联网信息安全从其本质上来讲就是互联网的信息安全。

互联网信息安全包括信息本身的安全即数据的安全和信息系统的安全这两方面的内容。

（1）数据安全。数据安全包括数据本身的安全和数据防护的安全两层含义。数据本身的安全是指如何有效防止数据在录入、处理、统计或打印过程中，由于硬件故障、断电、死机、人为的误操作、程序缺陷、病毒或黑客等造成的数据库损坏或数据丢失现象。

数据防护的安全是指数据库在系统运行之外的可读性，涉及计算机网络通信的保密、安全及软件保护等问题。简单来说，不加密的数据库是不安全的，容易造成商业泄密。

（2）计算机安全。随着计算机硬件的发展，计算机中存储的程序和数据量越来越大，如何保障存储在计算机中的数据不丢失，是任何计算机应用部门需要首先考虑的问题。

（3）信息系统安全。信息安全主要包括需要保证信息的保密性、真实性、完整性、未授权拷贝和所寄生系统的安全性这五方面的内容。

（4）我国有关信息安全的法律法规。为了加强对计算机信息系统的安全保护和国际互联网的安全管理，依法打击计算机违法犯罪活动，我国先后制定了多部有关计算机安全管理方面的法律法规和部门规章制度，已形成了较为完整的法律体系和行政法规，并在实践中不断加以完善和改进。有关计算机信息安全管理的主要法律法规有以下几项。

①《计算机信息网络国际联网安全保护管理办法》。

②《中华人民共和国计算机信息系统安全保护条例》。

③《互联网上网服务营业场所管理条例》。

④《全国人民代表大会常务委员会关于维护互联网安全的决定》。

⑤《中华人民共和国保守国家秘密法》。

⑥《中华人民共和国刑法》(摘录)：第二百八十五条，第二百八十六条，第二百八十七条。

2.安全威胁的因素

安全威胁是指对安全的一种潜在侵害、威胁的实施成为攻击。对互联网信息安全构成威胁的因素主要来自以下几个方面：

(1)软件漏洞。每一个操作系统或网络软件的出现都不可能是无缺陷和漏洞的。这就使我们的计算机处于危险的境地，一旦连接入网，将成为众矢之的。

(2)配置不当。安全配置不当造成安全漏洞，例如，防火墙软件的配置不正确，那么它根本不起作用。对特定的网络应用程序，当它启动时，就打开了一系列的安全缺口，许多与该软件捆绑在一起的应用软件也会被启用。除非用户禁止该程序或对其进行正确配置，否则安全隐患始终存在。

(3)安全意识不强。用户口令选择不慎，或将自己的账号随意转借他人或与别人共享等都会对网络安全带来威胁。

(4)计算机病毒。目前信息安全的头号大敌是计算机病毒，计算机中病毒后，轻则影响机器运行速度，重则死机，遭到系统破坏，因此，病毒给用户带来很大的损失。目前，新型病毒正向更具破坏性、更加隐秘、感染率更高、传播速度更快等方向发展。

(5)黑客。对于计算机数据安全构成威胁的另一个方面是来自电脑黑客(Hacker)。电脑黑客利用系统中的安全漏洞非法进入他人计算机系统，其危害性非常大。从某种意义上讲，黑客对信息安全的危害甚至比一般的计算机病毒更为严重。

3.安全威胁的类型

目前互联网信息安全面临的威胁主要有三种类型：

(1)信息泄密。信息泄密指重要信息在有意或无意中被泄露和丢失。如信息在传递、存储、使用过程中被窃取等。通过漏洞插件或者服务器配置不当，导致重要的信息外泄。

(2)信息破坏。信息破坏是指以非法手段窃得对数据的使用权，删除、修改、插入或重发某些重要信息，以取得有益于攻击者的响应；恶意添加、修改数据，以干扰用户的正常使用。

(3)拒绝服务。拒绝服务是指通过向服务器发送大量垃圾信息或干扰信息的方式，导致服务器无法向正常用户提供服务的现象。

5.2.2 互联网信息安全现状及对策

1.我国互联网信息安全现状

(1)政府和行业对互联网信息安全重视程度增加

随着近些年来网络信息安全问题的不断发酵，网络安全问题已经拓展到国家安全的角度，国家的重视程度不断增加。现在，网络安全行业进入了一个快速发展的时代，网络安全对政治商业和经济等利益都有较大影响，因此网络安全行业的发展已经到了存量和增量大幅增加的阶段。从政府方面来讲，政府正在加大国产硬件和软件及一些安全软件的采购力度，逐步提升企事业单位的 IT 基础设施建设和网络防御能力；从企事业单位的方面来讲，我们用于信息安全的投资明显低于世界平均水平。现在各类网络安全问题的出现及一些商业机密泄露等事件敲响了企事业单位安全意识的警钟，企事业开始强化数据保护和提高安全防御措施。

（2）互联网犯罪猖獗

现在网络违法犯罪活动愈发猖獗。一些不法分子利用互联网进行各种各样的违法犯罪活动，如赌博、诈骗、散播谣言、窃密盗窃等不法活动，还有通过互联网攻击窃取数据和机密等的犯罪活动。这些通过互联网进行的违法犯罪不仅危害了公民的合法权益，而且破坏了国家的安全和社会的稳定。

（3）网络安全产业有很大的发展空间

伴随着大数据、云计算、物联网等技术的快速应用，互联网已经影响到我们生活的方方面面，而网络安全产业也面临着新的机遇和挑战。为了保证国家的网络安全，要不断发展有自主知识产权的网络安全产品。现在由于互联网的核心设施、技术还有比较高端的服务还是主要依赖于国外的进口，在操作系统使用、专用芯片制造和大型应用软件开发等方面都存在着严重的安全隐患。因此，具有自主知识产权的网络安全产品和产业有非常广阔的发展空间和发展前景。

（4）互联网信息安全研究成为热点

现在可穿戴设备、智能终端等设备的应用非常广泛，信息安全问题是现在互联网技术研究的热点问题，随着研究的深入进行和技术的不断发展，会帮助解决互联网在安全方面所遇到的问题。现在已经有很多的高校将互联网信息安全作为专门的课程开设，这有助于我国互联网信息安全研究的发展。

2.加强我国互联网信息安全对策

（1）发挥政府功能，强化法规建设，建立全国范围内的网络安全协助机制

随着互联网的发展，网络安全受到巨大的威胁，针对这种情况，要加强公民的网络安全教育工作，尽可能提升全民的网络安全的基础知识和水平，增强公民的"网络道德"意识，保护我国网络信息安全。而且要进一步强化网络立法以及执法的能力，深化政府职能，完善法规建设，在全国范围内建立网络安全协助的机制，这样有助于协调全国网络的安全运行。制定出网络在建设阶段和运行阶段的安全级别的定义和安全行为的细则，安全程度的考核评定等标准化文本，分析网络出现的攻击手段，报告系统漏洞并给出"补丁"程序，并且在全国范围内协调网络安全建设，另外，还要大力提高我国自主研发、生产相关的应用系统与网络安全的能力，用以代替进口产品。

（2）加大互联网信息安全犯罪的打击力度

目前，互联网技术的发展速度已经远远超越了网络犯罪的立法速度，有一些立法对互联网犯罪的处罚力度非常轻，还有一些互联网犯罪活动并没有相关的法律规定。这种情况对于加大网络信息安全的打击力度是非常不利的。因此，现在要加快对互联网犯罪的立法工作，使得在处理互联网犯罪的时候做到有法可依。近些年，国家加大了对互联网的监督和监管力度，使得很多的互联网犯罪活动能够在较短时间内得到取证和解决，但是相

对而言,公民的互联网安全意识还是比较薄弱的,因此提高公民的互联网安全意识也成了迫在眉睫需要解决的问题。

(3)加大网络信息安全的宣传和教育的工作

现今社会,互联网已经深入到生活的方方面面,互联网正在改变着人们传统的生活方式,人们的生活离不开互联网。可是随之而来的是计算机病毒、计算机犯罪、计算机黑客等问题,影响着人们对互联网的正常和安全使用,更影响到国家的经济发展和安全。因此,加大我国网络信息安全的宣传和教育工作是一件非常急迫的事情,通过不断提高公民的网络安全意识,能够有效避免一些网络犯罪的发生,并且对提高我国整体网络安全有很大的帮助。要不断地通过电视、网络、报纸等多种媒体进行网络安全知识的宣传,让网络安全意识深入人心。

(4)建立互联网的信息安全预警和应急保障制度

重点加强对全社会信息安全问题的统筹安排,对信息安全工作责任制要不断深化细化;加强重点信息领域的安全保障工作,推动信息安全等工作的开展,要把安全测评、应急管理等信息安全基本制度落到实处;加快推进网络与信息安全应急基础平台建设;提升信息安全综合监管和服务水平,积极应对信息安全新情况、新问题,针对云计算、物联网、移动互联网、下一代互联网等新技术、新应用开展专项研究,建立信息安全风险评估和应对机制;建立统一的网络信任体系、信息安全测评认证平台、电子政务灾难备份中心等基础设施等,力求对信息安全保障工作形成更强的基础支撑。

(5)技术防护安全策略

技术防护是确保网站信息安全的有力措施,在技术防护上,主要做好以下几个方面:一是要加强网络环境安全;二是要加强网站平台安全管理;三是加强网站代码安全;四是加强数据安全。

5.2.3 互联网信息安全防范措施

由于网络带来的诸多不安全因素,网络使用者必须采取相应的网络安全技术来堵塞安全漏洞和提供安全的通信服务。如今,快速发展的网络安全技术能从不同角度来保证网络信息不受侵犯,网络安全的基本技术主要包括加密技术、数字签名技术、数字证书技术、防病毒技术、防火墙技术。

1.加密技术

加密技术是互联网信息安全最有效的技术之一。一个加密网络不但可以防止非授权用户的搭线窃听和入网,而且也是对付恶意软件的有效方法之一。互联网信息加密的目的是保护网内的数据、文件、口令和控制信息,保护网上传输的数据。信息加密过程是由形形色色的加密算法来具体实施的,它以很小的代价提供很牢靠的安全保护。在多数情况下,信息加密是保证信息机密性的唯一方法。据不完全统计,到目前为止,已经公开发表的各种加密算法多达数百种。

数据加密的基本思想是通过变换信息的表示形式来伪装需要保护的敏感信息,使非授权者不能了解被保护信息的内容。加密者通过某种数据加密技术将原始信息转换为表面上杂乱无章的数据，让窃听者无法识别出数据原来的含义，而合法的信息拥有者可以通过掌握的密钥将加密的数据逆变换成原来的信息。

数据加密的几个基本术语：

①明文：原始信息。

②密文：对明文进行变换的结果。

③密钥：加密和解密算法的参数，直接影响对明文进行变换的结果。

④加密：加密就是把数据和信息转换为不可辨识的密文的过程。

⑤解密：密文经过通信信道的传输到达目的地后需要还原成有意义的明文才能被通信接收方理解，将密文还原为明文的变换过程称为解密。

数据加密算法多种多样，人们经过长期的研究和实践，按使用的密钥不同将现有的密码系统分为两种：对称密码体系和公钥密码体系（非对称密钥体系）。下面分别对这两种加密体系加以介绍。

（1）对称密码体系

对称密码体系的特点是发件人和收件人使用其共同拥有的单个密钥，这种密钥既用于加密，也用于解密，叫作机密密钥（也称为对称密钥或会话密钥）。

对称密码的优点：用户只需记忆一个密钥，就可用于加密、解密；与非对称加密方法相比，加密解密的计算量小，速度快，简单易用，适合于对海量数据进行加密处理。

对称密码的缺点：如果密钥交换不安全，密钥的安全性就会丧失。特别是在电子商务环境下，当客户是未知的、不可信的实体时，如何使客户安全地获得密钥就成为一大难题；还有用户较多情况下的密钥管理问题。如果密钥被多个用户被共享，不能提供抗抵赖性。

例如（图 5-2-1）：假设 Alice 和 Bob 是认识的，两人为了保证通信消息不被其他人截取，预先约定了一个密码，用来加密在他们之间传送的消息，这样即使有人截取了消息，没有密码也无法知道消息的内容，由此便实现了机密性。

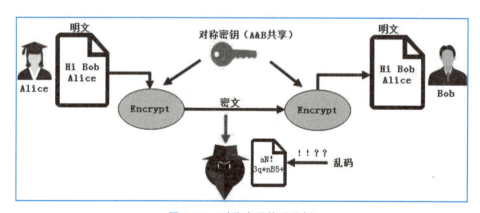

图 5-2-1　对称密码体系示例

但是，以上的实现过程存在以下问题：

①如果 Alice 和 Bob 是在互联网中彼此不认识的，那么 Alice 该如何和 Bob 协商（或者说传送）共享密钥（密码）？

②如果 Alice 要和 100 个人通信，他需要记住多少个密码？和 1000 个、10000 个人……通信呢？

③如果 Alice 和其他人通信使用了和 Bob 相同的密码，那么如何知道这个消息一定是来自 Bob 呢？

由此就引入了非对称密码。

（2）公钥密码体系（非对称密钥体系）

公钥密码体系使用一对密钥：一个用于加密信息，另一个则用于解密信息。两个密钥之间存在着相互依存关系：即用其中任一个密钥加密的信息只能用另一个密钥进行解密。其中加密密钥不同于解密密钥，公钥加密私钥解密，反之也可私钥加密公钥解密。密钥依据性质划分，将其中的一个向外界公开，称为公钥；另一个则自己保留，称为私钥。公钥常用于数据加密（用对方公钥加密）或签名验证（用对方公钥解密），私钥常用于数据解密（发送方用接收方公钥加密）或数字签名（用自己私钥加密）。

例如（图 5-2-2）：首先，Alice 为了保证消息的机密性，用 Bob 的公钥加密了数据，这样就只能用 Bob 的私钥解密消息，所以只有 Bob 才能看到消息。

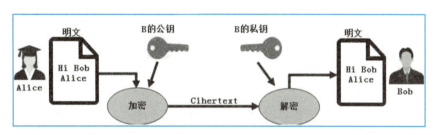

图 5-2-2　公钥密码体系示例

（3）加密应用

加密技术的应用是多方面的，但最为广泛的还是在电子商务和 VPN 上的应用，下面就分别进行简述。

①在电子商务方面的应用

电子商务（e-business）要求顾客可以在网上进行各种商务活动，不必担心自己的信用卡会被人盗用。在过去，用户为了防止信用卡的号码被窃取到，一般是通过电话订货，然后使用用户的信用卡进行付款。人们开始用 RSA（一种公开/私有密钥）的加密技术，提高信用卡交易的安全性，从而使电子商务走向实用成为可能。

许多人都知道 NETSCAPE 公司是 Internet 商业中领先技术的提供者，该公司提供了一种基于 RSA 和保密密钥的应用于因特网的技术，被称为安全插座层（secure sockets layer，SSL）。

也许很多人知道 Socket，它是一个编程界面，并不提供任何安全措施，而 SSL 不但提供编程界面，而且向上提供一种安全的服务，SSL3.0 已经应用到了服务器和浏览器上，SSL2.0 则只能应用于服务器端。

SSL3.0 用一种电子证书（electric certificate）来进行身份验证后，双方就可以用保密密钥进行安全的会话了。它同时使用"对称"和"非对称"加密方法，在客户与电子商务的服务器进行沟通的过程中,客户会产生一个 Session Key,然后客户用服务器端的公钥将 Session Key 进行加密,再传给服务器端,在双方都知道 Session Key 后,传输的数据都是以 Session Key 进行加密与解密的,但服务器端发给用户的公钥必须先向有关发证机关申请,以得到公证。

基于 SSL3.0 提供的安全保障,用户就可以自由订购商品并且给出信用卡号了,也可以在网上和合作伙伴交流商业信息并且让供应商把订单和收货单从网上发过来,这样可以节省大量的纸张,为公司节省大量的电话、传真费用。

②在 VPN 中的应用

越来越多的公司走向国际化,一个公司可能在多个国家都有办事机构或销售中心,每一个机构都有自己的局域网 LAN(local area network),但在当今的网络社会人们的要求不仅如此,用户希望将这些 LAN 连接在一起组成一个公司的广域网,这个已不是什么难事了。

事实上,很多公司都已经这样做了,但他们一般使用租用专用线路来连接这些局域网,他们考虑的就是网络的安全问题。具有加密/解密功能的路由器已到处都是,这就使人们通过互联网连接这些局域网成为可能,这就是我们通常所说的虚拟专用网(virtual private network,VPN)。当数据离开发送者所在的局域网时,该数据首先被用户端连接到互联网上的路由器进行硬件加密,数据在互联网上是以加密的形式传送的,当达到目的 LAN 的路由器时,该路由器就会对数据进行解密,这样目的 LAN 中的用户就可以看到真正的信息了。

2.数字签名技术

数字签名(又称公钥数字签名)是只有信息的发送者才能产生的别人无法伪造的一段数字串,这段数字串同时也是对信息的发送者发送信息真实性的一个有效证明。它是一种类似写在纸上的普通的物理签名,但是使用了公钥加密领域的技术来实现的,用于鉴别数字信息的方法。一套数字签名通常定义两种互补的运算,一个用于签名,另一个用于验证。数字签名是非对称密钥加密技术与数字摘要技术的应用。数字签名生成流程如图 5-2-3 所示。

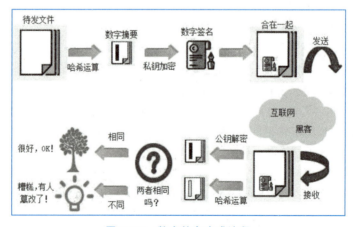

图 5-2-3　数字签名生成流程

发送报文时,发送方用一个哈希函数从报文文本中生成报文摘要,然后用发送方的私钥对这个摘要进行加密,这个加密后的摘要将作为报文的数字签名和报文一起发送给接收方,接收方首先用与发送方一样的哈希函数从接收到的原始报文中计算出报文摘要,接着再用公钥对报文附加的数字签名进行解密,如果这两个摘要相同,那么接收方就能确认该报文是发送方的。

数字签名有两种功效:一是能确定消息确实是由发送方签名并发出来的,因为别人假冒不了发送方的签名。二是数字签名能确定消息的完整性。因为数字签名的特点是它代表了文件的特征,文件如果发生改变,数字摘要的值也将发生变化。不同的文件将得到不同的数字摘要。一次数字签名涉及一个哈希函数、接收者的公钥、发送方的私钥。

3.数字证书技术

数字证书是指在互联网通信中标志通信各方身份信息的一个数字认证,人们可以在网上用它来识别对方的身份。因此数字证书又称为数字标识。数字证书对网络用户在计算机网络交流中的信息和数据等进行加密或解密,保证了信息和数据的完整性和安全性。

数字证书从本质上来说是一种电子文档,是由电子商务认证中心(以下简称 CA 中心)所颁发的一种较为权威与公正的证书,对电子商务活动有重要影响,例如我们在各种电子商务平台进行购物消费时,必须要在电脑上安装数字证书来确保资金的安全性。

CA 中心采用的是以数字加密技术为核心的数字证书认证技术,通过数字证书,CA中心可以对互联网上所传输的各种信息进行加密、解密、数字签名与签名认证等各种处理,同时也能保障在数字传输的过程中不被不法分子所侵入,或者即使受到侵入也无法查看其中的内容。

如果用户在电子商务的活动过程中安装了数字证书,那么即使其账户或者密码等个人信息被盗取,其账户中的信息与资金安全仍然能得到有效的保障。数字证书就相当于社会中的身份证,用户在进行电子商务活动时可以通过数字证书来证明自己的身份,并识别对方的身份。在数字证书的应用过程中,CA 中心具有关键性的作用,作为第三方机构,必须保证其具有一定的权威性与公平性,当前阶段我国的 CA 中心的从业资格是由工业和信息化部所颁发。

数字证书可用于:发送安全电子邮件、安全终端保护、代码签名保护、可信网站服务、身份授权管理等。

4.防病毒技术

计算机病毒是编制者在计算机程序中插入的破坏计算机功能或者数据的代码,能影响计算机使用,其是能自我复制的一组计算机指令或者程序代码。它不是独立存在的,而是隐蔽在其他可执行的程序之中。计算机中病毒后,轻则影响机器运行速度,重则死机,系统遭到破坏;因此,病毒给用户带来很大的损失。

计算机病毒被公认为数据安全的头号大敌。从 1987 年开始,电脑病毒受到世界范围内的普遍重视,我国也于 1989 年首次发现电脑病毒。目前,新型病毒正向更具破坏性、更加隐秘、感染率更高、传播速度更快等方向发展。因此,必须深入学习计算机病毒的基本常识,加强对计算机病毒的防范。

（1）计算机病毒的特点

计算机病毒虽然是一种程序，但是和普通的计算机程序又有着很大的区别，计算机病毒通常具有以下特征：

①破坏性。病毒的目的在于破坏系统，主要表现在占用系统资源、破坏数据以及干扰运行，有些病毒甚至会破坏硬件。

②传染性。计算机病毒具有自我复制能力，能将自身的复制品传染到其他的计算机系统和程序中。

③隐蔽性。计算机病毒不易被发现，这是由于计算机病毒具有较强的隐蔽性，其往往以隐含文件或程序代码的方式存在。病毒伪装成正常程序，计算机病毒扫描难以发现。并且一些病毒被设计成病毒修复程序，诱导用户使用，进而实现病毒植入，入侵计算机。因此，计算机病毒的隐蔽性使得计算机安全防范处于被动状态，造成严重的安全隐患。

④潜伏性。病毒感染计算机后，一般不会立刻发作。病毒的潜伏时间有的是固定的，有的是随机的，不同的病毒有不同的潜伏期。比如说最难忘的是每逢 4 月 26 日发作的 CIH，此外还有著名的"黑色星期五"在每逢 13 号的星期五发作等等。

⑤寄生性。通常情况下，计算机病毒都是在其他正常程序或数据中寄生，在此基础上利用一定媒介实现传播，在宿主计算机实际运行过程中，一旦达到某种设置条件，计算机病毒就会被激活，随着程序的启动，计算机病毒会对宿主计算机文件进行不断辅助、修改，使其破坏作用得以发挥。

⑥可执行性。计算机病毒与其他合法程序一样，是一段可执行程序，但它不是一个完整的程序，而是寄生在其他可执行程序上，因此它享有一切程序所能得到的权力。

⑦可触发性。病毒因某个事件或数值的出现，诱使病毒实施感染或进行攻击的特征。

⑧攻击的主动性。病毒对系统的攻击是主动的，计算机系统无论采取多么严密的保护措施都不可能彻底地排除病毒对系统的攻击，而保护措施充其量是一种预防的手段而已。

⑨病毒的针对性。计算机病毒是针对特定的计算机和特定的操作系统的。例如：有针对 IBM PC 机及其兼容机的，有针对 Apple 公司的 Macintosh 的，还有针对 UNIX 操作系统的。例如，小球病毒是针对 IBM PC 机及其兼容机上的 DOS 操作系统的。

（2）计算机病毒的类型

计算机病毒从产生之日起到现在，产生了很多不同的病毒种类。总体来说，病毒的类型可根据其病毒名的前缀判断，主要有如下 9 种。

①系统病毒。系统病毒的前缀为：Win32、PE、Win95、W32、W95 等。这些病毒的一般公有的特性是可以感染 Windows 操作系统的 *.exe 和 *.dll 文件，并通过这些文件进行传播，如 CIH 病毒。

②蠕虫病毒。蠕虫病毒通过网络或者系统漏洞进行传播，很多蠕虫病毒都有向外发送带毒邮件、阻塞网络的特性，如冲击波病毒、小邮差病毒。蠕虫病毒的前缀名为 Worm。

③木马病毒、黑客病毒。木马病毒通过网络或者系统漏洞进入用户的系统，然后向外界泄露用户的信息。黑客病毒则有一个可视的界面，能对用户的计算机进行远程控制。木马病毒和黑客病毒通常是一起出现的，木马病毒负责入侵用户的计算机，而黑客病毒则会通过该木马病毒来控制计算机。木马病毒的前缀名为 Trojan，黑客病毒的前缀一般为 Hack。

④脚本病毒。脚本病毒是使用脚本语言编写,通过网页进行传播的病毒,如红色代码(Script.Redlof)。现在流行的脚本病毒大都是利用 JavaScript 和 VBScript 脚本语言编写的。脚本病毒通常有如下前缀:VBS、JS(表明是脚本文件格式),如欢乐时光(VBS.Happytime)、十四日(Js.Fortnight.c.s)等。常见脚本文件后缀:.VBS、.VBE、.JS、.BAT、.CMD。由于脚本语言的易用性,并且脚本在现在的应用系统中特别是 Internet 应用中占据了重要地位,脚本病毒也成为互联网病毒中最为流行的网络病毒。

⑤宏病毒。宏病毒是一种寄存在文档或模板的宏中的计算机病毒。一旦打开这样的文档,其中的宏就会被执行,于是宏病毒就会被激活,转移到计算机上,并驻留在 Normal 模板上。之后,所有自动保存的文档都会"感染"上这种宏病毒,而且如果其他用户打开了感染病毒的文档,宏病毒又会转移到他的计算机上。如美丽莎(Macro.Melissa)。宏病毒前缀名为 Macro、Word、Word 97、Excel 和 Excel 97 等。

⑥后门病毒。后门病毒的前缀是 Backdoor。后门病毒通过网络传播,给用户计算机带来安全隐患。

⑦病毒种植程序病毒。病毒种植程序病毒的前缀名为 Dropper。这类病毒的特性是运行时会从体内释放出一个或几个新的病毒到系统目录下,由释放出来的新病毒产生破坏。如冰河播种者(Dropper.BingHe2.2C)、MSN 射手(Dropper.Worm.Smibag)等。

⑧破坏性程序病毒。破坏性程序病毒的前缀是 Harm。这类病毒的特性是本身具有好看的图标来诱惑用户点击,当用户点击病毒时,病毒便会直接对用户计算机产生破坏。如格式化 C 盘(Harm.formatC.f)、杀手命令(Harm.Command.Killer)等。

⑨捆绑机病毒。捆绑机病毒的前缀是 Binder。这类病毒的特性是病毒作者会使用特定的捆绑程序将病毒与一些应用程序如 QQ、IE 捆绑起来,表面上看是正常文件,当用户运行这些捆绑病毒时,会表面上运行这些应用程序,然后隐藏运行捆绑在一起的病毒,从而给用户造成危害。如捆绑 QQ(Binder.QQPass.QQBin)、系统杀手(Binder.killsys)等。

(3)计算机病毒的主要传播途径

计算机病毒有自己的传输模式和不同的传输路径。计算机本身的主要功能是复制和传播,这意味着计算机病毒的传播非常容易,通常交换数据的环境就可以进行病毒传播。有三种主要类型的计算机病毒传输方式:

①通过移动存储设备进行病毒传播,如 U 盘、CD、移动硬盘等都可以是传播病毒的路径,而且因为它们经常被移动和使用,所以它们更容易得到计算机病毒的青睐,成为计算机病毒的携带者。

②通过网络来传播,如网页、电子邮件、QQ、BBS 等都可以是计算机病毒网络传播的途径,特别是近年来,随着网络技术的发展和互联网运行频率的提高,计算机病毒的传播速度越来越快,范围也在逐步扩大。

③利用计算机系统和应用软件的弱点传播。近年来,越来越多的计算机病毒利用应用系统和应用软件的漏洞传播,因此这种途径也被划分在计算机病毒基本传播方式中。

(4)计算机感染病毒的表现

感染病毒的计算机的主要症状有很多,凡是计算机不正常运行都有可能与病毒有关。计算机染上病毒后,如果没有发作,是很难觉察到的。但病毒发作时就很容易从以下症状中感觉出来：工作会很不正常；莫名其妙地死机；突然重新启动或无法启动；程序不能运行；磁盘坏簇莫名其妙地增多；磁盘空间变小；系统启动变慢；数据和程序丢失；出现异常的声音、音乐或出现一些无意义的画面问候语等显示；正常的外设使用异常，如打印出现问题，键盘输入的字符与屏幕显示不一致；异常要求用户输入口令等。

（5）计算机病毒的危害性

增强对计算机病毒的防范意识，认识到病毒的破坏性和毁灭性是非常重要的。现如今，计算机已被运用到各行各业中，计算机和计算机网络已经成为人们生活中重要的组成部分，而病毒对计算机数据的破坏、篡改和盗取会造成严重的网络安全问题，影响网络的使用效益。

①如果激发了病毒，计算机会产生很大的反应。大部分病毒在激发的时候直接破坏了计算机的重要信息数据，它会直接破坏 CMOS 设置或者删除重要文件，会格式化磁盘或者改写目录区，会用"垃圾"数据来改写文件。计算机病毒是一段计算机代码，肯定占用计算机的内存空间，有些大的病毒还在计算机内部自我复制，导致计算机内存的大幅度减少，病毒运行时还抢占中断、修改中断地址，在中断过程中加入病毒的"私货"，干扰了系统的正常运行。病毒侵入系统后会自动地搜集用户重要的数据，窃取、泄漏信息和数据，造成用户信息大量泄露，给用户带来不可估量的损失和严重的后果。

②消耗内存以及磁盘空间。比如，你并没有存取磁盘，但磁盘指示灯狂闪不停，或者其实并没有运行多少程序时却发现系统已经被占用了不少内存，这就有可能是病毒在作怪了；很多病毒在活动状态下都是常驻内存的，一些文件型病毒能在短时间内感染大量文件，每个文件都不同程度地加长了，就造成磁盘空间的严重浪费。正常的软件往往需要进行多次测试来完善，而计算机病毒一般是个别人在一台计算机上完成后快速向外传播的，所以病毒给计算机带来的危害不只是制造者所期望的损害，还有一些由于计算机病毒错误而带来的。

③计算机病毒给用户造成严重的心理压力，病毒的泛滥使用户提心吊胆，时刻担心遭受病毒的感染，由于大部分人对病毒并不是很了解，一旦出现诸如计算机死机、软件运行异常等现象，人们往往就会怀疑这些现象可能是计算机病毒造成的。据统计，计算机用户怀疑"计算机有病毒"是一种常见的现象，超过 70％的计算机用户担心自己的计算机中侵入了病毒，而实际上计算机发生的种种现象并不全是病毒导致的。

（6）计算机病毒的防治方法

计算机病毒的危害性很大，用户可以采取一些方法来防范病毒的感染，在使用计算机的过程中使用一些方法或技巧可减少计算机感染病毒的概率。

①安装最新的杀毒软件，每天升级杀毒软件病毒库，定时对计算机进行病毒查杀，上网时要开启杀毒软件的全部监控。培养良好的上网习惯，例如：对不明邮件及附件慎重打开，可能带有病毒的网站尽量别上，尽可能使用较为复杂的密码，猜测简单密码是许多网络病毒攻击系统的一种新方式。

②不要执行从网络下载后未经杀毒软件处理的软件等；不要随便浏览或登录陌生的网站，加强自我保护。现在有很多非法网站被嵌入恶意的代码，一旦被用户打开，即会被植入木马或其他病毒。

③培养自觉的信息安全意识，在使用移动存储设备时，尽可能不要共享这些设备，因为移动存储也是计算机进行传播的主要途径，也是计算机病毒攻击的主要目标，在对信息安全要求比较高的场所，应将电脑上面的 USB 接口封闭，同时，有条件的情况下应该做到专机专用。

④用 Windows Update 功能打全系统补丁，同时，将应用软件升级到最新版本，比如播放器软件、通信工具等，避免病毒从网页木马的方式入侵到系统或者通过其他应用软件的漏洞来进行病毒的传播；将受到病毒侵害的计算机尽快进行隔离，在使用计算机的过程，若发现电脑上存在病毒或者是计算机异常时，应该及时中断网络；当发现计算机网络一直中断或者网络异常时，应立即切断网络，以免病毒在网络中传播。

(7)使用第三方软件保护系统

对于普通用户而言，防范计算机病毒、保护计算机最有效、最直接的措施是使用第三方软件。一般两类软件即可满足需求，一是安全管理软件，如 360 安全卫士、腾讯电脑管家等；二是杀毒软件，如 360 杀毒、金山毒霸、百度杀毒、卡巴斯基等。这些杀毒软件的使用方法类似。

操作要求：

使用 360 杀毒软件快速扫描计算机中的文件，清理有威胁的文件；使用 360 安全卫士对计算机进行体检，对体检有问题的部分进行修复，修复后扫描计算机中是否存在木马病毒。

操作步骤：

①安装 360 杀毒软件后，启动计算机的同时默认启动该软件，其图标在状态栏右侧的通知栏中显示，单击状态栏中的"360 杀毒"图标。

②打开 360 杀毒工作界面，选择扫描方式，这里选择"快速扫描"，如图 5-2-4 所示。

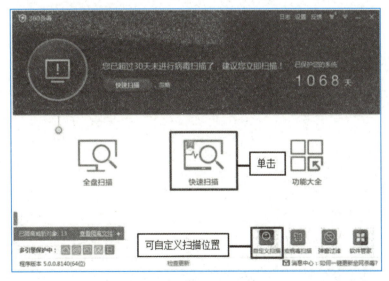

图 5-2-4　选择扫描位置

③程序开始对指定位置的文件进行扫描，将疑似病毒文件，或对系统有威胁的文件都扫描出来，并显示在打开的窗口中，如图 5-2-5 所示。

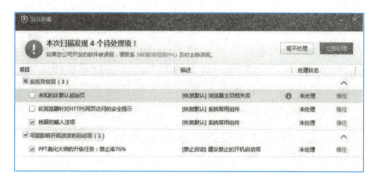

图 5-2-5　扫描文件

④扫描完成后，单击选中要清理的文件前的复选框，单击"立即处理"按钮。

⑤单击状态栏中的"360 安全卫士"图标 ，启动 360 安全卫士并打开其工作界面，单击中间的"立即体检"按钮，软件自动运行并扫描计算机中的各个位置。

⑥360 安全卫士将检测到的不安全的选项列在窗口中显示，单击"一键修复"按钮，对其进行处理，如图 5-2-6 所示。

图 5-2-6　修复系统

⑦返回 360 安全卫士工作界面，单击"木马查杀"按钮，在打开界面中单击"快速查杀"按钮，将开始扫描计算机中的文件，查看其中是否存在木马文件，如存在木马文件，则根据提示单击相应的按钮进行清除。

5.防火墙技术

所谓"防火墙"是指一种将内部网和公众访问网（如 Internet）分开的方法，它实际上是一种建立在现代通信网络技术和信息安全技术基础上的应用性安全技术和隔离技术。其越来越多地应用于专用网络与公用网络的互联环境之中，尤其以接入 Internet 网络为最甚。

防火墙主要是借助硬件和软件作用于内部和外部网络的环境间产生的一种保护的屏障,从而实现对计算机不安全网络因素的阻断。只有在防火墙同意的情况下,用户才能够进入计算机内,如果不同意就会被阻挡于外。防火墙技术的警报功能十分强大,在外部的用户要进入到计算机内时,防火墙就会迅速发出相应的警报,并提醒用户的行为,进行自我判断来决定是否允许外部的用户进入到内部,只要是在网络环境内的用户,这种防火墙都能够进行有效的查询,同时把查到的信息向用户进行显示,然后用户需要按照自身需要对防火墙实施相应设置,对不允许的用户行为进行阻断。通过防火墙还能够对信息数据的流量实施有效查看,并且还能够对数据信息的上传和下载速度进行掌握,便于用户对计算机使用的情况具有良好的控制判断。计算机的内部情况也可以通过防火墙进行查看,还具有启动与关闭程序的功能,而计算机系统内部具有的日志功能,其实也是防火墙对计算机的内部系统实时安全情况与每日流量情况进行的总结和整理。图 5-2-7 所示为网络防火墙示意图。

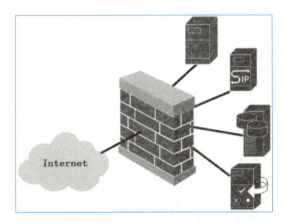

图 5-2-7 网络防火墙示意图

(1)防火墙的作用

防火墙的作用可以归纳为以下几点:

①网络安全的屏障。防火墙可以限制外部对内部网络的访问,过滤掉不安全服务和非法用户,并且还可以限制内部用户访问特殊站点。

②强化网络安全策略。通过以防火墙为中心的安全方案配置,能将所有安全软件(如口令、加密、身份认证、审计等)配置在防火墙上。与将网络安全问题分散到各个主机上相比,防火墙的集中安全管理更经济。例如在网络访问时,一次一密口令系统和其他的身份认证系统可以不必分散在各个主机上,而集中在防火墙上即可。

③监控审计。如果所有的访问都经过防火墙,那么防火墙就能记录下这些访问并做出日志记录,同时也能提供网络使用情况的统计数据。当发生可疑动作时,防火墙能进行适当的报警,并提供网络是否受到监测和攻击的详细信息。另外,收集一个网络的使用和误用情况也是非常重要的,要清楚防火墙是否能够抵挡攻击者的探测和攻击,并且清楚防火墙的控制是否充足。而网络使用统计对网络需求分析和威胁分析等而言也是非常重要的。

④防止内部信息的外泄。通过利用防火墙对内部网络的划分，可实现对内部网重要网段的隔离，从而限制了局部重点或敏感网络安全问题对全局网络造成的影响。

⑤日志记录与事件通知。进出网络的数据都必须经过防火墙，防火墙通过日志对其进行记录，能提供网络使用的详细统计信息。当发生可疑事件时，防火墙更能根据机制进行报警和通知，提供网络受到威胁的信息。

（2）防火墙的局限性

防火墙除了一些基本功能以外，还存在一些自身的局限性，具体有以下几方面：

①不能防范不经过防火墙的攻击。

②不能解决来自内部网络的攻击和安全问题。

③不能防止策略配置不当或错误配置引起的安全威胁。

④不能防止可接触的人为或自然的破坏。

⑤不能防止利用标准网络协议中的缺陷进行的攻击。

⑥不能防止利用服务器系统漏洞所进行的攻击。

⑦不能防止受病毒感染的文件的传输。

⑧不能防止数据驱动式的攻击。

⑨不能防止内部的泄密行为。

⑩不能防止本身安全漏洞导致的威胁。

5.2.4 信息安全与社会责任

随着计算机网络的普及，Internet 的应用已经遍布世界的各个角落。由于 Internet 的开放性、自由性和隐蔽性，存在一些不负责任的网站在网络上发布虚假信息，甚至传播不健康的色情信息，严重危害了未成年人的健康成长。因此，需要在发展 Internet 的过程中加以规范，加强网络的宣传与教育，使之更好地为大众服务。

1.计算机安全

计算机安全是指计算机信息系统的安全。计算机信息系统是由计算机及其相关的和配套的设备、设施（包括网络）构成的，为维护计算机系统的安全，防止病毒的入侵，我们应该注意：

（1）不要蓄意破坏和损伤他人的计算机系统设备及资源。

（2）不要制造病毒程序，不要使用带病毒的软件，更不要有意传播病毒给其他计算机系统。

（3）要采取预防措施，在计算机内安装防病毒软件；要定期检查计算机系统内的文件是否有病毒，如发现病毒，应及时用杀毒软件清除。

（4）维护计算机的正常运行，保护计算机系统数据的安全。

（5）被授权者对自己享用的资源负有保护责任，口令密码不得泄露给外人，并定期对密码进行修改。

2.知识产权保护

知识产权，也称"知识所属权"，指"权利人对其智力劳动所创作的成果和经营活动中的标记、信誉所依法享有的专有权利”，一般只在有限时间内有效。各种智力创造比如发明、外观设计、文学和艺术作品，以及在商业中使用的标志、名称、图像，都可被认为是某一个人或组织所拥有的知识产权。

《中华人民共和国著作权法》把计算机软件列为享有著作权保护的产品。《计算机软件保护条例》规定计算机软件个人或者团体的智力产品，同专利、著作一样都受法律的保护，任何未经授权的使用、复制都是非法的，要受到法律的制裁。

人们在使用计算机软件或数据时，应遵照国家有关法律规定，尊重其作品的版权，这是使用计算机的基本道德规范。建议人们养成良好的道德规范，具体是：

（1）应该使用正版软件，坚决抵制盗版，尊重软件作者的知识产权。

（2）不对软件进行非法复制。

（3）不要为了保护自己的软件资源而制造病毒保护程序。

（4）不要擅自篡改他人计算机内的系统信息资源。

3.网络行为规范

计算机网络正在改变着人们的行为方式、思维方式乃至社会结构，它对于信息资源的共享起到了无与伦比的巨大作用，并且蕴藏着无尽的潜能。但是网络的作用不是单一的，在它广泛的积极作用背后，也有使人堕落的陷阱，这些陷阱产生着巨大的反作用。其主要表现在：网络文化的误导，传播暴力、色情内容；网络诱发不道德和犯罪行为；网络的神秘性“培养”了计算机“黑客”，如此等等。各个国家都制定了相应的法律法规，以约束人们使用计算机以及在计算机网络上的行为。例如，我国公安部公布的《计算机信息网络国际联网安全保护管理办法》。

但是，仅仅靠制定一项法律来制约人们的所有行为是不可能的，也是不实际的。相反，社会依靠道德来规定人们普遍认可的行为规范。在使用计算机时应该抱着诚实的态度、无恶意的行为，并要求自身在智力和道德意识方面取得进步。

4.网络道德

网络道德是时代的产物，与信息网络相适应，人类面临新的道德要求和选择，于是网络道德应运而生。所谓网络道德，是指以善恶为标准，通过社会舆论、内心信念和传统习惯来评价人们的上网行为，调节网络时空中人与人之间以及个人与社会之间关系的行为规范。

网络道德作为一种实践精神，是人们对网络持有的意识态度、网上行为规范、评价选择等构成的价值体系，是一种用来正确处理、调节网络社会关系和秩序的准则。网络道德的基本原则：诚信、安全、公开、公平、公正、互助。具体而言，特别需要注意以下方面：

（1）不利用电子邮件做广播型的宣传，这种强加于人的做法会使别人的信箱充斥无用的信息而影响正常工作。

（2）不应该使用他人的计算机资源，除非你得到了准许或者提供了补偿。

（3）不应该利用计算机去伤害别人。

（4）不私自阅读他人的通信文件（如电子邮件），不私自拷贝不属于自己的软件资源。

（5）不应该到他人的计算机里去窥探，不得蓄意破译他人的口令。

总之，我们必须明确认识到任何借助计算机或计算机网络进行破坏、偷窃、诈骗和人身攻击都是非道德的或违法的，必将承担相应的责任或受到相应的制裁。

5.3　信息的检索

　　面对一个新知识、新技术不断涌现,知识新陈代谢频繁的世界,想要一劳永逸地获取知识是不可能的。我们只有终身学习,不断地获取、更新知识,才能不被社会淘汰。要有效、快速地获取和利用最新信息,就必须掌握信息检索的技能。信息检索是每个大学生和科研人员必须具备的一项基本技能。通过检索和利用各种信息,不仅可以深化所学的知识,而且可以开阔视野、拓宽知识面,也为自学前人的知识、不断更新知识以及从事科学研究和发明创造奠定基础。

　　通过 Internet 获取知识,是现代大学生必备的一项技能,要善于利用 Internet 获取知识,依靠网络的支持,在网络上搜索,自主研究,完成对人类已知而自己未知的知识的"发现"。在 Internet 上查找信息,通常可以用以下几种方法:

　　(1)利用搜索引擎。

　　(2)利用综合性网站的分类信息。

　　(3)利用各种网络资源指南。

5.3.1 搜索引擎

　　搜索引擎是收录与查找网络信息资源的主要工具,不仅可查文本信息,还能查图像、视频、音频、动画、新闻、地图等信息。目前,国内外的搜索引擎数量不少,在检索功能上大同小异。

1.常用综合性搜索引擎

　　常用的综合性搜索引擎有百度、搜狗、必应、360 搜索等。其中,百度搜索是目前全球最大的中文搜索引擎,也是全球最优秀的中文信息检索与传递技术供应商,中国所有具备搜索功能的网站中,由百度提供搜索引擎技术的超过 80％。百度几乎覆盖了中文网络领域所有的搜索需求。百度的高级搜索示意见图 5-3-1。

2.常用学术性搜索引擎

　　学术搜索引擎是专门搜索学术资源的搜索引擎,资源以学术论文、国际会议、权威期刊、学者为主。学术搜索引擎具有信息涵盖广、重复率低、相关性好、学术性强等特点。

　　(1)百度学术搜索(https://xueshu.baidu.com)

　　百度学术搜索是百度旗下提供海量中英文文献检索的学术资源搜索平台,可检索到收费和免费的学术论文,并通过时间筛选、标题、关键字、摘要、作者、出版物、文献类型、被引用次数等细化指标提高检索的精准性。

　　在百度搜索页面下,会针对用户搜索的学术内容,呈现出百度学术搜索提供的合适结果。用户可以选择查看学术论文的详细信息,也可以选择跳转至百度学术搜索页面查看更多相关论文,可自由选择。

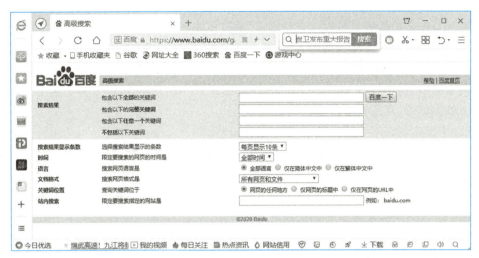

图 5-3-1 百度的高级搜索

（2）万方学术搜索（http://www.sciinfo.cn）

万方学术搜索系统由北京万方软件有限公司推出，面向公共图书馆、高校图书馆，提供海量学术文献资源的统一检索、资源揭示、知识分析、原文调度以及数字图书馆服务的网站。它的方便之处是不需要在万方、知网、维普等网站一一去查，可以一站统一检索。

（3）CNKI 学术搜索（https://scholar.cnki.net）

CNKI 学术搜索是一个基于海量资源的跨学科、跨语种、跨文献类型的学术资源搜索平台，其资源库涵盖各类学术期刊、论文、报纸、专利、标准、年鉴及工具书。共引进中国知网文献数据库五个，分别是中国学术期刊网络出版总库、中国博士学位论文全文数据库、中国优秀硕士学位论文全文数据库、中国重要会议论文全文数据库和国际会议论文全文数据库。

（4）读秀中文学术搜索（http://www.duxiu.com）

读秀中文学术搜索是由海量全文数据及资料基本信息组成的超大型数据库，为用户提供深入到图书章节和内容的全文检索，部分文献的原文试读，以及高效查找、获取各种类型学术文献资料的一站式检索，周到的参考咨询服务，是一个真正意义上的学术搜索引擎及文献资料服务平台。

5.3.2 医学文献的检索

医学是一个对信息依赖程度极高的学科，要想成为一名优秀的医务工作者或科研人员，仅从医疗实践过程中获取医学知识和经验是远远不够的，检索并获取医学文献是继承前人成果的重要方式之一。当前医学文献数量大、内容更新快，要想用最少的时间和精力，了解和掌握医学发展的最新成果，继承他人的科学成就，扩大自己的知识视野，对广大医务工作者和科研人员来说是一个重大的挑战。下面介绍如何检索并获取医学文献全文的路径，可以有效快捷地获取所需的医学文献。

1.常用网络检索工具

医务工作者或科研人员根据自身需求，通过使用一些检索工具，从专题的角度（主题词、关键词等）得到所需文献的篇名、作者、文献出处（期刊来源）、卷、期、页等相关数据，这是查找文献的第 1 步。常用的检索工具有综合性搜索引擎、学术性搜索引擎和生物医学专用搜索引擎有：Achoo、Medical Matrix、Medical World、Health Web 等。这里主要介绍医学文献数据库、超星数字图书馆等。

（1）中国生物医学文献服务系统（SinoMed）

中国生物医学文献服务系统（SinoMed）由中国医学科学院医学信息研究所/图书馆开发研制，其涵盖资源丰富，能全面、快速反映国内外生物医学领域研究的新进展，功能强大，是集检索、免费获取、个性化定题服务、全文传递服务于一体的生物医学中外文整合文献服务系统。该文献数据库涵盖中国生物医学文献数据库（CBM）、中国生物医学引文数据库（CBMCI）、西文生物医学文献数据库（WBM）、北京协和医学院博硕学位论文库（PUMCD）、中国医学科普文献数据库（CPM）等资源。登录网站为 http://www.sinomed.ac.cn/。

（2）中国期刊全文数据库

《中国期刊全文数据库（CJFD）》是目前世界上最大的连续动态更新的中国期刊全文数据库，以学术、技术、政策指导、高等科普及教育类期刊为主，内容覆盖自然科学、工程技术、农业、哲学、医学、人文社会科学等各个领域。登录网址 https://www.cnki.net/可进入中国知网主页，找到中国期刊全文数据库。

（3）中国科技期刊数据库（VIP）

中国科技期刊数据库是由重庆维普资讯有限公司开发研制的大型综合性数据库，收录中文期刊 12000 余种，全文 2300 余万篇，引文 3000 余万条，分三个版本（全文版、文摘版、引文版）和 8 个专辑（社会科学、自然科学、工程技术、农业科学、医药卫生、经济管理、教育科学、图书情报）定期出版。登录网址 http://www.cqvip.com/可进入中国维普主页。

（4）万方数据知识平台

《万方数据知识服务平台》是由万方数据股份有限公司提供，以自然科学为主的大型科技、商务信息平台，覆盖自然科学、工程技术、医药卫生、农业科学、哲学政法、社会科学、科教文艺等全学科领域，包括学术期刊、学位论文、会议论文、外文文献、专利、标准、科技成果、政策法规、机构、科技专家等子库。登录网址为 https://www.wanfangdata.com.cn。

（5）MEDLINE 数据库

MEDLINE 是美国国立医学图书馆（NLM）生产的国际性综合生物医学信息书目数据库，是当前国际上最权威的生物医学文献数据库。MEDLINE 主要提供有关生物医学和生命科学领域的文献，数据可回溯到 1949 年。可通过主题词、副主题词、关键词、篇名、作者、刊文、ISSN、文献出版、出版年、出版国等进行检索。

PubMed 是因特网上使用最广泛的免费 MEDLINE，是美国国家医学图书馆（NLM）所属的国家生物技术信息中心（NCBI）于 2000 年 4 月开发的基于 WEB 的生物医学信息检索系统。登录网址为 https://pubmed.ncbi.nlm.nih.gov/。

（6）超星数字图书馆

超星数字图书馆有丰富的电子图书资源提供阅读，其中包括文学、经济、计算机等五十余大类,数百万册电子图书,500 万篇论文,全文总量 10 亿余页,数据总量1000000 GB,大量免费电子图书,并且每天仍在不断地增加与更新,为目前世界最大的中文在线数字图书馆之一。

由于互联网的普及,该公司还推出了超星移动图书馆,该馆拥有超过百万册电子图书、海量报纸文章以及中外文献元数据供用户自由选择,用户可在手机、Pad 等移动设备上自助完成个人全文阅读、下载、文献传递、图书馆馆藏文献查询等功能。

2.医学文献检索途径

（1）选择检索系统和数据库

选择什么检索系统或数据库一般有以下几点要求:一是数据库权威可靠、科技含量高;二是收录的文献信息专业范围广、类型齐全;三是数量大、报道速度快、文摘详细。由于数据库各有特点,在检索时首选专业数据库,同时配合综合性数据库检索,才可以获得满意的检索结果。比如查找宫颈糜烂方面的文献应首选 CBM,然后用 CNKI 或 VIP 补充查找。

（2）选择文献检索途径

网络医学文献检索途径主要包括关键词、主题词、分类、作者、题名（篇名）等途径。上述搜索引擎和数据库,在检索功能和某些细节上会有自己的规定,但总的来说大同小异。具体采用何种途径,应根据课题需要而定。如需要了解范围相对确定的某一学科或领域的发展情况,最好采用分类途径;如要掌握一些与某项研究密切相关的核心文献,可采用作者途径,跟踪这一领域的知名专家;若科研课题涵盖若干个主题内容,可选择主题途径。主题词是由主题词表控制的,最成熟典型的主题词表当属美国国立医学图书馆的《医学主题词表》简称 MeSH。现代医学主题词可直接查 MeSH 或者查中国医学科学院信息研究所翻译的《医学主题词注释字顺表》或《汉语主题词表》,中医药主题词则查《中医药学主题词表》。

实际上在检索课题时,大多数情况下都是几种检索途径配合使用,以提高检索效率。

总之,网上有取之不尽、用之不竭的文献信息资源。各个数据库的检索方式大同小异。当用户进入到某一数据库后,根据提示,只需在检索窗口键入一个能代表检索要求和概念的词就可以进行检索。多数数据库采用布尔逻辑运算式检索,可用 and、or 和 not 进行组配,准确地检索到所需文献。需要注意的是,网上许多信息是动态的,保留时间不长。数据库文献虽然相对稳定一些,但也不是一成不变的,新开网站更是不可计数。这就需要用户不断地跟踪、摸索和挖掘网上信息,经常光顾一些著名的搜索引擎,开辟获取网络资源的新途径。

3.检索文献示例

操作要求:

使用中国知网（https://www.cnki.net/）检索文献:检索有关药物用于分娩镇痛的文献。检索表达式:药物 and 分娩镇痛;检索途径:主题词检索。

操作步骤:

在浏览器的地址栏中输入网页网址 https://www.cnki.net/,打开中国知网首页,点击"高级检索"链接打开高级检索页面,页面中设置检索途径、检索表达式等,单击"检索"按钮,即可得到检索结果,如图 5-3-2 所示。

图 5-3-2　高级检索页面

5.4　本章小结

本单元介绍 Internet 基础知识、互联网信息安全基础知识，以及在 Internet 中进行信息浏览、信息检索、文件下载、邮件收发、即时通信以及流媒体文件的使用等。

通过学习，认识 Internet 与万维网，认识 IP 地址和域名系统，掌握常见的 Internet 操作；认识互联网信息安全常见技术及防范措施，了解信息安全与社会责任；掌握网络搜索引擎的检索技巧；掌握常用中文网络数据库的各种检索方法。

5.5　课后实训

📖 5.5.1 选择题

1.不属于 TCP/IP 层次的是(　　)。

　　A.网络访问层　　　　B.交换层　　　　　C.传输层　　　　　D.应用层

2.URL 地址中的 http 是指(　　)。

　　A.文件传输协议　　B.计算机主机　　　C.TCP/IP　　　　　D.超文本传输协议

3.以下正确的 IP 地址是(　　)。

　　A.323.112.0.1　　　B.134.168.2.10.2　C.202.202.1　　　　D.202.132.5.168

4.IP 地址 202.29.226.101 属于(　　)。

　　A.A 类　　　　　　　B.B 类　　　　　　　C.C 类　　　　　　　D.D 类

5.未来的 IP 是(　　　)。

　　A.IPv4　　　　　　　B.IPv5　　　　　　　C.IPv6　　　　　　　D.IPv7

6.以下各项中不能作为域名的是(　　　)。

　　A.www.sina.com　　　　　　　　　　　　B.www,baidu.com

　　C.ftp.pku.edu.cn　　　　　　　　　　　　D.mail.qq.com

7.以下关于电子邮件的说法,不正确的是(　　　)。

　　A.电子邮件的英文简称是 E-mail

　　B.加入因特网的每个用户都可以通过申请得到一个"电子邮箱"

　　C.在一台计算机上申请的"电子邮箱",只能通过这台计算机上网才能接收和发送
　　　邮件

　　D.一个人可以申请多个电子邮箱

8.下列电子邮件地址中,(　　　)是正确的。

　　A.cai&jcc.pc.edu.jp　　　　　　　　　　B.B.wang@hotmail.com

　　C.ccf.edu.cn　　　　　　　　　　　　　　D.http://www.sina.com

9.下列关于计算机病毒的说法中,正确的是(　　　)。

　　A.计算机病毒发作后,将造成计算机硬件损坏

　　B.计算机病毒可通过计算机传染计算机操作人员

　　C.计算机病毒是一种有编写错误的程序

　　D.计算机病毒是一种影响计算机使用并且能够自我复制传播的计算机程序代码

10.下列关于计算机病毒的叙述中,错误的是(　　　)。

　　A.反病毒软件可以查、杀任何种类的病毒

　　B.计算机病毒是人为制造的,企图破坏计算机功能或计算机数据的一段小程序

　　C.反病毒软件必须随着新病毒的出现而升级,提高查、杀病毒的功能

　　D.计算机病毒具有传染性

11.(　　　)是木马病毒名称的前缀。

　　A.Worm　　　　　　B.Script　　　　　　C.Trojan　　　　　　D.Dropper

12.搜索引擎是一个提供信息检索服务的网站,下列哪个网站不是信息搜索类网站
(　　　)。

　　A.百度　　　　　　　B.搜狗　　　　　　　C.天网搜索　　　　　　D.人民网

🖱 5.5.2 操作题

　　1.打开网易的主页,进入健康频道,浏览其中的任意一条新闻。

　　2.在浏览器的收藏夹中新建"娱乐""法律""网购""教育"类别,利用百度搜索这些类别的网页,并将其收藏到相应类别中。

　　3.注册一个 126 免费邮箱,并练习与同学互相收发电子邮件。

　　4.扫描 D 盘中的文件,如有病毒,对其进行清理。

5.使用 360 安全卫士对计算机进行体检，对体检有问题的部分进行修复。

6.使用搜索引擎搜索 5 条关于"护理"专业岗位招聘的信息。

7.假设你被公司安排前往北京出差，与客户详细洽谈合同细节内容。你之前没有去过北京，请你利用 Internet 查看列车时刻表、客户公司所在地的交通路线等，为出行做好安排。

8.使用中国知网(https://www.cnki.net/)检索文献：

(1)检索有关肠炎与肠病毒的文献。检索表达式：肠炎 and 肠病毒；检索途径：主题词检索。

(2)检索除类风湿性外的关节炎的文献。检索表达式：关节炎 not 类风湿性；检索途径：主题词检索。

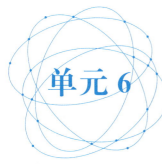

单元 6　数字媒体技术及应用

随着现代信息技术的发展,数字媒体技术的应用已渗透到人们生活、学习、工作的各个领域。数字媒体技术在电子商务中的应用已改变了实体店的经营模式和人们的消费形式;智慧教学平台的广泛使用让学习突破时空局限,可以随时随地学习、共享优质教学资源。除此之外,数字媒体技术在广告、艺术、娱乐、医疗、远程监控等领域也应用广泛,一些新的应用领域正在开拓,前景十分广阔。本章将介绍数字媒体技术的基础知识,突出媒体信息技术的实用性,介绍美图秀秀、剪映等国产软件进行图像、音视频剪辑的基础操作,介绍微信公众号创建和编辑。

 学习目标

1.理解数字媒体和数字媒体技术的概念;

2.了解数字媒体技术的应用领域;

3.了解数字图像处理的技术过程,掌握基础图像处理的操作技能;

4.了解声音、视频的特点及技术过程,掌握通过移动端应用程序进行视频制作剪辑与发布等操作;

5.掌握网页、社交媒体等不同信息平台进行信息检索的方法,获取、处理组织需要的信息,通过微信公众号进行编辑和发布。

6.1　数字媒体技术概述

数字媒体技术可以借助多项技术来展现人们的创意,灵活地运用数字技术将文字和图形转换为数字化的信息,再运用多媒体技术,对转换后的数字化信息进行编辑和加工,实现信息的高效编辑、存储、传播等,满足网络信息量日益发展的需要,实现对信息的高效整理和运用,大大提高工作效率。

6.1.1 媒体与数字媒体

1.媒体

数字媒体技术是数字技术与媒体的结合。媒体（media）指的是传播信息的媒介，为数字技术提供一个物理载体和发展平台。媒体的类型多种多样，根据国际电信联盟 ITU 的定义，媒体可以分为五种类型：感觉媒体、表示媒体、显示媒体、存储媒体、传输媒体。

（1）感觉媒体

感觉媒体指的是能直接作用于人们的感觉器官，从而能使人产生直接感觉的媒体。如数字化的文字、图形、图像、声音、视频影像和动画等。在数字媒体技术中，我们俗称的媒体一般指的是感觉媒体。

（2）表示媒体

表示媒体指的是为了传输感觉媒体而人为研究出来的媒体，借助于此种媒体能有效地存储感觉媒体或将感觉媒体从一个地方传送到另一个地方。如语言编码、条形码、二维码等。

（3）显示媒体

显示媒体指的是用于通信中使电信号和感觉媒体之间产生转换用的媒体。如输入、输出设备，包括键盘、鼠标、显示器、打印机等。

（4）存储媒体

存储媒体指的是用于存放表示媒体的媒体。如光盘、U 盘、移动硬盘等。

（5）传输媒体

传输媒体指的用于传输某种媒体的物理媒体。如双绞线、同轴电缆、光纤等。

2.数字媒体

数字媒体（digital media）是指以二进制数的形式记录、处理、传播、获取的信息媒体，它包括感觉媒体，以及表示这些感觉媒体的表示媒体，统称为逻辑媒体，以及存储、传输、显示逻辑媒体的实物媒体。从传播学角度来说，数字媒体是当前多媒体信息环境下的一种强大的传媒手段。

3.常用数字媒体软件

（1）图形图像处理软件：Photoshop/Auto CAD/CorelDraw/ACDSee/美图秀秀；

（2）动画制作软件：Flash/3DS Studio Max/Maya；

（3）音频制作软件：Adobe Audition/Audacity；

（4）视频剪辑软件：剪映/爱剪辑/会声会影/Adobe Premiere。

6.1.2 数字媒体技术

1.数字媒体技术概念

数字媒体技术（digital media technology）是一个结合了数字技术、媒体与艺术设计的多学科交叉技术，承载着"多媒体"的功能，表现形式比较复杂，具有视觉冲击力和互动特性。它常用于数字媒体制作、图形图像处理、动画设计等。

2.数字媒体技术主要特点

数字媒体技术的主要特点包括多样性、集成性、交互性，这也是数字媒体研究中要解决的关键问题。

（1）多样性：数字媒体技术可以综合处理数字化的文字、图形、图像、声音、视频影像和动画等多种信息，并将不同类型信息有机地结合在一起。

（2）集成性：数字媒体技术不仅集成了多种媒体，而且集成了多种媒体计算机技术，包括数字化技术、数据压缩技术、数据存储技术、网络与通信技术和音视频处理技术。

（3）交互性：这是数字媒体技术的关键特征之一。与传统信息交流媒体只能单向、被动地传播信息不同，数字媒体技术的用户可以对数字媒体信息进行加工、处理，从而使用户更有效地控制和应用各种媒体信息。

3.数字媒体技术的应用

（1）大型开放式网络课程 MOOC

计算机辅助教学是数字媒体技术在教育领域的主要应用形式，如多媒体课件、智慧学习平台、中国大学 MOOC、专业虚拟仿真软件等都是数字媒体技术的具体应用表现。当前一种互联网技术和数字媒体技术相结合的大型开放式网络课程 MOOC（massive open online courses）为学习者创造出逼真的教学环境和友好的交互方式，突破了传统课程学习时间、空间及人数限制，有助于互动式教学设计开展，线上轻松实现分组讨论、作业批改、课程测试等教学活动。

（2）电子商务应用

随着移动互联网和数字媒体技术的发展，新型营销模式——电子商务孕育而生并迅速发展，为消费者提供更便捷、直观的消费体验。数字媒体技术不仅可以在网页中提供大量关于产品的文字、图像、视频等信息吸引浏览用户，而且可以采用短视频营销平台、直播营销等双向互动模式，主播展示推荐产品的同时，接收观众的反馈信息，使得营销更具针对性。

（3）虚拟现实技术（图 6-1-1）

图 6-1-1　虚拟现实技术在室内设计的应用效果图

虚拟现实技术（virtual reality，VR）是一种可以创建和体验虚拟世界的计算机仿真系统，它利用计算机生成模拟环境，形成一种存在性、多感知性、交互性的三维动态视景，使用户沉浸到该环境中。例如室内设计应用，设计师利用虚拟现实技术可将房屋结构、外形模拟成三维立体物体和环境,可在虚拟环境中预先看到室内装修后的实际效果,既节省了时间,又降低了设计成本;军事方面应用,利用虚拟现实的立体感和真实感,人们将地图上的山川地貌、海洋湖泊等数据通过计算机进行建模,利用虚拟现实技术,能将原本平面的地图变成一幅三维立体的地形图,再通过全息技术将其投影出来,极大提高了军事信息化作战水平。

（4）增强现实技术（图 6-1-2）

图 6-1-2　增强现实在汽车营销中的应用

增强现实技术（augmented reality,AR）是一种实时地计算摄影机影像的位置及角度并加上相应图像、视频、3D 模型的技术,在屏幕上把虚拟世界套在现实世界并进行互动。其技术原理是把原本在现实世界的一定时间空间范围内很难体验到的实体信息（视觉信息、声音、味道、触觉等）通过电脑等科学技术,模拟仿真后再叠加,将虚拟的信息应用到真实世界,被人类感官所感知,从而达到超越现实的感官体验。增强现实技术包含了数字媒体、三维建模、实时视频显示及控制、多传感器融合、实时跟踪及注册、场景融合等新技术和手段。AR 技术不仅应用于与 VR 技术相类似的应用领域,在尖端武器、飞行器的研发与开发、数据模型的可视化、娱乐与艺术等领域也有着广泛的应用。

（5）元宇宙

元宇宙（Metaverse）这一概念涉及多个学科领域,包括计算机科学、哲学、社会学、法学和经济学等。它代表了一个由数字技术构建的新型社会体系的数字生活空间,这个空间映射或超越了现实世界,旨在创建一个与现实世界交互的虚拟世界。在元宇宙中,虚拟世界与现实世界之间可以有交互。这意味着用户可以通过虚拟现实技术体验一个全方位、沉浸式的数字环境,这个环境在某种程度上模拟或扩展了物理世界。元宇宙的特点有:

①技术集成:元宇宙并非一项新技术,而是一个融合了众多现存技术的平台。这些技术包含 5G、云计算、人工智能、虚拟现实（VR）、增强现实（AR）、混合现实（MR）、区块链、数字货币、物联网以及人机交互等领域。

②沉浸式体验:得益于 VR 等技术的支持,元宇宙能够提供非常逼真的沉浸式体验,让用户感受到仿佛置身另一个世界。

③数字身份:在元宇宙中,每个人都会有一个或多个独一无二的数字身份,这些身份与现实中的人一一对应,但虚拟身份和现实身份不一定有直接关联。

④社交属性:元宇宙包含了社交网络的特性,允许用户像在现实世界中一样与他人的数字身份进行沟通交流。通过 VR/AR 等技术,用户可以在元宇宙中获得与现实同等的社交体验。

⑤经济系统：元宇宙有自己的经济系统，用户可以通过虚拟工作赚取虚拟货币，然后使用这些货币在虚拟世界中购买商品和服务。

⑥文明性：元宇宙鼓励文明行为，确保社区健康发展。

元宇宙的应用非常广泛，涵盖了消费、娱乐、文旅、教育、产业、健康、办公和居住等多个领域。具体如下：

①消费领域：在消费领域，元宇宙可以提供虚拟购物体验，消费者可以在虚拟世界中浏览商品并完成购买，这种新型的消费方式将线上和线下的购物体验融合在一起。

②娱乐领域：元宇宙为游戏和娱乐行业带来了新的变革，用户可以在虚拟世界中获得更加沉浸的游戏体验，参与虚拟演唱会、电影观影等娱乐活动。

③文旅领域：通过虚拟现实技术，用户在家中就能体验到异国风情或历史场景的文化旅游体验，这不仅为旅游行业带来了新的可能性，也为无法出行的人提供了新的选择。

④教育领域：元宇宙可以构建沉浸式学习环境，如虚拟实验室、历史复原场景等，使学生能够以全新的方式学习和探索知识。

⑤产业领域：在产业方面，元宇宙可以用于产品设计、模拟测试等环节，提高产品开发效率和质量。

⑥健康领域：在健康医疗方面，元宇宙可以用于手术模拟训练、患者康复指导等。

⑦办公领域：元宇宙还可以改变远程办公的方式，提供一个更加高效的虚拟工作环境。

⑧居住领域：在居住方面，元宇宙可以提供虚拟家装体验，让用户在决定装修前能够在虚拟环境中预览家居设计。

图 6-1-3　虚拟办公环境

6.2　图像信息的处理

图像是二维的平面媒体，具有直观、易于理解、传递信息量大等特点，可以表达文字、声音等媒体无法表达的含义，因此，合理地运用图像是制作多媒体作品的关键，掌握图像处理也是一项必不可少的技能。

6.2.1 图像概述

图像是信息的一种表现形式，也是一种重要的媒体元素，它能客观反映自然景物。图像可以分为位图和矢量图。位图是由像素点构成的，它的特点是表现色彩丰富、放大缩小会失真、占用空间较大、显示速度较快。矢量图是由计算机绘图软件绘制出来的，它的特点是放大缩小不失真、占用空间较小、显示速度较慢、易于编辑。

1.图像文件格式

图像的存储有很多格式，如 BMP、JPEG、GIF、TIFF 等，表 6-2-1 列举了常见的图像格式及其相关特征。

表 6-2-1　图像文件格式

文件格式	图像格式简介	拓展名
BMP	Microsoft 公司为自己的操作系统开发的图像文件格式，缺点是占用空间较大，一般是单机使用，不适合网络平台	.bmp
JPEG	由国际标准化组织（ISO）制定的图像文件格式，优点是压缩率极高，文件占用空间小，下载速度快	.jpg
GIF	CompuServe 公司开发的文件压缩比高的图像文件格式，在网络各平台上广泛使用	.gif
TIFF	Aldus 公司和 Microsoft 公司合作开发，适用于多种扫描仪机型和多数图像处理软件	.tiff
PNG	Netscape 公司开发的无损压缩的图像文件格式，存储形式丰富，最大色深达 48 位	.png
PSD	Adobe 公司开发的 Photoshop 图像软件默认的一种可编辑的图像文件格式	.psd
WMF	Microsoft 公司开发的图像文件格式，Windows 平台下比较早期的产品，缺点是占用空间大	.wmf

2.图像的属性

图像的属性包括分辨率、像素深度、大小、饱和度、色彩通道、亮度、色调，它可用来描述一幅图像的特征。图像文件的大小与图像的分辨率和颜色深度有关，图像分辨率越高、图像颜色深度越大、图像质量越好，图像存储容量也就越大。图像存储所需的空间大小用字节来度量，其计算机公式为：

图像的大小（单位是 B）＝（图像水平像素×图像垂直像素×颜色深度）/8

3.图像的采集

（1）采集现成的图像

通过扫描仪可以扫描纸质的印刷品、照片，数字化为电子图像；通过数码相机拍摄景物、人物等,将照片传送到电脑中;从网络上下载的图像文件。

(2)绘制图像

利用操作系统自带的画图或者专业的图像处理软件绘制精美的图像。

6.2.2 使用美图秀秀制作"生活美志"

目前,广为流传的图像处理 APP 软件当属美图秀秀,美图秀秀是 2008 年 10 月推出的,至今已有十几年的发展历程,图像处理功能全面,用户数已超 10 亿。

1.美图秀秀功能简介

美图秀秀的个性美图功能包括全能修图、自然美妆、一键美颜、潮趣拼图、美图黑科技等(图 6-2-1)。其中,全能修图功能基本能够满足图像编辑需要,包括编辑、调色、滤镜、文字、贴纸、边框、涂鸦笔、背景、马赛克、消除笔、抠图、背景虚化等;人像美容包括美妆、美白、祛斑祛痘、眼睛放大、祛黑眼圈等功能,极大地满足了人们的修图需求;专业证件照工具可轻松实现证件照背景颜色调整。美图秀秀实用工具箱如图 6-2-2 所示。

图 6-2-1 美图秀秀操作界面

图 6-2-2 美图秀秀实用工具箱

微课
图像处理
案例——
杂志封面
制作教学
视频

2.如何使用美图秀秀制作一张生活美志

(1)选择图片素材,分析图片成为"废片"的原因:主体不明确,人物太过于繁杂,图片比例不合适(图 6-2-3)。

图 6-2-3 图像编辑原素材及存在问题

（2）打开美图秀秀，选择"编辑/3：4尺寸"，修改图片大小，确定人物主体（图6-2-4）。

图 6-2-4　突出表现主体

（3）选择"背景虚化"功能，选择第一个雾化效果，过渡：10，光斑：10，突出人物主体（图6-2-5）。

图 6-2-5　图像背景虚化

（4）选择"滤镜/电影滤镜/中环码头 V1"，整体色调温柔自然又不失青春活力（图6-2-6）。

图 6-2-6　添加图像滤镜效果

（5）选择"文字/更多/浮水印"，添加一个合适的大标题和若干个小标题装饰页面（图6-2-7、图 6-2-8）。

图 6-2-7　生活美志效果 1

图 6-2-8　生活美志效果 2

6.3　音频及视频信息的处理

声音和视频是传递信息的重要媒体。适当运用声音，能清晰而直接地表达和传递信息，并能调节环境氛围；视频由于具有信息丰富、表现力强等特点，一直受到人们的关注和欢迎。本小节主要介绍音频及视频的常用格式以及视频剪辑操作技巧。

6.3.1 音频概述

在信息技术中，人耳能听到的声音称为音频信号，简称音频，计算机处理、存储和传输音频的前提是必须将音频信号数字化，并采用不同编码格式进行编排，从而形成不同音频格式文件。

1.音频信号的数字化
声音是一种在时间和幅度上连续的波形，属于模拟信号，无法被计算机直接播放和处理。声音的数字化指将连续的模拟音频信号转化为离散的数字音频信号，声音信号的数字化需要三个步骤：采样、量化和编码。

（1）采样：按一定时间间隔对声音波形进行取样，把连续的模拟信号转化成时间上离散、幅度上连续的信号，这一操作称为采样。采样频率一般分为 48 kHz、22.05 kHz、11.025 kHz三种，采样频率越高，声音的保真度就越好，音频存储空间也越大。

（2）量化：采样只实现模拟信号连续时间的离散化，连续振幅的离散化就是将某一振幅范围内的样本用一个数字表示，称为量化。量化后的样本使用二进制表示，常用的量化位数有 8 位、12 位、16 位。量化精度越高，音质越细腻，声音质量越好，占用存储空间越大。

（3）编码：经过采样和量化后的声音信号已是数字形式，但为了便于计算机的存储、处理和传输，必须采用一定的压缩编码算法进行压缩，以减少数据量，再以某种规定的格式存储音频文件。

2.音频常用格式

目前音频格式很多，更好、更适用的编码格式还在不断地开发中，表 6-3-1 简要介绍了目前较常用的音频文件格式。

表 6-3-1　常用的音频文件格式

文件格式	音频格式简介	拓展名
MP3	一种数据音频压缩标准。MP3 作为目前最为流行的一种音乐文件，可将声音文件以 10～12 的比率压缩，并基本保持其音质不失真。MP3 可以根据不同需求采用不同的采样频率进行编码，压缩后的音质大体接近 CD 格式音质	.mp3
WAV	未经压缩的数字音频格式，是 Microsoft 公司专门为 Windows 开发的一种声音文件格式，又称为波形声音文件。可以从麦克风等输入设备直接录制 WAV 文件，受 Windows 平台及其他音频编辑软件广泛支持。但它占用存储空间较大，不便于交流和传播	.wav
MIDI	其被称为乐器数字接口，是数字音乐电子合成乐器的统一国际标准。标准规定了不同厂家的电子乐器与计算机连接的电缆硬件以及设备间数据传输的通信协议。MIDI 音乐的主要限制是它缺乏重现真实自然声音的能力，因此不能处理除乐器外的其他声音，如人声等。MIDI 只能记录标准所规定的有限种乐器的组合，而且回放质量受到声音卡的合成芯片的限制。近年来，国外流行的声音卡普遍采用波表法进行音乐合成，使 MIDI 的音乐质量大大提高	.mid
WMA	全称是 Windows Media Audio，是微软力推的一种音频格式。WMA 格式在保持音质的情况下，以减少数据流量来达到更高的压缩率目的，其压缩率一般可达 1∶18，所以在同文件同音质下比 MP3 体积少 1/3 左右。在低比特率情况下，WMA 生成的文件大小只有相应 MP3 文件的一半	.wma

6.3.2 视频概述

视频以其直观和生动的特点得到了广泛的运用。它与动画一样，是以一定速度播放的连续画面。而视频和动画的区别在于，动画是采用计算机技术，借助编程或动画制作软件生成的一组连续画面，而视频是使用摄像设备捕捉的图像。

视频格式实质是视频编码方式，可分为适合本地播放的本地影像视频和适合在网络上播放的网络流媒体影像视频两大类。尽管后者在播放的稳定性和播放画面的质量上可能没有前者优质，但后者通过网络采用流媒体技术"边下载边播放"的方法，被广泛用于视频点播、网络直播、线上教育、网络视频广告等互联网信息服务领域。

1.本地影像视频（表 6-3-2）

表 6-3-2　本地影像视频

文件格式	视频格式简介	拓展名
AVI	由微软公司发布的视频格式，图像质量好，可跨多个平台使用。缺点是压缩标准不统一，不具有兼容性，而且文件体积过于庞大	.avi

续表

文件格式	视频格式简介	拓展名
MPEG	MPEG 格式是一个国际标准组织(ISO)认可的媒体封装形式,是运动图像压缩算法的国际标准,兼容性相当好,现已几乎被所有的计算机平台共同支持	.mpg
MOV	美国 Apple 公司推出的视频文件格式,默认的播放器是 QuickTime Player。它可储存的内容相当丰富,具有较高的压缩比和较完美的视频清晰度	.mov
MTS	MTS 格式是一种新兴的高清视频格式,常见于索尼高清硬盘摄像机或其他品牌录像机录制的视频格式,分辨率可达到高清标准 1920×1080 或 1440×1080,画质极高,但由于体积太大,不利于保存。MTS 格式文件未经采集时,在软件和摄像机上显示的是".mts"后缀,经过软件采集导入后,后缀为".m2ts"	.mts

2.网络影像视频(表 6-3-3)

表 6-3-3　网络影像视频

MP4	由国际标准化组织和国际电工委员会下属的"动态图像专家组"制定的一套用于音频、视频信息的压缩编码标准。主要用于网络流、光盘、语音发送(视频电话),以及电视广播,是一种非常流行的兼容性非常好的视频格式,几乎所有的媒体设备都支持 MP4 格式	.mp4
FLV	文件极小,加载速度极快,使得网络观看视频文件成为可能。目前各在线视频网站均采用此视频格式,如新浪博客、优酷、爱奇艺、youtube 等。FLV 已经成为当前视频文件的主流格式	.flv
ASF	微软公司为了和 RealPlayer 竞争而推出的一种视频格式,可直接使用 Windows 自带的 Windows Media Player 进行播放。它使用了 MPEG-4 的压缩算法,因此图像质量有所损失,ASF 格式的画面质量不如 VCD	.asf
WMV	微软公司推出的一种采用独立编码方式并且可直接在网上实时观看视频节目的文件压缩格式	.wmv
RM	Real Network 公司所指定的音视频压缩规范 Real Media 的缩写,可以根据网络数据传输的不同速率制定不同的压缩比率,从而实现在低速率的网络上进行视频文件的实时传送和播放	.rm
RMVB	一种由 RM 视频格式升级延伸出的视频格式,它对静止和动作场面少的画面场景采用较低的编码速率,而留出更多的带宽空间用于快速运动的画面场景,可大幅提高运动图像的画面质量。可以用 RealPlayer、暴风影音、QQ 影音等软件播放	.rmvb

6.3.3 使用剪映制作"校园运动会开幕式"短视频

　　视频是当代最具影响力的信息传播工具,特别是微视频、抖音等视频展示平台被人们广泛关注,视频剪辑技能已成为年轻一代不可或缺的新技能。视频剪辑即是编辑者根据视频用途,将不同时长、不同顺序的视频进行编辑,添加字幕、转场、背景音乐等素材,最终制作成满足需要的视频作品。Windows 操作系统自带一个免费的视频剪辑软件 Windows Movie Maker;Adobe 公司开发的 Premiere Pro 是一款专业数字视频编辑软件;

还有大家熟悉的剪映、爱剪辑、会声会影等剪辑软件。

剪映是一款抖音官方出品的非常实用的视频剪辑软件。剪映可以轻松地制作出好玩又有趣的短视频，符合当下喜欢玩短视频的年轻用户群体的操作习惯。它提供了切割、变速、倒放、画布、转场视频处理功能，还拥有丰富的素材资源库，强大的语音与文字转换功能，操作便捷快速，而且免费使用，是新手入门视频剪辑的好帮手。

下面介绍剪映操作窗口及功能，主界面如图 6-3-1 所示。

图 6-3-1　剪映主界面

（1）媒体功能：分为两个模块，"本地"和"素材库"。如图 6-3-2 所示。

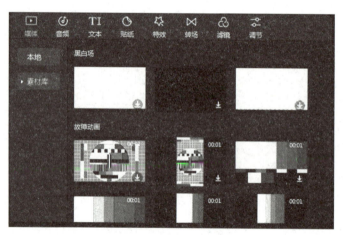

图 6-3-2　媒体素材库

"本地"选项：存放编辑者导入的本地视频、图片和音频素材；

"素材库"选项：存放免费的视频素材，有过渡视频、开场、结尾视频等。

（2）音频功能：存放剪映软件提供的背景音乐、音效等素材，有卡点音效和多种风格BGM，适用于不同场景、不同视频风格。如图 6-3-3 所示。

（3）文本功能：为视频添加字幕，包含软件内预设的多种文本效果、文字气泡、文字出场及入场动画，以及文字朗诵功能，可轻松将文本转化为不同效果的声音。如图 6-3-4 至图 6-3-7 所示。

"识别字幕"选项：自动识别语音，简单快速添加视频字幕。如图 6-3-8 所示。

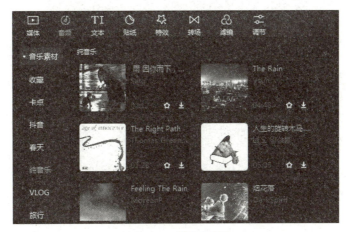

图 6-3-3　"音频"功能

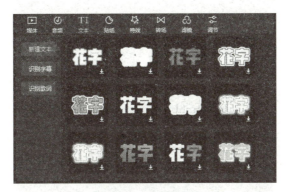

图 6-3-4　"文本"功能

图 6-3-5　文本样式

图 6-3-6　文本动画

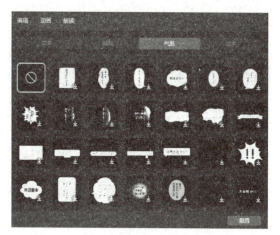

图 6-3-7　文本气泡

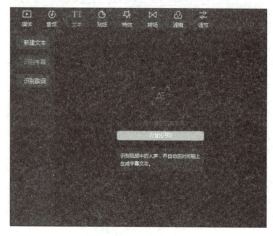

图 6-3-8　识别文字

（4）贴纸功能：精选视频贴纸，不同风格不同字体，给视频添加更多乐趣，如图 6-3-9 所示。

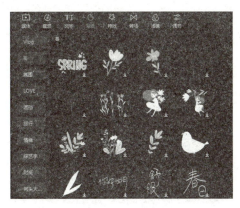

图 6-3-9　视频贴纸

（5）特效功能：为视频选段提供不同的效果设置，轻松营造电影感、怀旧等多种视频氛围，如图 6-3-10 所示。

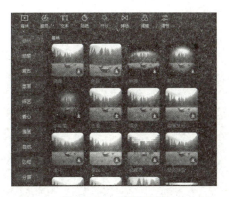

图 6-3-10　视频特效

（6）转场功能：提供不同风格不同类型的视频切换效果（图 6-3-11），让视频过渡更加自然，或者设置充满戏剧化的结局。

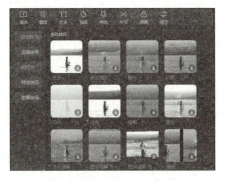

图 6-3-11　视频切换效果

（7）滤镜功能：剪映软件提供了多种滤镜效果（图 6-3-12），通过色调、色彩、模糊度、对比度等参数的修改，让视频呈现出不同的风格，满足视频制作的各种需要。

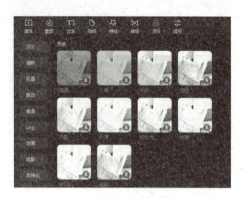

图 6-3-12　视频滤镜

"2020 年校园运动会开幕式"视频剪辑步骤如下：

（1）双击打开剪映，剪映软件的界面主要由两个部分组成，上半部分是视频剪辑的入口，下半部分是存储视频序列，简称草稿，如图 6-3-13 所示。

微课
校园运动
会开幕式
视频制作

图 6-3-13　剪映软件界面

（2）在开始剪辑之前，我们需要先整理视频的剪辑逻辑和顺序，本次视频的主题为"校园运动会开幕式"，图 6-3-14 所示为不同视频的播放顺序。

（3）视频素材逐一命名，放置在视频素材文件夹，如图 6-3-15 所示。

（4）点击"开始创作"按钮，选择媒体/导入素材，将素材视频片段导入剪映，如图 6-3-16所示。

（5）单击选中"片头视频"，按住鼠标左键拖至视频剪辑轨道，选择文本/默认文本，点击右下角绿色加号按钮，将文本添加至编辑界面，在右侧文本编辑窗口进行文本编辑，选择预设样式和字幕入场、出场动画，字幕背景（气泡）样式，如图 6-3-17、图 6-3-18 所示。

（6）选择音频/音乐素材，选择合适的背景音乐，点击右下角绿色加号按钮，将背景音乐添加至编辑界面，如图 6-3-19 所示。本次使用的音频名为"A Thousand Miles"，节奏轻快，与我们的视频主题所要展现的青春活力主题较为贴合。

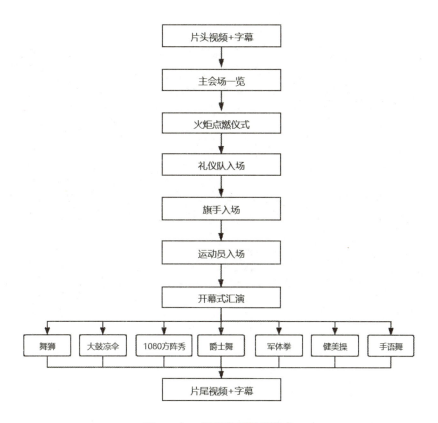

图 6-3-14 视频素材播放顺序

名称	日期	类型	大小	时长
1080方阵秀.mp4	2021/4/6 21:48	MP4 文件	239,291 KB	00:02:01
彩旗队入场.mp4	2021/4/6 21:56	MP4 文件	13,316 KB	00:00:06
点燃圣火.mp4	2021/4/6 22:00	MP4 文件	35,011 KB	00:00:17
健美操.MP4	2020/12/1 15:35	MP4 文件	55,870 KB	00:00:12
爵士舞.MP4	2020/12/1 15:41	MP4 文件	99,635 KB	00:00:22
军体拳.mp4	2021/4/6 21:39	MP4 文件	27,856 KB	00:00:14
礼仪队入场.mp4	2021/4/6 21:51	MP4 文件	26,517 KB	00:00:13
片头视频.avi	2021/4/1 17:13	AVI 文件	2,332,857...	00:00:16
片尾.mp4	2021/4/6 21:35	MP4 文件	22,288 KB	00:00:11
手语.MP4	2020/12/1 16:04	MP4 文件	419,183 KB	00:01:34
舞狮、大鼓凉伞.mp4	2021/4/6 22:04	MP4 文件	95,701 KB	00:00:48
运动员入场1.mp4	2021/4/6 21:53	MP4 文件	52,507 KB	00:00:26
运动员入场2.mp4	2021/4/6 21:57	MP4 文件	40,280 KB	00:00:20
运动员入场3.mp4	2021/4/6 21:30	MP4 文件	23,306 KB	00:00:11
主会场一览.mp4	2021/4/6 21:31	MP4 文件	22,011 KB	00:00:10

多媒体教学 > 案例：开幕式视频制作 > 视频素材

图 6-3-15 视频剪辑素材文件

图 6-3-16　导入视频

图 6-3-17　添加视频与字幕

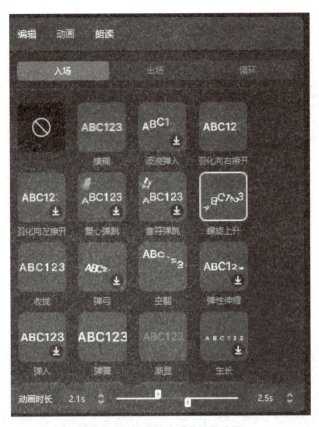

图 6-3-18　"螺旋上升"字幕动画

图 6-3-19　添加背景音乐

（7）根据音乐卡点，插入不同的视频素材，选择转场/基础转场/叠化，为两个视频添加合适的过渡效果，避免视频切换时的迟滞感，更加自然。用鼠标点击特效的白色边框，按住左键，可以延长特效转换时间，如图 6-3-20 所示。

图 6-3-20　添加转场特效

（8）将鼠标定位到需要剪辑的位置，点击工具栏上的分割按钮，裁剪视频多余片段，按"Delete"键删除，保留需要的视频片段，如图 6-3-21 所示。

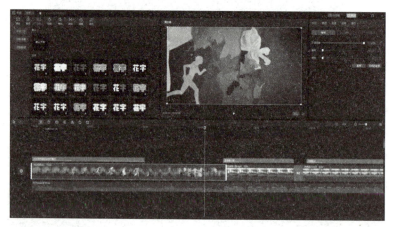

图 6-3-21　裁剪与删除视频片段

（9）依次将视频添加到编辑轨道，保留需要的片段，添加合适的转场效果，并为场景添加字幕注释，如图 6-3-22 所示。

（10）在视频结尾添加"片尾视频"，选择特效/基础/曝光降低、全剧终，营造出视频末尾向黑幕过渡的效果，如图 6-3-23 所示。

（11）视频剪辑完成后，点击播放键查看最终效果，然后点击右上角"导出"按钮，在导出界面编辑视频名字，选择视频存储路径，编辑分辨率、格式等视频相关参数，导出视频，如图 6-3-24 所示。

视频剪辑注意事项：

（1）视频的切换与转场特效要与音乐的节奏转换相对一致，才能将视频画面与音乐完美融合，不会产生分割感。

图 6-3-22 完成的视频剪辑轨道

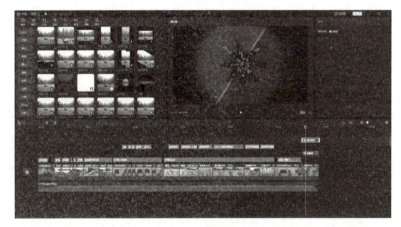

图 6-3-23 添加片尾视频特效

图 6-3-24 淡出视频界面

（2）视频切换的特效并不是种类越多越好，一段视频最好只使用2～3种转场效果，不然会过于繁杂。

（3）文本的样式与字体大小要和视频整体风格相匹配，不可过大，使画面过于凌乱；也不可过小，在观看时较为吃力，应充分考虑到观看者的感受。

TIP：图片素材的获取

说起获取图片素材的来源，大家肯定会脱口而出——"百度"。但是，公众号的内容如果是属于非商业性质的分享，那么注明图片的来源即可，如果是用于盈利的，则要考虑到图片的版权，你下载的图片是否可以商用，会不会造成侵权。通常，图片自带的水印即图片的来源，大家可以点击图片跳转到源网站，查看图片的使用权限。

下面给大家推荐几个免费的图片资源网站。

（1）Canva 可画。

可画网站根据设计专题分门别类，拥有大量最新的素材，特别是自媒体和公众号制作方面的插画、图片素材，新手即可以下载使用免费素材，也可以学习优秀的制作案例，值得注意的是，部分精美素材需要付费获取版权。

图 6-3-25 可画网站主页

（2）稿定素材

一个线上设计网站，提供非常全面的设计模板和设计素材，涵盖平面海报、电商页面设计、自媒体配图、简历设计、PPT 模板、企业活动等多个领域，虽然部分类别素材比较少，但是全站支持免费使用。

（3）Unsplash

Unsplash是国外的资源网站，大家直接利用浏览器自带的翻译功能，将英文转换为中文，方便图片搜索操作。里面有大量免费高清的图片资源，大多是真人拍摄的照片，支持商用。

图 6-3-26 稿定素材网站主页

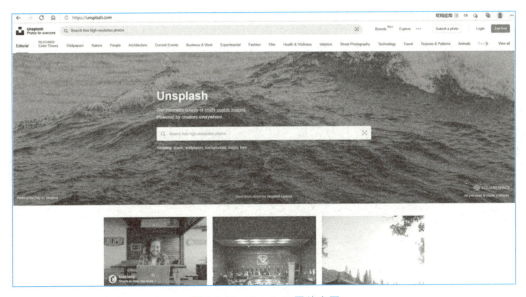

图 6-3-27 Unsplash 网站主页

（4）Flaticon

Flaticon 是一个巨大的图标资源库，里面有许多成套的图标素材，除了拥有版权的图标外，还有丰富的支持免费下载的资源。你可以选择购买成套图标，也可以选择能免费下载的资源，点击 free download 即可。

图 6-3-28　Flaticon 网站

6.4　本章小结

　　本章以高等职业教育"信息技术"国家课程标准为指导，教学内容选自拓展模块中的"数字媒体"，主要阐述数字媒体技术概念以及发展趋势，立足学生实际组织开发教学案例，如"生活美志"制作、"校园运动会开幕式"视频剪辑、"日常健康小知识"公众号创建与编辑等，使用国内自主开发免费下载安装的图像处理软件"美图秀秀"、视频剪辑软件"剪映"以及"微信公众号"小程序，突破了教学实施过程中"软件难求"的问题，使得开展数字媒体操作技术教学如此简单。

6.5　课后练习

6.5.1 选择题

1.多媒体技术不涉及（　　）。
　A.网络技术　　　　　B.基因工程技术　　　C.视频技术　　　　　D.音频技术
2.下列属于存储媒体的是（　　）。
　A.文本　　　　　　　B.音频　　　　　　　C.视频　　　　　　　D.光盘

3.图像文件属于(　　)。

　　A.表示媒体　　　　B.感觉媒体　　　　C.存储媒体　　　　D.显示媒体

4.音频数字化的过程可分为(　　)三个步骤。

　　A.采样、量化、汇编　　　　　　　　B.采样、量化、编码

　　C.采样、量化、调制　　　　　　　　D.采样、压缩、量化

5.以下(　　)文件都是动画文件。

　　A.CDA 和 GIF　　　B.SWF 和 GIF　　　C.ASF 和 MP3　　　D.AVI 和 WMA

6.采样频率为 44.1KHz,量化位数选用 8 位,则录制 1 分钟的立体声,需要的数据量为(　　)。

　　A.$44100×8×2×60B$　　　　　　　B.$44100×8×60÷8B$

　　C.$44100×8×2×60÷8B$　　　　　　D.$44100×8×60÷8b$

7.一幅分辨率为 1280 * 768 的真彩色,24 位图像,其所占的存储空间为(　　)。

　　A.$1280×768×24÷8B$　　　　　　B.$1280×768×24B$

　　C.$1280×768×8B$　　　　　　　　D.$1280×768÷8B$

8.下面叙述错误的是(　　)。

　　A.Photoshop 软件可以处理 PSD 格式的图像。

　　B.Windows 的画图程序只能处理 BMP 格式的图像。

　　C.矢量图形可以任意缩放而不变形失真。

　　D.构成位图的基本单元是像素,放大到一定程度会失真。

9.下列对图形和图像的描述,错误的是(　　)。

　　A.图形数据比图像数据更精确,更易于进行移动、缩放、旋转等操作。

　　B.图形文件比图像文件小。

　　C.图像方法很难表示复杂的彩色照片。

　　D.显示图像比显示图形快。

6.5.2 拓展案例:制作“最美证件照”

1.拍摄一张清晰的人物正面照,要求光线充足,额头与双耳均完全露出,双肩挺直。

2.打开美图秀秀,点击人像美容,选取需要调整的人像照。

3.若是面部瑕疵较少的人像照,可直接进行“美妆”设置,口红颜色选择较为日常、清淡的颜色,例如 PK12、PO05、RS03;眉毛则可以根据发色来选择颜色,眉形简约,例如 16、08;如果觉得双眼无神,可以添加妆感简单的眼妆效果,降低眼妆上妆程度,或者通过添加卧蚕、睫毛、双眼皮等效果来调整眼部状态;最后调整下脸部立体感,腮红颜色不可太过红艳。

4.若是面部瑕疵较多的人像照,则要在“美妆”设置后,选择“美白”功能,调整肌肤颜色,美白程度设置值为 38 即可,不可过白;选择“磨皮”功能,去除皮肤上的皱纹,不可过于平滑。

5.人像美容是为了使人物看起来清新自然,所有妆效需减少应用程度,避免与本人差别过大,导致证件照不能正常使用。

单元 7　计算机新技术介绍

计算机技术正在发生着日新月异的变化,云计算、大数据、人工智能、物联网、区块链等计算机新技术的出现、发展及应用推动了社会从信息科技时代进入智能科技时代。

学习目标

1.理解云计算、大数据、人工智能、物联网、区块链的概念。
2.了解云计算、大数据、人工智能、物联网、区块链所使用的核心技术。
3.了解云计算、大数据、人工智能、物联网、区块链在医疗行业及其他行业的应用。

7.1　云计算及医疗行业中的应用

7.1.1 云计算的定义

云计算这个概念的起源来自亚马逊弹性计算云(EC2)和 Google-IBM 分布式计算项目。这两个项目基于网络技术,并且使用到了"云计算"这个概念和名称。云原始的含义为将计算能力放到互联网上。

下面是不同机构对云计算的理解:

《华尔街日报》:云计算使企业可能通过互联网从超大数据中心获得计算能力、存储空间、软件应用和数据。客户只需要在必要时为其使用的资源付费,从而避免建立自己的数据中心并采购服务器和存储设备。

Google 公司:云计算把计算和数据分布在大量的分布式计算机上,这使计算力和存储获得了很强的可扩展能力,用户通过多种接入方式(例如计算机、手机等)方便地接入网络获得应用和服务。其重要特征是开放式,不会有一个企业能控制和垄断它。

美国国家标准与技术研究院:云计算是一种模型,这个模型可以方便地通过网络访问

微课
云计算及
其应用

一个可配置的计算资源（例如网络、服务器、存储设备、应用程序以及服务等）公共集。这些资源可以被快速提供并发布，同时最小化管理成本以及服务供应商的干预。

总的来说，云计算是 IT 资源的交付和使用模式，通过网络以按需、易扩展的方式获得所需的资源（硬件、平台、软件）。典型的云计算提供商往往提供通用的网络业务应用，可以通过浏览器等软件或者其他 Web 服务来访问，而软件和数据都存储在远程数据中心的服务器上。用户通过计算机、手机等方式接入数据中心，按自己的需求进行运算。提供资源的网络被称为"云"，如图 7-1-1 所示。"云"中的资源在使用者看来是可以无限扩展的，并且可以随时获取、随时扩展、按需使用、按使用付费。

因为在"云"中提供了高性能的硬件资源，提供了具有各种功能的系统和应用软件，具有强大的计算能力、海量的存储容量。这些功能用户通过云端都可以获得，用户不需要不停地更换高价格的高性能电脑；不需要购买、安装和维护各种系统和应用软件；不需要担心数据的存储安全。

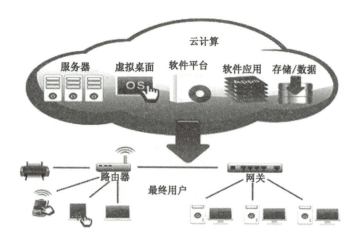

图 7-1-1　云计算中的资源

（来源：https://wenku.baidu.com/view/7625f00852e2524de518964bcf84b9d529ea2c5c? fr=uc）

7.1.2 云计算的基本特征

1.弹性服务

用户可以按需获取和释放计算资源。也就是说需要时从云端获取资源以扩充计算资源或服务，不需要时释放资源或服务以减少使用的费用。云服务提供商一般采用可伸缩性的策略来建设云端，即根据用户规模来弹性增减机器数量。

2.自助服务

云终端提供的服务具有自助性，用户可自助获取并使用云端的计算资源或服务，无须与云服务提供商交互。

3.服务可计费

云端提供的服务是需要付费的。付费的内容一般是使用云端资源的量的多少和时间的长短。资源是指云端提供的存储、CPU、网络带宽等。云服务提供商通过监控资源的使用情况,对资源的使用情况进行统计并做出费用报表,使结算更加清晰。

4.泛在接入

用户可以利用任何云终端设备随时随地通过互联网访问和使用云端的资源。常见的云终端设备有:手机,平板电脑、笔记本电脑、个人计算机等。

5.资源池化

资源池化应用到虚拟化技术和多租户技术。下面对这两个技术作简要的介绍。

虚拟化是将物理 IT 资源转换为虚拟 IT 资源的过程。如虚拟服务器、虚拟磁盘、虚拟局域网(VLAN)等。如一个物理服务器可使用虚拟化软件创建多个虚拟的服务器,每个虚拟的服务器都可以提供给不同的用户,可以独立配置,还可以包含自己的操作系统和应用程序。

多租户技术是使多个用户在逻辑上同时访问同一个应用,每个用户对其使用、管理和定制的应用程序都有自己的视图,感觉上只有自己在使用该应用程序。

资源池化就是云服务提供商把 IT 资源放到一个池子里,以多租户形式共享给用户。不同的物理和虚拟 IT 资源是根据用户的需求动态分配和再分配的。

7.1.3 云计算的服务类型

云服务提供商为满足云服务消费者的不同需求,分别提供基础设施、平台软件及应用软件的租用服务。因此,云计算的 3 种服务模式为:IaaS、PaaS 及 SaaS,如图 7-1-2 所示。

图 7-1-2　云计算的 3 种服务模式

1.IaaS

IaaS(infrastructure as a service)即基础设施服务,将云端提供的基础设施层作为服务租出去。这里的基础设施主要指云端提供的计算机硬件,如存储设备、CPU、硬件服务器、虚拟主机、网络设施(防火墙、DNS 服务器、公网 IP 地址等),如图 7-1-3 所示。IaaS 的云服务消费者登录云服务提供商的网站，填写并提交云服务内容后付款，然后云服务提供商告知租户用户名和密码，租户凭此用户名和密码登录到云端的自助网站，可使用自己租用的服务。举一个例子，如用户购买了云端的服务器服务，具体购买的内容是：CPU 的个数、内存的容量、网络带宽等，购买了这样的服务后用户相当于在云端拥有了自己的服务器，可在"这台服务器"安装自己所需的操作系统、数据库及应用软件等。

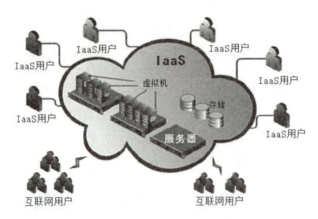

图 7-1-3　IaaS 提供的服务

（来源：https://wenku.baidu.com/view/7625f00852e2524de518964bcf84b9d529ea2c5c? fr＝uc）

2.PaaS

PaaS(platform as a service)，意为平台即服务，把云端 IT 系统的平台软件作为服务出租。该服务形式把开发、部署环境作为服务来提供，主要包括应用组件服务、应用开发工具、应用运维工具，如图 7-1-4 所示。用户可以创建自己的应用软件并部署在供应商的基础架构上运行。PaaS 云服务的用户一般是程序测试人员、软件部署人员、程序开发人员等。用户能使用网络远程租赁软件执行资源并使用各种开发工具。

图 7-1-4　PaaS 提供的服务及用户

3.SaaS

SaaS(software as a service),软件即服务,即通过网络提供软件服务。如图7-1-5所示。SaaS平台供应商将应用软件统一部署在自己的服务器上,用户可以根据工作实际需求,通过互联网向云服务提供商订购所需的应用软件服务,按订购的服务多少和时间长短向厂商支付费用,并通过互联网获得Saas平台供应商提供的服务。适合云化的软件主要有以下几种:

(1)企事业单位的业务处理类软件,如开具发票、资金转账等。

(2)协同工作类软件:这类软件用于团队一起协作工作,如OA、会议管理、邮件系统等。

(3)办公类软件:基于SaaS的云服务办公软件具有协同性,并便于共享,如文字处理、制表、幻灯片编辑等。

(4)软件类工具:如文档转换工具、安全扫描、在线网页开发等。

图 7-1-5　SaaS 提供的服务

(来源:https://wenku.baidu.com/view/7625f00852e2524de518964bcf84b9d529ea2c5c? fr=uc)

7.1.4 云计算的部署模式

根据云计算用户来源的划分,云计算的部署模式主要有4种:私有云、社区云、公有云和混合云。

1.私有云

私有云的用户来源于一个单位企业,如一个学校、一个企业等。私有云中的资源只供一个单位内的员工使用,如图7-1-6所示。私有云的管理可由内部员工管理,但是如果云资源是企业租用的,便由外部人员管理。一般大中型企业采用企业私有云,将单位的数据和程序全部放在云端,每位员工用创建的云账号登录,便可实现移动办公。私有云有利于一个单位文档资料的有效管理和保护,降低单位的软硬件维护费用,同时,可以保障单位信息系统的安全,有效监控病毒,防止黑客入侵等。

图 7-1-6　私有云模式

2.社区云

使用云端资源的用户来自两个或两个以上特定的单位组织,可称作社区云,如图7-1-7所示。社区云的资源限定于特定的组织使用。参与社区群的组织有关切的事项,如使命任务、安全需求、策略与法规遵循考量等。如某地区的大学可以组建校园社区云,各学校通过社区云可以共享图书资料、课程平台、科研建设成果等。又比如,某地区的酒店联盟建立酒店社区云,以满足客房共享及统一结算的需要。再比如,由卫健委牵头,联合各医院组建区域医疗社区云,各家医院通过社区云共享医疗数据,对于患者而言避免了重复诊疗,降低了就医费用;对于医院而言有利于科研及决策。

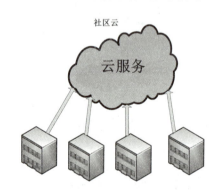

图 7-1-7　一个或多个组织访问社区云服务模式

3.公有云

公有云的用户面向社会大众,其资源也面向社会大众开放,用户或单位通过租赁并使用云端资源。公有云因为要满足数量较多的用户的需求,因此提供的云服务种类也比较多,管理要更复杂。国内有名的公有云有华为云、阿里云及腾讯云。国外的公有云例子有亚马逊的 AWS、微软的 Azure 等。

4.混合云

混合云端的资源来自两个或两个以上不同类型的云的组成,目前大多数企事业单位以公/私混合云为主,这样可以选择把处理敏感数据的云服务部署到私有云上,而将其不敏感的云服务部署到公有云上,如图 7-1-8 所示。由于混合云有不同的云服务提供商,而且在管理责任上是分离的,因此其维护和管理更复杂且更具有挑战性。

图 7-1-8 混合云模式

7.1.5 云计算在医疗行业中的应用

云计算应用在教育、交通、农业、旅游等领域,在医疗行业中也有广泛的应用。

1.区域医疗云

区域医疗云平台建立统一的区域卫生信息平台,实现医院、基层医疗机构等医疗卫生资源整合,为健康服务提供一体化的支撑,提高健康信息共享与协同诊疗。区域医疗云平台建设的主要内容:①建设"国家、省(直辖市)、地市(区/县)"三级模式的卫生信息平台;②建设两大医药卫生信息数据库:居民电子健康档案和电子病历;③建设一个连接全国各级医疗卫生服务机构、各级卫生行政管理机构的卫生信息网络。如图 7-1-9 所示。

区域医疗云平台实现了信息共享,统一了信息系统的标准,有效地节省了资源。

(1)实现信息共享和业务协同

区域医疗云平台建立了标准统一的卫生数据资源数据库,从而提供居民健康档案、电子病例、计生数据共享平台。如基层医疗机构或服务机构可以通过区域服务平台实时纵向交换病人病例、影像数据和检查报告,实现了区域数据的共享和有效利用,并通过数据共享平台与其他业务系统(如电子病历)实现业务协同。

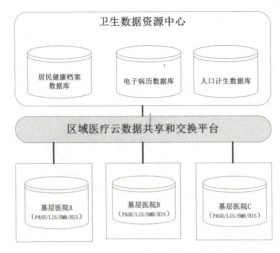

图 7-1-9 区域医疗云数据共享和交换示意图

（2）医疗信息系统标准更加统一

现今，各医院的信息系统各不相同，产生的信息也是千差万别，由于没有统一的规划，导致系统的接口和数据交换上标准不同，进而导致重复投资和资源浪费情况严重。基于云计算架构，建立区域医疗云平台可以更好地统一各医疗机构的信息系统，接口标准和交换数据的格式，从而使运营和维护更加便捷，大幅降低医院卫生信息化系统的投入和运维成本。

（3）有效地节省资源

区域医疗云中的 HIS、PACS、LIS 和健康档案以及电子病例等系统全部是基于 WEB 的应用，而且结合了虚拟化技术，因此，系统的部署十分方便，与传统的部署方法相比较，节省了大量的时间。医疗云平台的系统由系统开发和运营部门承担，不需要专职的人员进行管理，大大节约了人力成本。与传统的机房式的管理信息设备相比，区域医疗云对设备实行统一的管理，大大减少了电力的消耗。

2.移动医疗桌面云

移动医疗桌面云是指医院将本地桌面上的用户操作系统、应用程序等转至云端数据中心运行和保存，用户通过 PC、手机、Pad 等各种设备与网络相连，在进行权限认证后访问跨平台的应用程序和整个用户桌面，如图 7-1-10 所示。

移动医疗桌面云主要有以下特点：

（1）一个窗口，多个终端

移动医疗桌面云系统可以让用户在一个浏览器界面中，同时访问不同的后台桌面系统，并可以在不同系统间灵活切换。在医院中，有些医务人员需要登录到不同的业务系统处理信息，医疗桌面云满足了医务人员多业务的处理需求，提高了医务人员的工作效率。

（2）远程访问

移动医疗桌面云支持各种终端设备的接入，只要有网络，医务人员通过身份认证后，就可以顺利地进入相应的桌面业务系统来处理工作。这种工作方式具有移动办公的特点。

（3）远程存储，数据隔离

移动医疗桌面云中的数据是远程存储在云数据中心，通过防火墙对数据起到安全保护的作用，本地终端只是一个显示器而已。通过医院云数据中心，用户在桌面系统中对数据进行相关权限的操作，而用户桌面终端设备上的操作在本地终端不会留下任何副本，这种是一种数据隔离方式，能够有效地保障医院信息的安全。

图 7-1-10　桌面云模式

3.远程医疗

远程医疗是计算机及网络技术与医疗技术相结合的产物，它包括远程诊断、远程会诊及护理、远程医疗信息服务等医学活动，目的是发挥大型医院机构的医疗技术和设备优势对医疗卫生条件较差的、特殊的环境提供远距离医学信息和服务。在远程医疗中承担重要作用的音视频通信技术，早期由传统视频会议系统设备承担，硬件价格昂贵、稳定性不高，设备相对笨重，使用不方便。在云计算技术发展中诞生的云视频会议，在技术层面上解决了早期远程医疗遗留的难题，在互动性、稳定性方面实现了很好的提升，同时降低了使用成本。早期医院搭建远程医疗系统硬件采购成本和维护成本较高，但是云视频会议多为按需采购，硬件及维护成本实现大幅缩减。

2018年上海专家就远程精准指导微创手术救治新疆先心病患儿并取得了成功，这些都得益于云计算技术成熟应用带来的便捷。

7.2　物联网及其在智能医疗领域的应用

7.2.1 物联网的概念

物联网（Internet of Things，IoT），即"物—物"相联的互联网，主要含义是利用互联网将多种物体连接起来，能够实现智能化的数据融合管理，通过网络对物体进行实时监控，有效实现人与物、物与物的信息沟通和共享。从用户实体角度来看，物联网就是"物—物"相联、"物人—信息—社会"相通、无处不在的智能化泛在网。从技术角度来看，物联网就

微课
物联网及
其应用

是通过"物—物"互联来实现对物理世界的感知，是通过智能终端、3C（Computer、Communication、Control）和 Internet 等多种技术的渗透、融合、集成、创新与应用，构造的一个覆盖世界万事万物的网络。

从以上的物联网概念中，可以得到几个要点：

1.数字化

物联网系统在物品和设施中嵌入感测设备，即各种类型的传感器，通过传感器将物品或设施的温度、湿度、高度、倾斜度、照度等等要素采集传输，通过 D/A 传感器将对应的现实物质世界的信息数字化。

2.可通信

物联网系统利用 4G/5G、Wi-Fi、紫蜂（ZigBee）、蓝牙、窄带物联网（Narrow Band-Internet of Things，NB-IoT）、LoRa 等通信技术实现"物—物"相连及数据上传，将数据化的事物信息联入网络，用户可以通过手机 APP 或电脑 PC 端实时访问查看。

3.智能分析

物联网系统能够利用大数据技术对数据进行整理、加工、分析、融合和挖掘等智能处理，真正实现让物品说话，并能通过人工智能相关算法预测物品或事物的未来状态，为整个系统的决策判断提供必要依据。

4.闭环反馈

物联网系统是多个闭环组成的识别、处理、控制的智能服务系统，能够根据智能处理的结果，对物品做出管理和监控，并能根据物品反馈的数据，实时更新管理或监控的策略。

因此，在物联网时代，可以实现全球上任何人之间、任何人和任何物、在任何时间和任何地点的互联互通，实现 4A（Anyone，Anytime，Anywhere，Anything）通信，这也称为物联网的泛在性（图 7-2-1）。物联网的泛在性预示着真实的物理世界与虚拟的信息世界之间的互联互通（图 7-2-2）。

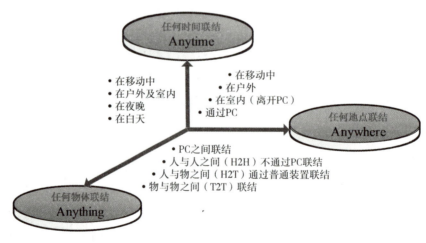

图 7-2-1　物联网的泛在性

图 7-2-2　真实物理世界与虚拟信息世界互联互通

7.2.2 物联网的起源与发展

1.物联网的起源

1995 年,比尔·盖茨在其著作《未来之路》中最早提出了"物—物"相联的物联网雏形,只是当时受限于感知及无线网络技术的发展,并未引起重视。

1998 年,美国麻省理工学院自动识别中心提出了基于产品电子代码(electronic product code,EPC)系统、射频识别(radio frequency identification,RFID)技术、无线网络和互联网的"物—物互联"的物联网构想,指出物联网是指各类传感器和现有互联网相互衔接的一种新技术形式。

2005 年国际电信联盟(International Telecommunications Union,ITU)发布了《ITU 互联网报告 2005:物联网》,引起了各国政府及产业界的高度重视。

2008 年欧洲智能系统集成技术平台在《物联网 2020》中分析预测了未来物联网的发展阶段。

2009 年美国政府首次提出了"智慧地球"的概念,其基础和核心就是物联网。

2010 年中国政府提出建设"感知中国"中心,并在同年 3 月,在第十一届全国人民代表大会第五次会议上,物联网被首次写入《政府工作报告》。自此,中国各行业物联网的研究和发展如火如荼。

2.物联网的发展

欧盟发展物联网产业的规划:

第一阶段(2010 年前):基于 RFID 技术实现低功耗、低成本的单个物体间的互联,并在物流、零售、制药等领域开展局部的应用。

第二阶段(2010—2015 年):利用传感网与无处不在的 RFID 标签实现物与物之间的广泛互联,针对特定的产业制定技术标准,并完成部分网络的融合。

第三阶段（2015—2020 年）：具有可执行指令的 RFID 标签广泛应用，物体进入半智能化，物联网中异构网络互联的标准制定完成，网络具有高速数据传输能力。

第四阶段（2020 年之后）：物体具有完全的智能响应能力，异构系统能够实现协同工作，人、物、服务与网络达到深度的融合。

我国政府高度重视物联网技术与产业的发展。2010 年 10 月，在国务院发布的《关于加快培育和发展战略性新兴产业的决定》中，明确将物联网列为我国重点发展的战略性新兴产业之一。

2011 年 3 月，在国务院发布的《国民经济和社会发展第十二个五年规划纲要》的第十章"培育发展战略性新兴产业"与第十三章"全面提高信息化水平"中，强调"推动物联网关键技术研发和在重点领域的应用示范"。

2011 年 4 月，工业和信息化部发布《物联网"十二五"发展规划》出台。根据规划要求，我国物联网产业将在智能工业、智能农业、智能物流、智能交通、智能电网、智能环保、智能安防、智能家居等九大重点领域开展应用示范。大力发展物联网产业已经成为我国一项具有战略意义的重要决策。

2015 年 10 月，在国务院发布的《"十三五"规划纲要》中，将"实施'互联网＋'行动计划，发展物联网技术和应用，发展分享经济，促进互联网和经济社会融合"，作为"十三五"期间我国"经济社会发展的主要目标"之一。

2016 年 2 月，在国务院发布的《国家中长期科学和技术发展规划纲要（2006—2020）》中，分别在"重点领域及其优先主题"中将物联网发展的核心技术，在"前沿技术"中将"智能感知技术"与"自组织网络技术"等研究列在优先研究的主题之中。

2016 年 5 月，在中共中央与国务院发布的《国家创新驱动发展战略纲要》中，将推动宽带移动互联网、云计算、物联网、大数据、高性能计算、移动智能终端等技术列为国家创新"战略任务"之一。

2016 年 8 月，在国务院发布的《"十三五"国家科技创新规划》"新一代信息技术"中设有"物联网"专题。

7.2.3 物联网的体系结构

根据物联网的本质属性和应用特征，其体系架构可分为三层：感知层（底层）、网络层（中间）和应用层（顶层），如图 7-2-3 所示。

"感"——感知层，即全面的信息感知，是物联网的皮肤和五官，通过传感器、RFID、智能卡、条形码、人机接口等多种信息感知设备，解决数据获取和入网问题。

"知"——网络层，是物联网的神经中枢和大脑，解决信息的可靠传输和智能处理问题。

"行"——应用层，即各行各业的应用平台，相当于物联网的社会分工，主要解决信息智能处理和人机界面的问题。

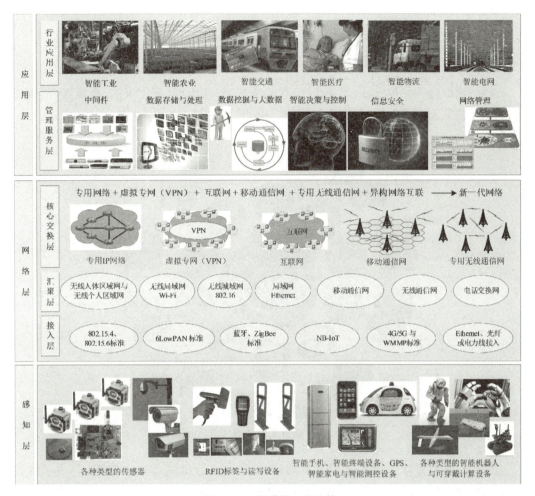

图 7-2-3　物联网三层结构

7.2.4 物联网的关键技术

物联网的关键技术包括感知和识别技术、网络传输技术和智能处理技术三大类。

感知和识别技术是指对各类物体的识别和信息获取技术,是物联网的信息源头和最底层的核心技术。特点是利用多种传感器、RFID、条形码、摄像头、智能设备等来全面感知物体的各种信息,具有节点数量多、成本低、计算能力弱等特点。

网络传输技术主要是指各种信息与互联网的组网、融合、传输和接入技术,包括移动 4G/5G、Internet、Wi-Fi、ZigBee、蓝牙技术、异构互联、协同技术、M2M 等。从信号传递的形式来说分为有线网络及无线网络。

智能处理技术是利用智能控制、嵌入式系统、云计算、大数据、区块链、人工智能和智能制造等高端智能技术,完成各种智能计算、海量数据挖掘与处理和智能化控制等智能服务功能。感知与识别技术包括 RFID 技术、传感器技术、激光扫描技术、定位技术、嵌入式技术等。

 7.2.5 物联网的行业应用

目前，物联网在绿色农业、工业生产、智能物流、智能电网、智能家居、智能医疗、智能交通、城市公共安全等领域，都有着丰富的应用（图 7-2-4）。

图 7-2-4　物联网的行业应用领域

智能家居，是以住宅为平台，利用物联网技术、网络通信技术等将家居生活有关的设施集成，构建高效的住宅设施与家庭日程事务的管理系统，以提升家居安全性、便利性、舒适性、艺术性，并实现环保节能。

智慧物流是指利用先进的物联网技术，通过信息处理和网络通信技术平台广泛应用于物流业中的运输、仓储、配送等环节，实现整个物流供应链的自动化与智能化，从而提高物流行业的服务水平，降低成本，减少自然资源和社会资源消耗的创新服务模式。

智能工业是将物联网技术、通信技术、信息处理等多种技术不断融入工业生产的各个环节，大幅提高制造效率，提高产品质量，降低产品成本和资源消耗，将传统工业提升到智能化的新阶段。

智能医疗是利用先进的物联网、通信技术、人工智能等技术，实现患者与医务人员、医疗机构、医疗设备之间的高效互动，进一步提升医疗诊疗流程的服务效率和服务质量，提升医院综合管理水平，实现监护工作无线化，全面改变和解决现代化数字医疗模式、智能医疗及健康管理、医院信息系统等问题和困难，并大幅度体现医疗资源高度共享，降低公众医疗成本，推动医疗事业的繁荣发展。

7.2.6 物联网在智能医疗领域的应用

智能医疗是利用物联网技术,通过打造健康档案医疗信息平台,实现患者与医务人员、医疗机构、医疗设备之间的互动,逐步达到医疗系统的信息化和智能化。

智能医疗的系统功能主要包括:使医生能够搜索、分析和引用大量科学证据来支持其诊断;通过共建医疗信息共享平台,实现医疗信息和资源的共享和交换,在线预约和双向转诊,"小病在社区,大病进医院,康复回社区"的居民就诊就医模式成为现实。

实现智能医疗的主要形式有:建设医疗信息共享平台、电子健康档案/电子病历、移动医疗设备、个人医疗信息门户、远程医疗服务和虚拟医疗团队等。

1.电子病历

电子病历也叫电子档案或健康卡。其主要功能包括:采集、存储、访问和在线帮助,具有全医疗过程的数据管理与处理、一体化集成、智能化服务、多样化展现等一系列功能。电子病历既包括门(急)诊、病房的临床信息,也包括检查检验、病理、影像、心电、超声等医疗技术信息;同时还具有用户授权与认证、使用审计、数据存储与管理、患者隐私保护等基础功能,如图 7-2-5 所示。

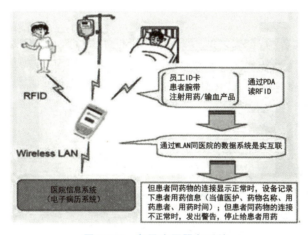

图 7-2-5　电子病历服务系统

2.远程医疗

远程医疗是通过网络搭建患者、医院、医生之间的会诊平台,实现远程诊断和远程健康管理的服务技术。其内容包括远程影像会诊(兼容传统扫描方式),临床交互会诊,临床资料会诊,病例讨论和多专家会诊等。远程医疗中的健康管理专家为会员提供疾病风险评估、体质测评、心理咨询,测评报告和生活方式干预案等;会员可以按照自己的意愿申请个性化体检、医疗、私人医生服务及健康管理等。远程医疗主要应用于临床会诊、检查、诊断、监护、指导治疗、医学研究、交流、医学教育和手术观摩等,如图 7-2-6 所示。

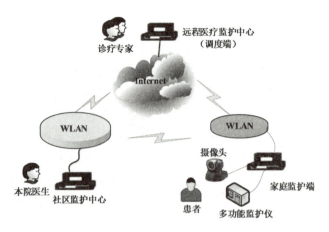

图 7-2-6　远程医疗监护系统示意图

7.3　大数据及其在医药行业的应用

本节主要介绍大数据定义、发展历程及影响和在医药行业领域的应用，通过大数据技术五层架构，阐述大数据技术涉及的核心技术内容及常见使用工具，其中包括大数据处理架构 Hadoop 及其核心项目 MapReduce、HDFS。

7.3.1 大数据的介绍

微课
大数据技术简介

1.大数据的定义

大数据，即 Big Data，一个如今人们已经耳熟能详的概念，可谓是网络上的热门词，大至国家文件小至百姓家常，常常能出现它的身影。实际上大数据概念早在十五六年前就已经提出。谁最早提出此概念在专业界也有不同说法，但较为普遍接受的是 2008 年在 Google 成立 10 周年之际，《自然》杂志推出大数据专刊，专门讨论与未来的大数据处理相关的一系列技术问题和挑战，首次使用了"Big Data"这个词。

然而大数据的概念能广为人知确是要归功于全球知名的咨询公司麦肯锡，2011 年麦肯锡全球研究院发布了研究报告《大数据：下一个创新、竞争和生产力的前沿》，该报告系统地阐述了大数据概念，并提出大数据时代已经到来。

维基百科对大数据的定义是：大数据指的是所涉及的资料量规模巨大到无法通过目前主流的软件工具，在合理时间内达到撷取、管理、处理并整理成为帮助企业经营决策实现更积极目的的信息。

百度百科对大数据的定义是：大数据，IT 行业术语，是指无法在一定时间范围内用常规软件工具进行捕捉、管理和处理的数据集合，是需要新处理模式才能具有更强的决策力、洞察发现力和流程优化能力的海量、高增长率和多样化的信息资产。

本书沿用百度百科的定义。

2.大数据的发展阶段

大数据的发展历程总体上可以划分为 4 个重要阶段:萌芽期、发展期、成熟期和应用期。

（1）萌芽阶段

20 世纪 90 年代至 21 世纪初,是大数据技术发展的萌芽期。随着数据挖掘理论和数据库技术的逐步成熟,一批商业智能工具和知识管理技术开始被应用,如数据仓库、专家系统、知识管理系统等。此时,对于大数据处理的研究主要集中于算法（algorithms）、模型（model）、模式（pattern）、标识（identification）等领域。

（2）发展阶段

21 世纪头 5 年是大数据技术发展的突破期。以 2004 年 Facebook 的创立为标志,Web 2.0 应用迅猛发展,导致非结构化数据大量涌现,传统数据库处理方法难以应对,带动大数据技术的异军突起,逐渐形成了并行计算与分布式系统两大核心技术。Hadoop 项目在 2005 年诞生,但它最初只是雅虎公司用来解决网页搜索问题的一个项目,后来因其技术的高效性,被 Apache 基金会引入并成为开源应用。

微课
大数据时代 1——
出自央视
纪录片
《大数据时代》

（3）成熟阶段

2006 至 2009 年是大数据技术发展的成熟阶段。谷歌的 GFS 和 MapReduce 等大数据技术受到追捧,Hadoop 平台开始大行其道。以此为基础,从 2006 年开始,Apache 基金会的开源社团和企业纷纷推出了各种各样的 Google 大数据技术的开源实现,从而推动大数据技术逐渐走向了成熟。在此期间,大数据技术研究的焦点是云计算（cloud computing）、大规模数据集并行运算算法（MapReduce）以及开源分布式系统基础架构（Hadoop）等。

（4）应用阶段

2010 年至今,大数据技术架构和大数据技术生态系统越来越完善,尤其是 Hadoop 大数据技术平台的成熟,标志着大数据技术的发展正式进入了落地应用阶段。大数据应用开始大量渗透至商业、医疗、政府、教育、经济、交通物流、科技等行业,人们开始依赖数据驱动决策,信息社会智能化程度大幅提高。如今,大数据正在影响社会的方方面面,并已经成长为推动人类社会发展的巨人。

3.大数据的特征

大家比较认可关于大数据的特征即"4V"特征。概括起来为:数据量大（Volume）、数据多样化（Variety）、速度快（Velocity）和价值密度低（Value）。

（1）数据量大（Volume）

这是大数据的首要特征,包括采集、存储和计算所涉及的数据量,都是非常庞大（Volume）的。大数据的起始计量单位至少是 100 TB。从人类开始印刷文字资料算起,截至目前,人类生产的印刷文字数据量大致为 200 PB。而自人类文明萌芽伊始,所有表达出来的语言总量大约是 5 EB。现今一般个人计算机硬盘储存容量为 TB 量级,而大型数据库公司服务器储存容量可达 EB 量级（详细信息单位换算见表 7-3-1）。

表 7-3-1　数据存储单位之间的换算

单位	换算关系
Byte(字节)	1 B＝8 bit(位)
KB(Kilobyte,千字节)	1 KB＝1024 B＝8192 bit
MB(Megabyte,兆字节)	1 MB＝1024 KB＝1048576 B
GB(Gigabyte,吉字节)	1 GB＝1024 MB＝1048576 KB
TB(Trillionbyte,太字节)	1 TB＝1024 GB＝1048576 MB
PB(Petabyte,拍字节)	1 PB＝1024 TB＝1048576 GB
EB(Exabyte.艾字节)	1 EB＝1024 PB＝1048576 TB
ZB(Zettabyte,泽字节)	1 ZB＝1024 EB＝1048576 PB

数据一直都在以每年 50％的速度增长,也就是说每两年就增长一倍(大数据摩尔定律),2020 年,全球将总共拥有大致 35 ZB 的数据量,相较于 2010 年,数据量将增长近 30 倍。

（2）多样化（Variety）

大数据的第二个特征是种类和来源多样化,种类具体表现为网络日志、音频、视频、图片、地理位置信息以及新兴行业领域如医疗、交通、生物科技等的信息。来源包括结构化数据和非结构化数据。如此多类型、多样化的异构数据对数据的处理、分析能力提出了更高的要求,编码方式、数据格式、应用特征等多个方面的数据处理要求都对传统的联机分析处理提出挑战,因此,用户界面友好的、支持非结构化数据分析的商业软件势必迎来广阔的市场空间。

（3）数据价值密度化（Value）

大数据的第三个特征是大数据价值密度相对较低,需要很多的过程才能挖掘出来。这个过程类似于沙漠"淘金",必须在一定体量下反复筛选,最后"淘"出有价值的信息。随着云计算的广泛应用,信息感知无处不在,信息体量巨大,但针对性的有价值的信息密度较低。如何结合市场需求逻辑并通过强大的机器算法挖掘数据价值,并且兼顾企业利润平衡,是大数据时代最需要解决的问题。

（4）速度快,时效高,质量好（Velocity）

大数据的第四个特征是数据的增长速度快,处理速度也快,时效性要求更高。随着互联网的发展,以及人们生活上对于网络的依赖,使用电子应用都需要基于快速生成的数据给出实时分析结果,同时这些分析结果必须是大概率准确的、可信赖的。例如,搜索引擎要求几分钟前的新闻能够被用户查询到,淘宝用户需要实时了解所需商品库存情况,是否可以进行购买等。这些数据反馈均要求达到秒级的响应速度,同时结果准确。这些也都是大数据区别于传统数据挖掘的显著特征。

4.大数据在我国的发展现状及意义

大数据在带来巨大技术挑战的同时,也带来了巨大的技术创新与商业机遇。它既是一种资源,又是一种工具,让我们更好地探索世界和认识世界,不断积累的大数据包含着很多在小数据量时不具备的深度知识和价值。大数据将会对社会发展产生深远的影响,具体表现在以下几个方面:

（1）改变人类的思维方式，更好地了解客观世界背后的真相。庞大至接近全体的样本量将使统计结果更有参考价值。全新的归纳演绎模式可帮助人类更加接近和了解大自然本质，通过掌握事物发展规律来帮助人们进行科学决策。

（2）大数据推动数据处理技术的高速发展，促进信息技术与各行业的深度融合，使得人类社会产生巨大变革。

（3）全新的技术必将催生全新的产业和教学体制，在各种应用需求的强烈驱动下，大数据技术将被不断提出并得到广泛应用，数据的能量也将不断得到释放。而对数据计算领域高级人才的需求也将日益增加，在未来 5～10 年，数据分析师和大数据工程师成为热门职业，不仅互联网企业需要数据科学家，类似金融、电信这样的传统企业在大数据项目中也需要数据科学家。

（4）大数据的兴起将在很大程度上改变中国高校信息技术相关专业的现有教学和科研体制，我们的人才培养模式必将依据市场及科研需求而不断调整，以适应数据科学的飞速发展带来的人才需求压力。

 ## 7.3.2 大数据的架构

1.大数据架构概述

基于以上提及的大数据的特征，大数据技术与传统信息数据技术有着较大差异，其具体功能可分为五大层（详细分层及涉及的技术工具见表 7-3-2）。

表 7-3-2　详细分层及涉及的技术工具

大数据技术分层	技术与工具
基础架构	云计算、云存储、网络技术、资源监控技术等
数据采集	ETL 工具
数据存储与管理	分布式文件系统、数据仓库、关系数据库、NoSQL 技术、云数据库、关系型数据库与非关系型数据库融合等
数据处理与分析	分布式并行编程模型和计算框架、图谱处理、机器学习、数据挖掘算法、BI 商业智能等
数据应用与交互	使用现代化的可视化工具及人机交互手段为生产、运营、规划提供决策支持

（1）基础架构

大数据处理需要拥有大规模物理资源的云数据中心和具备高效的调度管理功能的云计算平台的支撑。

（2）数据采集

主要涉及的是数据的 ETL（采集、转换、加载）过程，最后加载到数据仓库或数据集市中，成为联机分析处理、数据挖掘的基础。

（3）数据存储与管理

针对结构化、半结构化和非结构化海量数据，可采用分布式文件系统和分布式数据库的存储方式，把数据分布到多个存储节点上，实现存储与管理。

（4）数据处理与分析

利用分布式并行编程模型和计算框架，结合机器学习和数据挖掘算法，对海量数据进行查询、统计、分析、预测、挖掘、图谱处理等分析处理，这是大数据技术的核心。

（5）数据应用与交互

技术最终的结果均是为了应用，服务和帮助用户理解数据的本质与关联关系，达到正确决策的目的。

2.Hadoop 架构简介

Hadoop 是毕业于美国斯坦福大学的道格·卡廷（Doug Cutting）创建的。Hadoop 是 Apache 软件基金会旗下基于 Java 语言开发的一个开源分布式计算平台。作为新一代的架构和技术，Hadoop 因为有利于并行分布处理"大数据"而备受重视。它可以让应用程序支持上千个节点和 PB 级别的数据。Hadoop 是个总称，它主要的核心是分布式存储 HDFS（hadoop distributed file system）和分布式计算 MapReduce。Hadoop 是由小孩子给"一头吃饱了的棕黄色大象"取的名字，有趣而又便于记忆，它的标志也是一头萌萌的大象（图 7-3-1）

图 7-3-1　Hadoop 的图标
（来源：https://zhuanlan.zhihu.com/p/42162899）

Hadoop 的优点：

（1）高可扩展性。不论是存储的可扩展还是计算的可扩展都是 Hadoop 的设计根本，并且能够高效稳定地运行在廉价的计算机集群上。

（2）经济成本低。框架可以运行在任何普通的 PC 上，成本低廉。

（3）高可靠性。分布式文件系统的备份恢复机制以及 MapReduce 的任务监控保证了分布式处理的可靠性。

（4）高效性。分布式文件系统的高效数据交互实现以及 MapReduce 结合 Local Data 处理的模式，能够高效地处理 PB 级数据。

3.HDFS 简介

Hadoop 分布式文件系统（hadoop distributed file system，HDFS）是 Hadoop 项目的两大核心之一，是针对谷歌文件系统（Google file system，GFS）的开源实现。它是一个高度容错性的分布式文件系统，能提供高吞吐量的数据访问，非常适合大规模数据集上的应用。所谓的分布式文件系统就是指文件系统管理的物理存储资源不一定直接连接在本地节点上，而是通过计算机网络与节点相连。HDFS 具有处理超大数据、流式访问、硬件成本低廉等优点，但同时为了达到高数据吞吐量，牺牲了低延迟访问。

4.MapReduce 简介

MapReduce 也是 Hadoop 项目的两大核心之一。它是一种编程模型，用于大规模数据集（大于 1 TB）的并行运算。MapReduce 的核心思想就是"分而治之"，它将复杂的、运行于大规模集群上的并行计算过程高度地抽象到了两个函数——Map（映射）和 Reduce（化简）上，通俗地说，就是先把任务分发到集群多个节点上，并行计算，然后再把计算结果合并，通过整合各个节点的中间结果得到最终结果，并且允许用户在不了解分布式系统底层细节的情况下，由 MapReduce 框架完成任务调度、负载均衡、容错处理等。

 ### 7.3.3 大数据的采集

微课
大数据时代 2——
出自央视纪录片《大数据时代》

1. 大数据采集简介

大数据的数据采集是在确定用户目标的基础上，利用 ETL 工具将范围内所有结构化、半结构化和非结构化的数据如关系数据、平面数据文件等，抽取到临时中间层后进行清洗、转换、集成，最后加载到数据仓库或数据集市中，成为联机分析处理、数据挖掘的基础；或者也可以把实时采集的数据作为流计算系统的输入，进行实时处理分析。按照数据来源划分，大数据的主要来源为商业数据与网络数据。其中，商业数据来自企业 ERP 系统、各种 POS 终端及网上支付系统等业务系统；网络数据来自运营商记录、各种社交媒体、全球定位设备、视频传感监控设备等。

2. 网络数据的采集

程序员们也常常将网络数据的采集形象化地称为网络爬虫。网络爬虫是一种计算机自动程序，它能够自动建立到 WEB 服务器的网络连接，访问服务器上的某个页面或网络资源，获得其的内容，并按照页面上的超链接进行更多页面的获取。整个网络数据采集和处理的基本步骤，如图 7-3-2 所示。

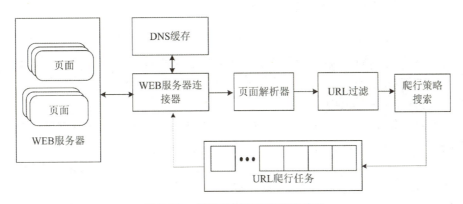

图 7-3-2　网络数据采集和处理流程
(来源：《互联网大数据处理技术与应用》(清华大学出版社，曾剑平主编))

（1）建立网络连接。将需要抓取数据的网站的 URL 信息（Site URL）写入 URL 队列。

（2）页面请求与解析。从 URL 队列中获取需要抓取数据的网站的 Site URL 信息。

（3）链接分析。从 Internet 抓取与 Site URL 对应的网页内容，并抽取出网页特定属性的内容值。

（4）爬行队列管理。将从网页中抽取出的数据（Spider Data）写入数据库。

对于网络数据的采集，最基本的要求就是要在尽可能短的时间内获取尽可能多的重要页面。那么面对海量的网络页面，如何对这些页面进行高效的获取是爬虫遇到的主要难点之一。

🖱 7.3.4 大数据的清洗

数据清洗是在汇聚多个维度、多个来源、多种结构的数据之后，对数据进行抽取、转换和集成加载，也可称为数据导入前的预处理工作。在这个过程中，人们获得的第一手数据通常称为"脏数据"。"脏数据"主要指不一致或不准确数据、陈旧数据以及人为造成的错误数据等。若是不对其加以必要的清洗处理、修复系统中的一些缺陷数据，分析出来的结论必然不够准确。大数据清洗根据缺陷数据类型可分为异常记录检测、空值的处理、错误值的处理、不一致数据的处理和重复数据的检测，之后对数据进行归并整理，并储存到新的存储介质中。大数据清洗步骤可以分为五个：（1）需求分析；（2）预处理；（3）确定清洗规则；（4）清洗与修正；（5）检验。目前大数据的清洗工具主要有 Data Wrangler 和 Google Refine 等。但数据清洗的研究是从美国开始的，因此早期的研究主要在英文数据上。鉴于中英文语法语义差别巨大，国外的许多研究成果或工具并不能完全适用于中文。在大数据时代，针对全中文的数据清洗研究具有广阔的发展前景及市场潜力，市场需求将会日益加大，未来几年中文数据清洗仍将是研究重点。

🖱 7.3.5 大数据的分析和挖掘

1.大数据的分析概述

大数据分析是指对规模巨大的数据进行分析，挖掘出有价值的信息，从而更好地促进相应业务的发展或正确决策。

大数据分析的方法理论有五种。

（1）预测性分析能力（predictive analytic capabilities）。预测性分析可以让分析人员根据可视化分析和数据挖掘的结果做出一些预测性的判断。

（2）可视化分析（analytic visualizations）。可视化是数据分析工具最基本的要求，它直观地展示数据，让数据自己说话，让观众看到听到结果。

（3）语义引擎（semantic engines）。能够从"文档"中智能提取信息，从而更加准确、全面地实现用户的检索。

（4）数据质量和数据管理（data quality and data management）。通过标准化的流程和工具对数据进行处理可以保证分析结果的真实和有价值。

（5）数据挖掘算法（data mining algorithms）。可视化是给人看的，数据挖掘是给机器看的。大数据分析的理论核心就是数据挖掘算法，通过算法让机器深入数据内部，挖掘价值，算法不仅要考虑处理大数据的量，也要考虑处理大数据的速度。

2.大数据挖掘概述

数据挖掘是在数据库中发现信息,它是从大量的、不完全的、有噪声的、模糊的、随机的数据中,提取隐含在其中的、人们事先不知道的但又是潜在有用的信息和知识的过程。数据挖掘并不是一个新的技术,只是在大数据的概念下,数据挖掘被赋予了新的意义。其流程大致可概括为根据挖掘任务定义及已有的方法(关联规划挖掘、分类、聚类等)选择数据挖掘实施算法。

关联规划的目的是发现一个事物与其他事物间的相互关联性或相互依赖性,从而从大量数据背后发现事物之间可能存在的联系。关联规则挖掘是数据挖掘中最活跃的研究方法之一。这些规则最早应用于传统超市零售行业,商家使用关联规则分析顾客的购买行为并以此来科学安排进货、库存分配等。如今关联规则在世界多个重要领域均有应用,如循证医学上的应用等。

分类是将数据划分到合适的类别中,它可用于预测,是有监督学习算法。分类一般应用于图像识别、医学疾病诊断等。聚类是将数据按相似度划分成多个类,但这里所说的类不是固有的,而是根据数据的相似性和距离来划分,它是无监督学习。

聚类与分类的区别就在于,聚类中的类是未知的,事先未确定的。聚类的用途极其广泛,在各个学科和领域均可使用,如经济学上的消费分析、生物信息学上的基因数据分析等等。

7.3.6 大数据在医药行业的应用

微课
大数据技术在医药行业中的应用

随着科学技术的不断进步,医药行业信息化的不断深入,大数据技术与云计算技术在医疗系统中发生了非常大的变化。近年来大数据在流行病预测溯源、智慧医疗、生物信息学及药物分析等生物医药领域大显身手,为人类未来的健康生活带来深刻变革。

1.流行病预测及溯源

在传统的公共卫生管理中,医生在发现新型病例时应及时上报给疾病控制与预防中心,疾控中心对各级医疗机构上报的数据进行汇总分析,发布疾病流行趋势报告,然而这种传统做法周期长,响应滞后。尤其 2019 年底新冠疫情的暴发,以燎原之势席卷全球,在高度传染性的病毒前,时间就是生命。首先在第一时间找出病毒最初的源头,能够快速有效地查明病种,针对性用药,及时扼杀传染源。其次准确定位感染人群,对危险人群进行有效隔离,能最大限度切断病毒传染链,保证大部分人群的安全。中国是疫情管控最为成功的国家,技术上正是得益于大数据的运用,借助于医疗数据联网、电信运营商移动网络数据归集等,大数据时代的疫情传播数据采集做到了及时准确,同时可精准定位至个体、小区等,帮助国家科学化、精准化、高效化地做出各项疫情防控决策。

2.临床辅助诊断

大数据在临床诊断中可以发挥有效的辅助作用,可以优化辅助临床路径。电子病历为医院的临床诊断、治疗建议和分析临床路径提供了良好的参考依据。

3.药物副作用分析

多方收集药物治疗效果及临床反应,分析出药物的副作用,避免药物对人体造成危害。

4.加速生物基因测序

全球有越来越多的生物体的全基因组测序工作已经完成或正在开展中，每年全球都会新增 EB 级的生物数据，大数据分析正帮助生物学家更有效和低成本地执行基因测序。

7.4　人工智能及其在医疗行业的应用

自 1946 年第一台计算机诞生以来，人们一直致力于使计算机有更加强大的功能，计算机技术得到了前所未有的发展，云计算、大数据等新型技术的出现为计算机技术赋予了更强的生命力，深深地影响了社会各行各业。尤其是人工智能（artificial intelligence，AI）的快速发展将我们带入了一个智能化、自动化的时代，我们生活中接触到的物品、服务等方面或多或少存在着人工智能的痕迹。我们在享受着人工智能带来便捷生活的同时，也要对人工智能有所了解和研究，这也是新时代对大学生提出的新要求。

7.4.1 人工智能的起源和发展

微课
人工智能
技术简介

人工智能是一门边缘学科，属于自然科学和社会科学的交叉。涉及学科有哲学、心理学、计算机科学、数学、神经生理学、认知科学、信息论等。研究的范畴主要有自然语言处理、知识表现、智能搜索、群智能算法、机器学习、人工神经网络及深度学习、专家系统、规划等方面。根据人工智能涉及的学科及研究的范畴，可以从久远的年代追溯人工智能的起源和发展。大体经过三个时期：孕育期、形成期、知识应用期和发展期。

1.孕育期（1956 年前）

这个时期推理理论的出现，图灵测试与第一台计算机的诞生，为人工智能的出现奠定了基础。

（1）公元前 384—公元前 382 年，古希腊伟大的哲学家和思想家亚里士多德创立了演绎法，他提出的三段论至今仍然是演绎推理的最基本出发点。

（2）英国数学家图灵进行了图灵测试，这个测试要解决的问题是如何判断一台计算机是否有智能。1950 年在其著作《计算机与智能》中首次提出"机器也能思维"，被誉为"人工智能之父"。

（3）1946 年，美国数学家、电子数字计算机先驱冯·诺依曼研制成功了世界上第一台通用电子数字计算机 ENIAC。

（4）1943 年，美国神经生理学家麦克洛奇和皮兹建成第一个神经网络模型。

（5）1948 年，美国著名数学家维纳创立了控制论，这个理论对形成人工智能流派之一——形为主义学派有着深远的影响。

2.形成期（1956—1970 年）

这个时期召开了一次重要的会议——达特茅斯会议。这次会议于 1956 年夏季召开，发起人为麦卡锡、明斯基、朗彻期特和香农。他们邀请摩尔、塞缪尔、纽厄尔和西蒙等参加,在美国达特茅斯大学举办了一次长达 2 个多月的研讨会,讨论了用机器模拟人类智能的问题。会议首次使用了"人工智能"这一术语。这是人类历史上第一次人工智能研讨会,标志着人工智能学科的诞生,具有十分重要的意义。在这之后,人工智能得到了迅速的发展,主要表现如下:

(1)1956 年,塞缪尔在 IBM 计算机上研制成功了具有自学习、自组织和自适应能力的西洋跳棋程序。

(2)1957 年,纽厄尔和西蒙等研制了一个称为逻辑理论机的数学定理证明程序。

(3)1958 年,麦卡锡建立了行动规划资讯系统。

(4)1960 年,纽厄尔等研制了通用问题求解(GPS)程序;麦卡锡研制了人工智能语言 LISP。

(5)1961 年,明斯基发表了论文《走向人工智能的步骤》,推动了人工智能的发展。

(6)1965 年,鲁滨逊提出了归结(消解)原理。

人工智能虽然得到了迅速的发展,但是也出现了一些问题,科学家们对人工智能有过高的预言,给人工智能的声誉造成重大伤害,塞缪尔的下棋程序在与世界冠军对弈时,以 1 比 4 告负。当用归结原理证明"两连函数之和仍然是连续函数"时,推了 10 万步也没证明出结果来。这样的事件连续发生,英国政府发表了一份关于人工智能的综合报告,声称"人工智能即使不是骗局也是庸人自扰"。

3.知识应用期(1970—1986 年)

这个时期计算机视觉、机器人、自然语言理解、机器翻译等 AI 应用的研究获得发展,尤其是专家系统发展成果显著,研发成功了一些成功的专家系统,如费根鲍姆研制 MYCIN 专家系统,用于协助内科医生诊断感染疾病,并提供最佳处方。斯坦福大学的杜达等人研制地质勘探专家系统等。这些专家系统实现了人工智能从理论研究走向专业知识的应用,是 AI 发展史上的一次重要突破与转折。

4.发展期(1986 年至今)

专家系统的发展遇到了瓶颈,原因是缺乏常识性知识、知识获取困难、推理方法单一、没有分布式功能,从而不能访问现存的数据库,这些原因导致专家系统应用领域狭窄,人们不断地克服专家系统的这些缺陷,同时也促进了专家系统的改进与发展。在这个时期,机器学习、人工神经网络、智能机器人和行为主义研究更加深入,同时智能计算弥补了人工智能在数学理论和计算机上的不足,更新、丰富了人工智能理论框架,使人工智能进入一个新的发展时期。

党的二十大报告强调,必须坚持科技是第一生产力、人才是第一资源、创新是第一动力,深入实施科教兴国战略、人才强国战略、创新驱动发展战略,开辟发展新领域新赛道,不断塑造发展新动能新优势。在人工智能领域中,无论是在理论还是在技术研发方面,我国的人工智能研究水平与发达国家相比差距不大。近年来,我国人工智能领域发展迅速,科大讯飞语音识别和理解的准确率均达到了世界第一。百度推出了度秘和自动驾驶汽车。腾讯推出了机器人记者 Dreamwriter 和图像识别产品腾讯优图。阿里巴巴推出了人工智能平台 DTPAI 和机器人客服平台。清华大学研发成功的人脸识别系统以及智能问答技术都已经获得了应用。中科院自动化所研发成功了"寒武纪"芯片并建成了类脑智能研究平台。华为也推出了 MoKA 智能化招聘管理系统。

我国政府一直重视人工智能的发展，2015 年将人工智能作为国家"互联网＋"战略中 11 个具体行动之一，提出要"加快人工智能核心技术突破，培育发展人工智能新兴产业，推进智能产品创新，提升终端产品智能化水平"。2016 年，国家发改委、科技部、工信部、中央网信办联合发布了《"互联网＋"人工智能三年行动实施方案》，这是我国首次单独为人工智能发展提出具体的策略方案，也是对去年发布的"互联网＋"战略中人工智能部分内容的具体落实。人工智能在我国将迎来一波史无前例的热潮，在政策、资本等助推下，人工智能不断在金融、医疗、零售、教育、安防等领域开疆破土，迎来了全新的发展时期。

7.4.2 人工智能的定义

有关人工智能的定义至今没有准确、统一的定义。目前对人工智能的定义主要有以下几种。

在达特茅斯会议的发起建议书中对人工智能的预期目标的设想是：制造一台机器，该机器可以模拟学习或者智能的所有方面，只要这些方面可以精确描述。这是较早的对人工智能的描述，这个预期目标为人工智能的发展奠定了坚实的基础。

明斯基提出"人工智能是一门科学，是使机器做那些人需要通过智能来做的事情"。与明斯基相反的观点认为人工智能的智能行为方式不一定与人类智能实现的机制相同。

尼尔森给出的人工智能定义是："人工智能是关于知识的科学"。很多专业学者更偏向于这个定义，认为人工智能研究内容就是知识的表示、知识的获取和知识的应用。

拉斐尔认为："人工智能是一门科学，这门科学让机器做人类需要智能才能做完的事。"

人工智能的业界人士认为：人工智能是计算机科学的一个分支，它是研究、开发用于模拟、延伸和扩展人的智能的理论、方法、技术及应用系统的一门新的技术科学。

总结上述的观点，人工智能是机器基于知识的基础上以人类智能的方式来解决问题的科学。

7.4.3 人工智能的主要技术

当前全球人工智能浪潮汹涌，人工智能技术的发展得到了各国政府的大力支持，各项资金的大量投入使人工智能技术不断得到突破，各大行业在人工智能的引领下正在进行一次大刀阔斧的改革。

1.知识的表示

知识是人们在社会实践活动中获得的对客观世界认识的结果与经验，它反映客观事物的属性与联系。人们在实践中将获得的信息进行总结、提炼就形成了知识。例如，医生们在多年的临床经验中得出：当体温超过 37.5 摄氏度时，就认为人体在发热。这样就把"37.5 摄氏度"与"发热"这两个信息联系在一起，得到了如下的知识：如果体温超过 37.5 摄氏度，则表示身体在发热。知识是智能的基础，人工智能的活动基于知识，计算机获取了知识，才能模拟人类的智能行为。那么计算机如何获取人类的知识？人类的知识需要用适当的模式表示出来,才能存储到计算机中并能被运用。将知识用适当的模式表示出来称为知识的表示,更准确地说,知识的表示就是一种能够被计算机接受的用于描述知识的数据结构。

常见的知识表示方式有命题逻辑、产生式表示法、框架表示法、一阶谓词逻辑、状态空间表示法、与或图表示、语义网络、问题归纳法、面向对象法,这里重点介绍前三种表示法。

(1)命题逻辑

命题逻辑是指以逻辑运算符结合原子命题来构成代表"命题"的公式。在现实世界中,有些陈述句在特定情况下都具有"真"或"假"的含义,在逻辑上称这些语句为"命题"。表达单一意义的命题称为"原子命题"。如:

鸟会飞。

天在下雪。

鸡会下蛋。

他在笑。

原子命题通过"联结词"构成"复合命题",联结词有 5 种,分别为:

①¬ 表示否定,复合命题"¬ Q"表示"非 Q"。

例:Q 表示:5 是奇数;¬ Q 表示:5 不是奇数。

②∧ 表示合取,复合命题"P∧Q"表示"P 与 Q"。

例:他去了教室,也去了实验室。

设 P:他去了教室,Q:他去了实验室。该命题可表示为 P∧Q。

③∨ 表示析取,复合命题"P∨Q"表示"P 或 Q"。

例:今晚我去书店或者去跑步。

设 P:今晚我去书店。

设 Q:今晚我去跑步。

则该命题可表示为 P∨Q。

④→表示条件,复合命题"P→Q"表示"如果 P,那么 Q"。

例:如果绿灯亮了,那么我们就过马路。

设 P:绿灯亮了。

设 Q:我们就过马路。

该命题可表示为 P→Q。

⑤←→表示双条件,复合命题"P←→"表示"P 当且仅当 Q"。

例:偶数 a 是质数,当且仅当 a=2。

设 P:偶数 a 是质数。

设 Q:a=2。

该命题可表示为 P←→Q。

(2)产生式表示法

产生式规则通常用于描述事物之间的一种因果关系,是人工智能中应用最多的一种知识表示方法,其基本形式为:

IF<P> THEN <Q>或者 P→Q

其中,P 是产生式的前提,用于指出该产生式是否可用的条件,也可称为前件;Q 是产生式的结论或操作，用于指出当前 P 被满足时，应该得出的结论或应该执行的操作，也可称为后件。例如：

IF 红灯亮了 THEN 停止过马路。

上述表达式就是一个产生式，其中"红灯亮了"是前提 P，"停止过马路"是结论 Q。

有时为了解决问题的需要，前件和后件可以是由逻辑运算符 AND（且）、OR（或）、NOT（非）组成的表达式。例如：

IF 今天是周六 AND 今天天晴 THEN 去郊野公园。

上述是确定性规则的产生式的表示方法，产生式还有其他三种表示方式，分别是：不确定性规则的产生式、确定事实的产生式和不确定事实的产生式。

（3）框架表示法

框架表示法是一种关于描述事物属性的数据结构。每个框架都有框架名，代表某一类对象，一个框架由若干个槽的结构组成，每一个槽又根据事物的实际情况划分为若干个"侧面"。一个槽用于描述所论对象某一方面的属性。一个侧面用于描述相应属性的一个方面。槽和侧面所具有的属性值分别称为槽值和侧面值。

一个框架的一般形式为：

＜框架名＞

＜槽名 1＞:＜侧面名$_{11}$＞　＜侧面值$_{111}$＞＜侧面值$_{112}$＞＜……＞＜侧面值$_{11P1}$＞

　　　　　＜侧面名$_{12}$＞　＜侧面值$_{121}$＞＜侧面值$_{122}$＞＜……＞＜侧面值$_{12P2}$＞

　　　　　……

　　　　　……

　　　　　＜侧面名$_{1m}$＞　＜侧面值$_{1m1}$＞＜侧面值$_{1m2}$＞＜……＞＜侧面值$_{1mPm}$＞

＜槽名 2＞:＜侧面名$_{21}$＞　＜侧面值$_{211}$＞＜侧面值$_{212}$＞＜……＞＜侧面值$_{21P1}$＞

　　　　　＜侧面名$_{22}$＞　＜侧面值$_{221}$＞＜侧面值$_{222}$＞＜……＞＜侧面值$_{22P2}$＞

　　　　　……

　　　　　……

　　　　　＜侧面名$_{2m}$＞　＜侧面值$_{2m1}$＞＜侧面值$_{2m2}$＞＜……＞＜侧面值$_{2mPm}$＞

　　　　　……

　　　　　……

＜槽名 n＞:＜侧面名$_{n1}$＞　＜侧面值$_{n11}$＞＜侧面值$_{n12}$＞＜……＞＜侧面值$_{n1P1}$＞

　　　　　＜侧面名$_{n2}$＞　＜侧面值$_{n21}$＞＜侧面值$_{n22}$＞＜……＞＜侧面值$_{n2P2}$＞

　　　　　……

　　　　　……

　　　　　＜侧面名$_{nm}$＞　＜侧面值$_{nm1}$＞＜侧面值$_{nm2}$＞＜……＞＜侧面值$_{nmPm}$＞

上述表现形式可以看出，一个框架可以有任意数量的槽，一个槽可以有任意数目的侧面，一个侧面可以有不限数量的侧面值。下面是用框架表示知识的例子。

例 1 描述"学生"的框架

框架名:＜学生＞

姓名:（姓、名）

年龄：(岁)

性别：范围(男、女)，缺省：男

类别：范围(高职高专生、本科生、研究生、博士生)，缺省：高职高专生

就读学校：(校名，系)

入学时间(年、月)

上述框架共有六个槽，分别描述了学生的六个方面，即六个属性。在每个槽里都指出了一些说明性的信息，对于槽的填值给出一些范围。

例 2 描述一个具体学生的框架

框架名：＜学生—1＞

姓名：柯新

年龄：18

性别：女

类别：高职高专生

就读学校：职业技术学院计算机系

入学时间：2020.9

2.深度学习

深度学习是近年来人工智能研究的热点技术，其来源于机器学习，是基于人工神经网络逐步发展起来的。深度学习的优势在于能够发现高维数据中的复杂结构，取得比传统机器学习方法更好的结果。

(1)机器学习

机器学习(machine learning)是一门专门研究计算机怎样模拟或实现人类的学习行为，以获取新的知识或技能，重新组织已有的知识结构使之不断改善自身的性能的学科，简单地说，机器学习就是通过算法，使得机器能从大量的历史数据中学习规律，从而对新的样本做智能识别或预测未来。从 20 世纪 80 年代末期以来，机器学习的发展大致经历了两个阶段：浅层学习(shallow learning)和深度学习(deep learning)。

①浅层学习

20 世纪 80 年代到 90 年代，出现了各式各样的浅层机器学习模型，这些模型的结构基本上可以看成带有一层隐层节点，或没有隐层结点。其中具有典型代表的是用于人工神经网络的反向传播算法(back propagation)，是一种基于统计模型的机器学习，利用 BP 算法可以让一个人工神经网络模型从大量训练样本中学习出统计规律，从而对未知事件做预测。这种基于统计的机器学习方法比起过去基于人工规则的系统，在很多方面显示了优越。浅层学习模型主要应用于搜索广告系统、广告点击率预估、基于内容的推送等。

②深度学习

2006 年，加拿大多伦多大学教授 Geoffrey Hinton 和他的学生 Ruslan Salakhutdinov 在顶尖学术刊物《科学》上发表了一篇文章，提出了深度学习，开启了深度学习的浪潮。深度学习的一个重要依据就是脑神经系统具有丰富的层次结构，据此来建立多隐层的人工神经网络模型，其具有优异特征的学习能力。根据神经"逐级"工作的原理，深度学习可通过"逐层初始化"，有效克服了深度神经网络在训练上的难度。

通俗地讲，深度学习就是建立、模拟人脑进行分析学习的神经网络，它模拟人脑的机制来解释数据，例如图像、声音和文本等。深度学习是无监督学习的一种。深度学习的目的就是能够将原始的数据转变成更高层次的、更加抽象的表达。

（2）两种典型的神经网络模型

①BP 神经网络简介

BP（back propagation）网络于 1986 年由 Rinehart 和 McClelland 为首的科学家小组提出，是一种按误差逆向传播算法训练的多层前馈神经网络，是应用最广泛的神经网络。BP 网络能学习和存贮大量的输入—输出模式映射关系，而无须事前揭示描述这种映射关系的数学方程。它的学习规则是使用梯度下降法，通过反向传播来不断调整网络的权值和阈值，使网络的误差平方和最小。BP 神经网络模型拓扑结构包括输入层（input）、隐层（hide layer）和输出层（output layer）。如图 7-4-1 所示。

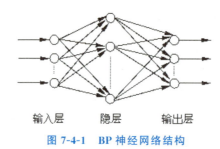

输入层　　　隐层　　　输出层

图 7-4-1　BP 神经网络结构

BP 神经网络无论在理论还是在性能方面已比较成熟。其突出优点就是具有很强的非线性映射能力和柔性的网络结构。由于 BP 学习算法具有收敛速度慢、需要大量带标签的训练数据、容易陷入局部最优等缺点，因此 BP 网络只能包含少许隐层，从而限制了BP 算法的性能，影响了该算法在诸多工程领域中的应用。

②卷积神经网络简介

卷积神经网络（convolutional neural networks，CNN）是一类包含卷积计算且具有深度结构的前馈神经网络，是深度学习的代表算法之一。卷积神经网络是一种多层神经网络，每层由多个二维平面组成，而每个平面是由多个独立神经元组成，如图 7-4-2 所示。

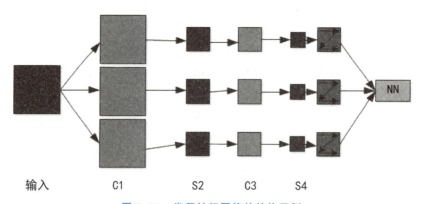

输入　　　C1　　　S2　　　C3　　　S4

图 7-4-2　卷积神经网络的结构示例

C 层为特征提取层,也称卷积层,代表对输入图像进行滤波后得到的所有组成的层。

S 层为特征映射层,也称下采样层,代表对输入图像进行下采样得到的层。

如图 7-4-2 所示,输入图像通过和三个可训练的卷积核和可加偏置进行卷积,卷积后在 C1 层产生三个特征映射图(Feature map)。然后,C1 层的特征映射图在经过子采样(Subsampling)后,加权值,加偏置,再通过神经网络的激活函数 Sigmoid 函数得到三个 S2 层的特征映射图,这三个特征图通过一个滤波器卷积得到 C3 层的三个特征图。如前面所述类似,下采样得到 S4 层的三个特征图。

卷积神经网的优点在网络的输入是多维图像时表现得更为明显,使图像可以直接作为网络的输入,避免了传统识别算法中复杂的特征提取和数据重建过程。

(3)深度学习的应用

近年来,深度学习已经成为人工智能的重要技术并且得到了广泛的应用。下面列举几个深度学习的应用。

①深度学习在医学领域中的应用

疾病诊断是深度学习在医学上的主要应用之一。它基于患者的疾病相关数据,经深度学习模型预测异常病变或发病风险。

在医学影像方面,可提取二维或三维医疗影像隐含的疾病特征,将这些带标记和影像交给机器学习,计算机判断的精度高于人的精度,可提高诊断的准确率。

②深度学习在自动驾驶汽车中的应用

自动驾驶汽车技术就是利用深度学习的算法,基于数据中心收集的大量的有关地形的数据信息对自动驾驶汽车进行训练。深度学习算法使得自动驾驶汽车领域达到了一个全新的水平。

此外,深度学习还应用在计算机视觉、语音识别、自然语言处理等领域。

3.自然语言处理技术

自然语言处理(natural language processing,NLP)是计算机科学领域与人工智能领域中的一个重要方向。它研究能实现人与计算机之间用自然语言进行有效通信的各种理论和方法。自然语言处理是一门融语言学、计算机科学、数学于一体的科学。因此,这一领域的研究涉及自然语言,即人们日常使用的语言,所以它与语言学的研究有着密切的联系。自然语言处理通过对词、句子、篇章进行分析,对内容里的人物、时间、地点等进行理解,并在此基础上支持一系列核心技术,如机器翻译、问题回答、舆情监测等。

(1)发展史

百度百科中阐述自然语言的发展史如下:

最早的自然语言理解方面的研究工作是机器翻译,其发展主要分为三个阶段:

第一阶段(20 世纪 60 至 80 年代):基于规则来建立词汇、句法语义分析、问答、聊天和机器翻译系统。好处是规则可以利用人类的内省知识,不依赖数据,可以快速起步;问题是覆盖面不足,像个玩具系统,规则管理和可扩展一直没有解决。

第二阶段(20 世纪 90 年代开始):基于统计的机器学习(ML)开始流行,很多 NLP 开始用基于统计的方法来做。主要思路是利用带标注的数据,基于人工定义的特征建立机器学习系统,并利用数据经过学习确定机器学习系统的参数。运行时利用这些学习得到的参数，对输入数据进行解码，得到输出。机器翻译、搜索引擎都利用统计方法获得了成功。

第三阶段（2008年之后）：深度学习开始在语音和图像方面发挥威力。随之，NLP研究者开始把目光转向深度学习。先是把深度学习用于特征计算或者建立一个新的特征，然后在原有的统计学习框架下体验效果。比如，搜索引擎加入了深度学习的检索词和文档的相似度计算，以提升搜索的相关度。自2014年以来，人们尝试直接通过深度学习建模，进行端对端的训练。目前已在机器翻译、问答、阅读理解等领域取得了进展，出现了深度学习的热潮。

（2）关键技术

①机器翻译

机器翻译又称为自动翻译，是利用计算机将一种自然语言（源语言）转换为另一种自然语言（目标语言）的过程。机器翻译主要用于语言的翻译领域。目前来说，机器翻译的效果还难以达到人类翻译的水平，但是随着机器翻译性能的提升，翻译水平在逐步提高，其应用场景也越来越多样化。国内国外主要应用如下：

IBM从2001年起就开始大规模开展该领域的研究，并在英语、阿拉伯语和中文之间的互译领域进行重点投入。2009年9月，IBM正式推出了ViaVoice Translator机器翻译软件。

Google于2011年1月正式在其Android系统上推出了升级版的机器翻译服务，支持近20种多国语言之间的互译。

微软的Skype于2014年12月宣布推出实时机器翻译的预览版、支持英语和西班牙语的实时翻译，并宣布支持40多种语言的文本实时翻译功能。

近年来，国内以科大讯飞为代表在机器翻译领域取得了一定的成果，科大讯飞从2012年开始进入该领域，并正式推出了"讯飞语音翻译"等产品，2019年5月，讯飞翻译机3.0正式发布，主要功能有：多语言互译、离线翻译、行业AI翻译、拍照翻译、支持全球上网、同声字幕，如图7-4-3、图7-4-4所示。

图7-4-3 讯飞翻译机（一）

（来源：https://www.sohu.com/a/327706975_100106801）

图 7-4-4　讯飞翻译机(二)
(来源：https://www.sohu.com/a/327706975_100106801)

百度、网易等公司将机器翻译成果用于旅游领域，推出专门的便携式翻译机，只要对着翻译机说出中文，就能自动帮用户翻译成其他语言，可谓是出国旅游的神器。

国内的机器翻译还应用在全文翻译(专业翻译)、在线翻译、汉化软件和电子词典。其中词典类软件有金山词霸、有道词典等，基于大数据的互联网机器翻译系统有百度翻译。

②对话系统

对话系统是自然语言人机交互的应用之一，以完成特定任务为主要目的的人机交互系统，即侧重于完成具体的任务，如查找路线、查询天气、订机票酒店等。近年来，随着自然语言处理和深度学习技术的不断发展，能完成多任务且贴近人们日常生活的对话系统不断涌现，如智能个人助手和智能音箱等。

个人智能助手，如苹果的 Siri，利用 Siri 用户可以通过手机读短信、介绍餐厅、询问天气、语音设置闹钟等。此外 Siri 还支持自然语输入及翻译功能。此外还有微软的Cortana 等。

智能音箱是原普通音箱的升级产物，是家庭消费者用语音进行上网的一个工具，比如点播歌曲、上网购物，或是了解天气预报；它也可以对智能家居设备进行控制，比如打开窗帘、设置冰箱温度、提前让热水器升温等。目前市场上的智能音箱有华为的 Sound X 智能音箱、小度智能音箱(图 7-4-5)、小米小爱音箱等。智能音箱的技术不断发展，还出现了触屏智能音箱，有学习、听歌、看剧、聊天等功能，如图 7-4-6 所示。

图 7-4-5　小度大金钢音箱
(来源：https://item.jd.com/65415626346.html)

图 7-4-6　智能触屏音箱

③大语言模型

大语言模型（LLM）是基于海量文本数据训练的深度学习模型。它不仅能够生成自然语言文本，还能够深入理解文本含义，处理各种自然语言任务，如文本摘要、问答、翻译等。大语言模型是深度学习的应用之一，尤其在自然语言处理（NLP）领域。这些模型的目标是理解和生成人类语言。为了实现这个目标，模型需要在大量文本数据上进行训练，以学习语言的各种模式和结构，这些模型通过层叠的神经网络结构，学习并模拟人类语言的复杂规律，达到接近人类水平的文本生成能力。大语言模型在许多领域都有广泛的应用，以下列举其中几个重要的领域：

自动文本生成：大语言模型可以用于生成各种类型的文本，如文章、诗歌、故事等。这在创意写作、广告文案等领域具有重要作用。

机器翻译：模型可以将一种语言翻译成另一种语言，帮助人们跨越语言障碍，促进不同国家和地区之间的交流。

智能助手：大语言模型可以被集成到智能助手中，如智能聊天机器人、语音助手（如Siri、小冰等），为用户提供更自然、流畅的交互体验。

情感分析：模型可以分析文本中的情感色彩，帮助企业了解用户对其产品或服务的感受，从而进行更有针对性的营销和改进。

医疗保健：大语言模型可以协助医生撰写病历、解释医学报告，甚至辅助药物研发等，推动医疗领域的创新。

尽管大语言模型在各个领域都展现出巨大的潜力，但也面临一些挑战和限制：

数据隐私与安全：模型训练需要大量的数据，但涉及用户隐私的数据可能有泄露风险，需要采取安全措施。

模型偏见：模型可能学习到数据中的偏见，导致生成的文本也带有偏见，这可能引发道德和社会问题。

计算资源：训练大型模型需要庞大的计算资源，包括GPU和TPU等，限制了模型的推广和应用。

模型解释性：目前大部分大语言模型仍然是黑盒模型，难以解释其生成文本的具体原因，限制了其在一些敏感领域的应用

ChatGPT是目前国际上热门的大语言模型的应用，国内著名的大语言模型有：文心一言，讯飞星火认知大模型、通义千问等。ChatGPT是OpenAI研发的一款聊天机器人程序，于2022年11月30日发布。ChatGPT能够基于在预训练阶段所见的模式和统计规律，来生成回答；还能根据聊天的上下文进行互动，真正像人类一样交流；甚至能完成撰写论文、邮件、脚本、文案、翻译、代码、语音识别等任务。文心一言是百度全新一代知识增强大语言模型，文心大模型家族的新成员，能够与人对话互动、回答问题、协助创作，高效便捷地帮助人们获取信息、知识和灵感。

4.计算机视觉

（1）计算机视觉的定义

计算机视觉主要研究的是如何让计算机有一双像人类一样的眼睛，使计算机有视觉，有"看"的智能。更进一步说，就是指用摄影机等成像设备代替人眼对目标进行识别、跟踪

图 7-4-7 讯飞星火的 AI 绘图

和测量等机器视觉,并进一步做图形或视频的处理,以获得相应场景的三维信息。计算机视觉与很多学科有密切关系,如数字图像处理、模式识别、机器学习、计算机图形学等。与计算机视觉关系密切的另一类学科来自脑科学领域,包括认识科学、神经科学、心理学等。

(2)计算机视觉技术的原理

计算机视觉的最终研究目标就是使计算机能像人那样通过视觉观察和理解世界,具有自主适应环境的能力。它的工作原理体现在以下四个步骤:

步骤 1:信息采集。通过摄影机等成像设备捕捉静态图像、动态视频、实景等。

步骤 2:目标检测。对采集的信息通过相关方法进行检测,进行相关区域的特征提取。

步骤 3:特征变换。用一组已有的特征通过一定的数学运算得到一组新特征,以提高识别的精度,便于后续学习平台的训练。

步骤 4:深度学习。通过深度学习相关的算法进行大量的训练,使计算机能够给予相应的识别反馈信息,如人脸、物体、手势等。

（3）计算机视觉技术的应用

计算机视觉技术在众多领域有广泛的应用，并逐步走进人们的视野，如人脸识别、指纹识别、车辆识别、视频监控等。

①人脸识别技术

人脸识别是计算机视觉技术的经典应用，被广泛应用在金融、交通、公共安全等行业。

交通运输领域中的人脸识别技术主要应用在火车站及机场。在火车站，进站的旅客在进站通道，通过实名制自助验证系统终端扫描车票、身份证，同时在系统终端采集人脸照片，就可以完成进站验证，这样减少了火车站"人证核对"的环节，全程平均只需几秒钟的时间。这样的"票、证、人自助核验系统"（图 7-4-8）让旅客出行更加安全和便捷，让车站管理更加高效和有序。

图 7-4-8　火车站"票、证、人自助核验系统"

在金融领域，各大银行都采用了人脸识别技术，缩短了自助业务的办理时间，提升了业务的便捷性和安全性。在线支付平台也应用了人脸识别技术进行支付，提高了交易的安全性。

公安领域的动态人像对比系统，可基于静态图片及动态视频进行人像对比，为户籍管理、治安管理、刑侦破案提供技术支持。

人脸识别技术还应用在门禁、考勤等系统。

②计算机视觉技术在医学中的应用

计算机视觉技术主要应用在医学图像处理中，主要有以下几个方面：

A.病变检测

基于计算机的病变检测，主要是使用专业医师提供的大量的手工标注样本病理影像，基于一定的深度学习算法，训练这些影像数据样本，用于检测实际病变的概率。如基于卷积神经网络的病变检测系统，病变检测的准确率提高了 13%～34%。

B.病例图像分割

图像分割就是一个根据图像中的相似度计算，把图像分割成若干个同质区域，并且为每个区域进行定性分类的过程。基于卷积神经网络模型的计算机视觉技术，提取了图像

微课
人工智能
在医疗行
业中的
应用

中尽可能多的潜在特征,更高程度地利用图像本身的信息,提高了图像中细胞分类的准确率,大大增强了病理图像分割过程的效率和质量。

C.病理图像配准

图像配准是医学图像融合技术发展的关键技术。多种模式或同一模式的多次成像通过配准融合,可以实现感兴趣区域的信息增强和补全上下文信息,实现图像中空间信息的全方位展示,使医生能做出更加准确的诊断,制定出更加完善的方案。目前,卷积神经网络的图像配准模型是病理图像配准使用的主要技术。

计算机视觉技术还应用于 X 光成像技术,在医疗的 CT 检查中,通过计算机断层 X 光扫描,可得到人体器官内部组织的结构,对 CT 图像处理和分析,可对病灶实现自动检测和识别。

7.5　区块链及其在公共卫生领域中的应用

互联网技术的出现加快了信息传递的速度,深刻地改变了人们的工作方式和生活方式。但是互联网的信息传递并不关心人与人之间的协作模式和信任构建方法。而区块链在信息互联网的基础上构建了一种可信的、规模较大的协作方式,构建了互联网中数字经济的信任机制,成为下一代互联网的重要特征,是计算机技术中闪亮登场的巨星。

7.5.1 区块链的起源

大卫·乔姆——数字货币革命之父,于 1990 年开发了密码学匿名现金系统 Ecash,这个系统是第一个数字现金系统,付款人可以保护好自己的隐私,其个人信息不会被相关机构保留。

1997 年哈伯和斯托尼塔提出了一个用时间戳的方法确定数字文件安全的协议。这个协议是比特币区块链协议的原型之一,其中的时间戳的主要作用是会将一个被交易过的虚拟货币盖上时间戳,被盖上时间戳的虚拟货币是不能被篡改的。

1998 年密码学家戴伟发明了 B-money,这个系统是点对点的交易模式,每一个在网络中的交易者都保持着对交易的追踪,整个交易记录是不可更改的,但是这个系统并没有解决账本同步的问题。

比特币是基于上述技术出现的。2008 年 11 月 1 日,一位自称中本聪(Satoshi Naka-moto)的人发表了《比特币:一种点对点的电子现金系统》一文,标志着比特币的诞生。中本聪总结了虚拟货币先辈们失败的原因,即它们都有一个中心化的结构,所有的交易数据都会汇总到公司的数据中心,一旦存放这些数据的服务器被破坏,虚拟货币将面临崩溃的风险。中本村对 Ecash 系统进行了一系列的优化改进,综合了时间戳等技术,最终发明了比特币。

区块链来源于比特币,是比特币的底层技术之一,它是一个去中心化的、不可篡改的分布账本，且在不需要第三方参与的前提下达成互相信任。

7.5.2 区块链的概念

什么是区块链？工信部指导发布的《区块链技术和应用发展白皮书 2016》的解释是：狭义地讲，区块链是一种按照时间顺序将数据区块以顺序相连的方式组合成的链式数据结构，并以密码学方式保证的不可篡改和不可伪造的分布式账本。广义地讲，区块链技术是利用块链式数据结构来验证和存储数据，利用分布式节点共识算法来生成和更新数据，利用密码学的方式保证数据传输和访问的安全性，利用由自动化脚本代码组成的智能合约来编程和操作数据的一种全新的分布式基础架构与计算范式。

区块链（blockchain）是一种链式结构，数据以区块（block）为单位产生和存储，并按照时间顺序首尾相连。区块链是一个分布式的共享账本和数据库，具有去中心化、不可篡改、全程留痕、可以追溯、集体维护、公开透明等特点。这里的账本与现实生活中账本的功能相同，按照一定的格式记录流水等交易信息。在数字货币中，交易内容为各种转账信息。随着区块链应用领域的不断发展，记录交易的内容转为各个领域的数据。如在食品溯源应用中，区块中记录了食品供应链各个环节的责任方、位置等信息。

让我们进一步了解区块链的本质，首先了解区块链的数据结构，区块是链式结构的基本数据单元，记录了所有交易的相关信息，主要包括区块头和区块体。区块头主要包括前区块哈希值（previous Hash）、时间戳（timestamp）、梅克树根（Merkle tree root）等信息构成。区块体主要包括交易的列表，如图 7-5-1 所示。

图 7-5-1 区块链数据结构示意图

前区块哈希值：哈希值是通过哈希算法得到，哈希算法即散列算法，该算法的基本功能是把任意长度的输入（如文本信息）通过一定的计算，生成一个固定长度的字符串，输出的字符串称为该输入的哈希值。如输入字符串"hello"，得到对应的哈希值为：0x5e918d2。一个区块的哈希值，用于连接其前一个区块，前一个区块也拥有该字段，同样也可以连接前个区块。这样就形成了一个链条，在区块间构成了连接关系，组成了区块链的基本数据结构。

时间戳：记录该区块产生的时间，精确到秒，让交易可以通过时间维度进行追溯。

梅克树根:用于检验一笔交易是否在这个区块中存在,实质是一个汇总的哈希值。

7.5.3 区块链的主要特征

区块链的主要特征有去中心去信任、防篡改可追溯、透明可信、高可靠性等特点,这些特点让区块链实现多方信任和高效协同。

1.去中心去信任

区块链采用去中心化的架构,一个去中心化的架构系统中没有任何一个中心结点进行节点间的协调与控制。而在一个中心化系统中,一个中心结点连接了其他所有的结点。如图 7-5-2 所示,图中圆圈称为"节点",圆圈之间的线表示两个节点之间的联系。

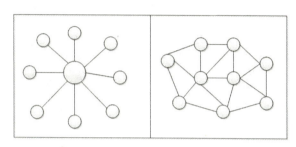

图 7-5-2　中心化(左图)与去中心化(右图)

区块链去中心化的特性决定了区块链"去信任"的特性:由于区块链系统中的任意节点都包含了完整的区块校验逻辑,每个节点实现了信息自我验证、传递和管理,无须额外地信任其他的结点,这样使各节点之间不需相互公开自己的个人信息,实现了交易双方的匿名化,极大地保护了个人隐私。

2.防篡改可追溯

防篡改是指任何人都不能对区块链中的数据进行修改。区块链中的交易一旦在全网范围内经过验证并添加至区块链,就很难被修改或者抹除。区块链中使用了共识类的算法,提升了篡改的难度及花费,一般人不会轻易地进行数据篡改方面的攻击。

区块链交易过程中的数据记录会根据时间的顺序进行记录,相应的时间和发生顺序都会记录在每个区块中,这样针对不同的交易都可以进行追踪查询。防篡改可追溯的这一特性使得区块链技术在物品溯源方面得到大量的应用。

3.透明可信

区块链基于去中心化的架构,网络中所有的结点均是对等节点,大家平等地发送和接收网络中的消息,每个节点都可以观察到其他结点的全部行为,并能得知这些行为在各个节点进行行为记录,系统对于每个节点都具有透明性。同时,在区块链系统中交易的最终结果也由共识算法来保证在所有节点间的一致性,系统中的信息具有可信性。

4.高可靠性

区块链基于去中心化的架构,每个节点对等地维护一个账本并参与整个系统的共识,在这样的一个结构体系中,即使一个节点出了故障,整个系统仍然可以正常工作,体现了区块链系统的高可靠性。

7.5.4 区块链的基础技术

区块链虽然是一个新兴的技术，但其使用的技术都是当前非常成熟的技术，已经在互联网中被广泛地应用。区块链的基础技术主要有 P2P 网络、共识算法、智能合约、哈希运算、数字签名等。这里详细介绍前三种主要的基础技术。

1.P2P 网络

P2P 网络（peer-to-peer networking）称为对等网络，在网络中所有的网络参与者视为对等者，这些参与者共享他们所拥有的一部分硬件资源（处理能力、存储能力、网络连接能力、打印机等），在此网络中的参与者即是资源（服务和内容）的提供者（server），又是资源（服务和内容）的获取者（client）。网络中提供的服务和内容能被其对等结点直接访问无须经过中间实体，节点间数据的传输不再依赖中心服务结点，这种"去中心"化的工作方式使 P2P 网络有极强的可靠性，若任一节点出现故障都不会影响整个网络的正常运转。传统的 C/S 架构只有单一的服务端，当服务节点发生故障时，整个服务都会陷入瘫痪。

2.共识算法

所谓共识，简单理解就是指大家都达成一致的意思。在现实生活中，有很多需要达成共识的场景，比如开会讨论、投票选举、多方签订一份合作协议等。在区块链系统中达成的共识是：每个节点要让自己的账本保持一致。传统的客户端/服务器架构中消息经由服务器传送到各个节点，使得各个节点的信息保持一致。可以做一个形象的比喻，把服务器比喻为公司的老板，把客户端比喻为公司的员工，老板发布一个任务，所有员工按照统一的要求去做。但是区块链是一个分布式的对等网络结构，在这个结构中没有哪个节点是"老大"，一切都要商量着来。所以在区块链系统中让每个节点通过一个规则将各自的数据保持一致是一个关键问题。

共识算法实际上是一个规则，每个节点按照这个规则去确认各自的数据。这个规则就是计算机通过一定的算法筛选最优的节点，这些节点更容易被其他节点信任，由这些节点发布的信息更容易被其他节点认可或接收，节点间更容易达成共识。

当前区块链中的共识算法有很多，主要有以下三种：

（1）PoW 共识算法

PoW（proof of work），工作量证明共识算法，传说中的比特币"挖矿"算法。这是一种通过工作量抢夺决策权的方案，即通过计算符合某一个比特币区块头的哈希散列值争夺记账权。这个过程需要通过大量的计算实现，也就是说参与的节点进行的计算量（工作量大）越大，该节点获得记账权的概率就越大。然而该算法为参与的节点带来巨大的计算开销，需要耗费大量的能源，并且能源的消耗会随着参与节点数目的上升而上升，造成能源巨大的浪费。

（2）PoS 共识算法

PoS（proof of stake），权益证明共识算法，该算法根据每个节点的属性，如拥有的币数、持币时间、可贡献的计算资源等来决定节点股份的高低，类似现实生活中的股东机制，拥有股份越多的人越容易获取记账权。该算法一定程度上降低了整体的计算开销,有效分配了资源。但是股份高的节点"权利"集中,有悖于区块链"去中心"化的思想。

（3）PBFT 共识算法

PBFT(practical byzantine fault tolerance)即实用拜占庭容错算法。该算法的思想原理来源于古代东罗马帝国拜占庭的将军间传递信息的一种方式,这种方式保证使得将军们能在一个有叛徒的非信任环境中建立对战斗计划的共识。我们可以把拜占庭的将军们比喻成多个节点,节点的异常行为有恶意攻击、硬件错误、网络拥塞等,把有异常行为的节点被比喻成叛变的将军。拜占庭容错算法主要在这些异常行为的基础上保证数据的正常传输。

PBFT 的核心思想是:PBFT 系统通常假设故障点数为 f 个,而整个服务节点点数为 $3f+1$ 个,数学家已证明一个结论:若系统中有超过 f 个故障节点,系统将不能正常运行。当客户端发出请求后,结果收到 $2f+1$ 个相同的响应,表示这一阶段已达成共识。

3.智能合约

合约即我们日常生活中常见的合同,即双方互相约定具有法律效力,如房屋租赁合同、借款合同、技术合同等。现实生活中当发生合同纠纷时,需要借助法院等政府机构的力量进行裁决。智能合约是将传统的合约电子化,合约的执行由法律部门替换成代码执行。跨领域学者 NickSzabo 提出了智能合约的概念,对其定义为:"一个智能合约是一套以数字形式定义的承诺(commitment),包括合约参与方可以在上面执行这些承诺的协议。"简单地说,智能合约是一种满足一定条件时就自动执行的计算机程序。如信用卡还款就可以看作是一种智能合约,若满足如下条件:①被绑定的储蓄卡余额比信用卡还款数多;②已到还款日,计算机系统将自动完成这笔交易。

智能合约也具有安全隐患,传统的合约由专业的律师来编写,而智能合约由软件开发人员来完成,难免在逻辑上存在漏洞,造成合约不能按照原义执行的问题。另外编程语言命令的不确定性也会给智能合约的解释带来歧义。不过随着智能合约开发技术的不断发展与完善,智能合约的编写会越来越严谨、规范。智能合约技术被广泛应用在股票、私募股权、众筹、债券、期货、期权等金融领域。

7.5.5 区块链技术在公共卫生领域中的应用

区块链技术在公共卫生领域有着广泛的应用前景,主要应用在医疗数据管理、医疗用品溯源及疫情防控上。

1.医疗数据的管理

目前医疗数据的管理存在着安全性低、难以共享、易被篡改等问题,区块链作为一种多方维护、全量备份、信息安全的分布式记账技术,为解决医疗数据的管理带来了一个新的突破点。利用区块链技术的可靠性、可溯源性等特点,将医疗数据存放在区块链网络中,满足数据隐私安全需求,实现医疗数据的共享和管理。具体来说,对于个人而言,自己成为自己数据的主人,区块链技术的防篡改性使个人信息难以被修改和泄漏。同时,数据的可溯源性方便医生了解患者的过往病史,能够做出更加准确的诊断。数据的共享性,避

微课
区块链及
其应用

免了在不同医院就医时的重复检查,减少医疗费用支出。对于医院而言,基于区块链中数据的共享性,提高了自身数据的利用率,使医院的影响力得到提升。同时,也可获得外部医疗数据,提升业务能力,减少医疗纠纷,改善医患关系。总的来说,将区块链技术应用在医疗数据的管理中,有利于建立智慧医疗体系,提高医疗的服务质量。

2.医疗用品的溯源

医疗用品的安全与否关系到人们的生命健康。如制药行业中普遍面临着这样的问题:假药或劣质药品在市场上的流通。这种现象会严重威胁到患者的生命健康。其他医疗用品行业也存在着这样的现象,造成这种现象的主要原因是生产环节记录造假,流通环节信息封闭等。因此,建立一个更公开、更透明、可溯源的医疗用品监督体系对医疗用品的安全生产、使用具有较大的意义。区块链技术已经被证明具有解决这个问题的能力。区块链技术可以将医疗用品的原料采购、加工、生产、筛检、包装、出货、运送、使用等每一个流程都作为一个节点保存在区块链中,每一个节点的数据都经过加密,具有不可篡改性;每一个节点的数据都有详细的记录,具有可溯源性。保证了医疗监督体系透明、安全。

国务院办公厅于 2017 年 10 月发布的《关于积极推进供应链创新与应用的指导意见》指出:"研究利用区块链、人工智能等新兴技术,建立基于供应链的信用评价机制"。蚂蚁金融服务集团将区块链技术与物联网技术相结合,实现了医疗用品全流程信息的可信记录,解决了信息孤岛、信息缺乏透明度等行业问题。

3.区块链在疫情防控中的应用

在 2020 年抗击新冠病毒肺炎疫情中,计算机新技术发挥了应有的价值,大数据追踪密切接触者严控疫情扩散、人工智能识别用户信息进行体温监测、机器人为隔离的人员送餐等。区块链技术也发挥了积极的作用,有效地解决了疫情期间暴发的信任危机、谣言不断的现象。

（1）解决信任危机

区块链技术具有分布式账本、信息不可篡改的特点,由受赠人、捐赠人、政府部门及媒体组成的联盟链,将捐赠全过程,从物流、仓储、分发、派发、公示等数据以全链条的方式进行存证,为救援物资和善款等提供溯源和公示服务,让捐赠信息变得公开透明,提高了资源配置效率,提升了社会互信度。

2020 年 2 月 3 日,中国计算机协会区块链专业委员会委员、武汉大学国家网络安全学院教授崔晓辉和他团队 20 多名学生利用 48 小时开发的"全国抗击新冠肺炎防护物资信息交流平台——珞樱善联 V1.4 版本"上线,使捐赠者和受捐者信息公开透明,能帮助双方快速对接,完成防护物资的运送。

2020 年 2 月 7 日,支付宝上线"防疫物资信息服务平台"。该平台利用蚂蚁区块链技术,对物资的需求、供给、运输等环节信息进行审核并上链存证。

2020 年 2 月 10 日,趣链科技联合复星集团、雄安集团发布"慈善捐赠管理溯源平台",邀请各大捐赠机构、基金会将数据上链,追溯和管理各社会机构的捐赠物资、捐赠资金用途。它主要针对慈善捐赠以及抗击疫情中"需求难发声、捐赠难到位、群众难相信"三大难题,致力于打通慈善捐赠的全流程,确保捐赠方顺利完成物资捐赠,打造高透明度的捐赠。

（2）抑制虚假信息传播

2020 年，新冠病毒肺炎疫情发生以来，各类新闻媒体积极报道疫情的最新情况，宣传防疫知识，这些是公众获取疫情信息的主要来源，然而，疫情中也出现了谣言及虚假的防疫知识，混淆视听。针对该现象，基于区块链技术构建存证平台，即将新闻信息都在该平台上保存证据，实现信息的可追溯性，同时也限制垃圾信息、虚假信息的产生和传播。主要建设三个平台：①基于区块链技术建设信息存证平台，用于保存新闻作品的所有权证据；②基于区块链技术建设数字身份标识平台，为新闻和信息的所有参与者分配唯一的身份标识，建立身份标识与信息之间的对应关系；③基于区块链技术建设信息验证平台，用于检验新闻信息是否上链存证。基于这三个平台的合作，可对谣言进行精准的溯源，提高对新闻消息的管控能力。

区块链接应用在金融领域一直也很活跃，使金融领域的业务更加安全、高效、互信。随着区块链技术的不断发展，区块链技术不断应用到政务、能源、教育等领域。

7.6　本章小结

本章主要介绍了计算机新技术：云计算、大数据、人工智能、物联网及区块链等新技术。

云计算是 IT 资源的交付和使用模式，通过网络以按需、易扩展的方式获得所需的资源（硬件、平台、软件）。云计算具有弹性服务、自助服务、服务可计费、泛在接入及资源池化等特点。它的服务类型主要有 IaaS（基础设施服务）、PaaS（平台即服务）、SaaS（软件即服务），软件即服务。部署模式主要有私有云、社区云、公有云和混合云。云计算在医疗行业中有着广泛的应用。

物联网就是通过"物—物"互联来实现对物理世界的感知，是通过智能终端、3C（Computer、Communication、Control）和 Internet 等多种技术的渗透、融合、集成、创新与应用，构造的一个覆盖世界万事万物的网络。物联网的关键技术包括感知与识别技术、网络传输技术和智能处理技术三大类。

大数据是指无法在一定时间范围内用常规软件工具进行捕捉、管理和处理的数据集合。大数据技术主要指数据的存储和管理、数据的处理和分析，数据的处理和分析是大数据的核心技术，主要指数据的查询、统计、预测、挖掘等。

人工智能是基于机器获取知识并根据各种真空场景和实时数据熟练地应用知识的能力。人工智能的主要技术有知识的表示、深度学习、自然语言处理技术、计算机视觉技术等。人工智能在医药行业有着广泛的应用。

区块链来源于比特币，是比特币的底层技术之一，它是一个去中心化的、不可篡改的分布账本，且在不需要在第三方参与的前提下达成互相信任。区块链在公共卫生领域有着广泛的应用，在疫情防控中发挥了应有的作用。

7.7　课后练习

1.请简述云计算的服务类型。

2.请简述云计算常见的部署模式。

3.请举例物联网在医疗行业中的应用。

4.大数据的 4 个基本特征是什么？

5.Hadoop 具有哪些优点？

6.除了本章阐述的内容外，请再举例说明大数据的具体应用。

7.什么是深度学习？

8.研究人工智能所用的技术有哪些？

9.什么是区块链？区块链的基础技术有哪些？

10.你了解比特币吗，比特币和现实生活中所说的"货币"有什么区别？

参考文献

[1] 许晞.计算机应用基础:信息素养＋Office 2013 办公自动化[M].北京:高等教育出版社,2016.

[2] 杜改丽.计算机应用基础与医学信息技术基础.[M].成都:电子科技大学出版社,2020.

[3] 甘勇.大学计算机基础(慕课版)[M].北京:人民邮电出版社,2017.

[4] 刘志成.大学计算机基础(微课版)[M].北京:人民邮电出版社,2019.

[5] 曾爱林.计算机应用基础项目化教程(Windows 10＋Office 2016)[M].北京:高等教育出版社,2019.

[6] 罗爱静.医学文献信息检索[M].北京:人民卫生出版社,2005.

[7] 王娟.国外高校计算机基础教育之思考[J].福建电脑,2017(11):152,159.

[8] 赵越.医学信息学[M].北京:清华大学出版社,2016.

[9] 丁宝芬.医学信息学[M].南京:东南大学出版社,2009.

[10] 董建成.医学信息学概论[M].北京:人民卫生出版社,2010.

[11] 叶明全.医学信息学[M].北京:科学出版社,2018.

[12] 杨名经.医学信息学概论[M].北京:科学出版社,2018.

[13] 宋丽娜,齐润洲.中国 SaaS 企业应用平台行业研究:在互联网风潮中稳步增长[J].上海管理科学,2015(04):96-97.

[14] 王良明.云计算通俗讲义[M].北京:中国工信出版社,2019.

[15] 吴功宜,吴英.物联网工程导论[M].2 版.北京:机械工业出版社,2019.

[16] 徐磊.物联网工程导论[M].北京:高等教育出版社,2019.

[17] 徐颖秦.物联网技术及应用[M].北京:机械工业出版社,2019.

[18] FAN W F.Extending dependencies with conditions for data cleaning[C]//8th IEEE International Conference on Computer and Information Technology,2008:185-190.

[19] 廖书妍.数据清洗研究综述[J].电脑知识与技术,2020,16(20):44-47.

[20] 毛国君,段立娟.数据挖掘原理与算法[M].3 版.北京:清华大学出版社,2016.

[21] 曾剑平.互联网大数据处理技术与应用[M].北京:清华大学出版社,2017.

[22] 罗福强,李瑶,陈虹君.大数据技术基础:基于 Hadoop 与 Spark[M].北京:人民

邮电出版社,2017.

［23］娄岩.大数据技术应用导论［M］.辽宁:辽宁科学技术出版社,2017.

［24］林子雨.大数据技术原理与应用:概念、存储、处理、分析与应用［M］.2 版.北京:人民邮电出版社,2018.

［25］徐艳萍.试谈大数据技术在医疗信息化中的应用［J］.信息记录材料,2020,21(12):167-168.

［26］王海星,杨志清,郭玲玲,等.基于大数据和人工智能的超声医学发展现状及问题研究［J］.肿瘤影像学,2020,29(4):410-413.

［27］谢毅.浅谈深度学习［J］.科教导刊,2015(4):20-23.

［28］华为区块链技术开发团队.区块链技术与应用［M］.北京:清华大学出版社,2018.

［29］陈晓虹,等.区块链技术及应用发展［M］.北京:清华大学出版社,2020.

［30］区块链在疫情防控中的作用［EB/OL］.(2020-02-18)［2021-03-10］.https://baijiahao.baidu.com/s? id＝1658867619004343615＆wfr＝spider＆for＝pc.